电力电子技术

韩晓冬	李　梅	张　洁	**主　编**
赵云伟	高培金	王英永	**副主编**
		李文森	**主　审**
吴居娟	李　倩	周伟伟	**参　编**

北京理工大学出版社
BEIJING INSTITUTE OF TECHNOLOGY PRESS

版权专有　侵权必究

图书在版编目（CIP）数据

电力电子技术/韩晓冬，李梅，张洁主编. —北京：北京理工大学出版社，2019.7重印

ISBN 978－7－5640－6587－4

Ⅰ.①电…　Ⅱ.①韩…②李…③张…　Ⅲ.①电力电子技术-高等学校-教材　Ⅳ.①TM1

中国版本图书馆 CIP 数据核字（2012）第 186923 号

出版发行 /	北京理工大学出版社
社　　址 /	北京市海淀区中关村南大街 5 号
邮　　编 /	100081
电　　话 /	（010）68914775（办公室）68944990（批销中心）68911084（读者服务部）
网　　址 /	http：//www.bitpress.com.cn
经　　销 /	全国各地新华书店
印　　刷 /	三河市华骏印务包装有限公司
开　　本 /	787 毫米×1092 毫米　1/16
印　　张 /	16.75
字　　数 /	385 千字
版　　次 /	2019 年 7 月第 1 版第 6 次印刷
定　　价 /	42.00 元

责任编辑 / 陈莉华
责任校对 / 周瑞红
责任印制 / 王美丽

图书出现印装质量问题，本社负责调换

前言

电力电子技术是目前发展较为迅速的一门学科,是高新技术产业发展的主要基础技术之一,是传统产业改革的重要手段,作为 21 世纪解决能源危机的必备技术之一而受到重视。

本书在编写过程中,始终遵循高等职业教育具有其特定的培养目标和培养模式,所需的教材应具有其自身的特色原则,注重实用性、技能性的培养,力求简明实用,使学生易于理解和掌握。本书注重"科学性、实用性、通用性、新颖性",力求做到理论联系实际,夯实基础知识,突出时代气息,具备科学性及新颖性,并强调知识的渐进性,兼顾知识的系统性,注重培养学生的实践能力。

本书内容主要介绍了常用电力电子器件的工作原理和特性;晶闸管可控整流电路与触发电路、交流变换电路、逆变电路、直流斩波电路等典型电能交换电路的基本工作原理、电路结构、电气性能、波形分析方法和参数计算方法;电力公害及抑制;电力电子技术的典型应用。本书各章节融入了适当的例题、相应的实验实训和大量的思考题与习题。通过对本课程的学习,学生能理解并掌握电力电子技术领域的相关基础知识,培养其分析问题、解决问题的能力,了解电力电子学科领域的发展方向。

本书由山东工业职业学院韩晓冬、山东理工职业学院李梅、云南能源职业技术学院张洁任主编,山东工业职业学院赵云伟、泰山职业技术学院高培金和山东工业职业学院王英永任副主编,山东工业职业学院吴居娟、李倩、周伟伟参与编写。李文森主审,并提出了许多宝贵意见和建议,在此表示衷心的感谢。

由于时间限制和编者学识的局限,书中难免存在错误和遗漏,敬请广大读者在使用过程中提出宝贵意见。

编 者

目录

第1章 绪 论 ... 1
1.1 电力电子技术发展概况 ... 1
1.1.1 电力电子技术内涵 ... 1
1.1.2 电力电子器件的发展 ... 2
1.1.3 变流电路的发展 ... 4
1.1.4 控制技术的发展 ... 4
1.2 变流电路分类与功能 ... 5
1.3 电力电子技术应用 ... 6
1.3.1 电源 ... 6
1.3.2 电气传动 ... 7
1.3.3 电力系统 ... 8
1.4 本课程任务和要求 ... 9
本章小结 ... 9
思考题与习题 ... 10

第2章 电力电子器件 ... 11
2.1 电力电子器件的分类 ... 11
2.1.1 按受控方式分 ... 12
2.1.2 按载流子类型分 ... 12
2.1.3 按控制信号性质分 ... 13
2.2 电力二极管 ... 13
2.2.1 电力二极管的结构和基本工作原理 ... 13
2.2.2 电力二极管主要类型和使用 ... 16
2.3 晶闸管 ... 16
2.3.1 晶闸管 ... 16
2.3.2 晶闸管的工作原理 ... 17
2.3.3 晶闸管的伏安特性 ... 19
2.3.4 晶闸管的主要参数 ... 20
2.3.5 晶闸管的型号及简单测试方法 ... 22
2.3.6 晶闸管的派生器件 ... 22

2.4 门极可关断晶闸管 …… 24
2.5 电力晶体管 …… 26
　2.5.1 电力晶体管的结构和工作原理 …… 27
　2.5.2 GTR 的类型 …… 27
　2.5.3 GTR 的特性 …… 28
　2.5.4 GTR 的主要参数 …… 29
2.6 功率场效应晶体管 …… 30
　2.6.1 功率场效应管的结构和工作原理 …… 31
　2.6.2 功率场效应管的主要特性 …… 31
　2.6.3 功率场效应管的主要参数 …… 33
　2.6.4 功率场效应管的安全工作区 …… 33
　2.6.5 功率场效应管栅极驱动的特点及其要求 …… 34
　2.6.6 功率场效应管在使用中的静电保护措施 …… 35
2.7 绝缘栅双极型晶体管 …… 35
　2.7.1 IGBT 的结构和基本原理 …… 35
　2.7.2 IGBT 的主要特性 …… 36
2.8 其他新型电力电子器件 …… 42
　2.8.1 静电感应晶体管 …… 42
　2.8.2 静电感应晶闸管 …… 43
　2.8.3 集成门极换流晶闸管 …… 43
　2.8.4 功率集成电路和智能功率模块 …… 43
本章小结 …… 47
思考题与习题 …… 47

第 3 章 晶闸管可控整流电路与触发电路 …… 48

3.1 整流电路的概述 …… 48
　3.1.1 整流电路的分类 …… 48
　3.1.2 晶闸管可控整流电路的一般结构 …… 49
3.2 单相可控整流电路 …… 50
　3.2.1 单相半波可控整流电路 …… 50
　3.2.2 单相全控桥式整流电路 …… 60
　3.2.3 单相半控桥式可控整流电路 …… 63
3.3 三相可控整流电路 …… 64
　3.3.1 三相半波不可控整流电路 …… 64
　3.3.2 三相半波可控整流电路 …… 65
　3.3.3 共阳极接法三相半波相控整流电路 …… 70
　3.3.4 三相全控桥式整流电路 …… 71
　3.3.5 三相半控桥式整流电路 …… 77
3.4 对触发电路的要求 …… 82

3.5 单结晶体管触发电路 ... 83
3.5.1 单结晶体管 ... 83
3.5.2 单结晶体管弛张振荡电路 ... 85
3.5.3 单结晶体管的同步和移相触发电路 ... 86
3.6 同步电压为锯齿波的晶闸管触发电路 ... 87
3.6.1 触发脉冲的形成与放大 ... 87
3.6.2 锯齿波的形成及脉冲移相 ... 88
3.6.3 锯齿波同步电压的形成 ... 89
3.6.4 双窄脉冲形成环节 ... 89
3.6.5 强触发电路 ... 90
3.7 集成化晶闸管移相触发电路 ... 91
3.7.1 KC04 移相触发电路 ... 91
3.7.2 KC42 脉冲列调剂形成器 ... 92
3.7.3 KC41 六路双脉冲形成器 ... 93
3.7.4 由集成元件组成三相触发电路 ... 94
3.8 触发脉冲与主电路电压的同步及防止误触发的措施 ... 95
3.8.1 触发电路同步电源电压的选择 ... 95
3.8.2 防止误触发的措施 ... 96
本章小结 ... 113
思考题与习题 ... 113

第4章 电力电子器件的保护及串、并联 ... 117
4.1 晶闸管的过电压保护 ... 117
4.1.1 晶闸管关断过电压及其保护 ... 117
4.1.2 交流侧过电压及其保护 ... 118
4.1.3 直流侧过电压及其保护 ... 121
4.2 晶闸管的过电流保护与电压、电流上升率的限制 ... 121
4.2.1 过电流保护 ... 121
4.2.2 电压与电流上升率的限制 ... 123
4.3 晶闸管的串联和并联 ... 123
4.3.1 晶闸管 ... 123
4.3.2 晶闸管的并联 ... 124
本章小结 ... 125
思考题与习题 ... 126

第5章 交流变换电路 ... 127
5.1 双向晶闸管 ... 127
5.1.1 基本结构 ... 127
5.1.2 伏安特性 ... 129

5.1.3　双向晶闸管的触发方式 …………………………………………… 130
　　5.1.4　双向晶闸管的工作原理 …………………………………………… 131
　　5.1.5　双向晶闸管的触发电路 …………………………………………… 133
　　5.1.6　双向晶闸管简易测试 ……………………………………………… 138
5.2　交流调压电路 ………………………………………………………………… 140
　　5.2.1　单相交流调压电路 ………………………………………………… 142
　　5.2.2　三相交流调压电路 ………………………………………………… 145
　　5.2.3　交流斩波调压电路 ………………………………………………… 148
5.3　交流调压电路的应用 ………………………………………………………… 149
　　5.3.1　晶闸管交流开关 …………………………………………………… 149
　　5.3.2　异步电动机的软启动 ……………………………………………… 154
　　5.3.3　交流电动机的调压调速 …………………………………………… 155
本章小结 ……………………………………………………………………………… 158
思考题与习题 ………………………………………………………………………… 158

第6章　有源逆变电路 ………………………………………………………………… 159
6.1　有源逆变的工作原理 ………………………………………………………… 159
　　6.1.1　逆变过程的能量转换 ……………………………………………… 159
　　6.1.2　有源逆变的工作原理 ……………………………………………… 160
6.2　三相有源逆变电路 …………………………………………………………… 162
　　6.2.1　三相半波有源逆变电路 …………………………………………… 162
　　6.2.2　三相桥式有源逆变电路 …………………………………………… 164
6.3　逆变失败及最小逆变角的确定 ……………………………………………… 166
　　6.3.1　逆变失败的原因 …………………………………………………… 166
　　6.3.2　最小逆变角的确定及限制 ………………………………………… 168
6.4　有源逆变电路的应用 ………………………………………………………… 168
　　6.4.1　用接触器控制直流电动机正反转的电路 ………………………… 168
　　6.4.2　采用两组晶闸管反并联的可逆电路 ……………………………… 169
　　6.4.3　绕线转子异步电动机的串级调速 ………………………………… 172
本章小结 ……………………………………………………………………………… 177
思考题与习题 ………………………………………………………………………… 178

第7章　变频电路 ……………………………………………………………………… 179
7.1　变频电路概述 ………………………………………………………………… 179
　　7.1.1　变频电路的作用 …………………………………………………… 179
　　7.1.2　变频电路的分类 …………………………………………………… 179
7.2　变频电路的基本原理 ………………………………………………………… 180
　　7.2.1　变频电路的换流方式 ……………………………………………… 180
　　7.2.2　变频电路的工作原理 ……………………………………………… 181

7.3 负载谐振式变频电路 ... 183
7.3.1 并联谐振式变频电路 ... 183
7.3.2 负载串联谐振式变频电路 ... 185
7.4 三相变频电路 ... 186
7.4.1 电压型三相变频电路 ... 186
7.4.2 电流型三相变频电路 ... 189
7.5 脉宽调制变频电路 ... 191
7.5.1 脉宽调制变频电路概述 ... 191
7.5.2 单相 SPWM 变频电路 ... 193
7.5.3 三相桥式 SPWM 变频电路 ... 194
7.5.4 SPWM 变频电路的优点 ... 195
7.6 变频电路的应用 ... 196
7.6.1 交–交变频电路与交–直–交变频电路的特点 ... 196
7.6.2 变频电路在交流调速系统中的应用 ... 196
7.6.3 SPWM 交流电动机变频调速 ... 199
本章小结 ... 202
思考题与习题 ... 202

第8章 直流斩波电路 ... 203
8.1 斩波电路的基本原理 ... 203
8.1.1 直流斩波电路的工作原理 ... 203
8.1.2 直流斩波器的分类 ... 204
8.2 降压斩波电路(Buck 电路) ... 204
8.3 升压斩波电路(Boost 电路) ... 206
8.4 升降压斩波电路 ... 207
8.4.1 升降压型斩波电路的结构及工作原理 ... 207
8.4.2 Cuk 斩波电路的结构及工作原理 ... 209
8.5 直流斩波应用电路 ... 211
本章小结 ... 214
思考题与习题 ... 214

第9章 电力公害及其抑制 ... 215
9.1 电力公害及其分类 ... 215
9.1.1 什么是电力公害 ... 215
9.1.2 电力公害分类 ... 215
9.2 谐波产生及其抑制 ... 216
9.2.1 谐波产生机理 ... 216
9.2.2 谐波抑制对策 ... 219

9.3 电磁干扰及其抑制 ... 222
9.3.1 电磁干扰的产生 ... 222
9.3.2 电磁干扰抑制 ... 223
9.4 提高功率因数的对策 ... 226
9.4.1 变流装置的功率因数 ... 226
9.4.2 提高功率因数的原理与方法 ... 228
本章小结 ... 231
思考题与习题 ... 231

第10章 电力电子技术的应用 ... 232
10.1 直流电源 ... 232
10.1.1 直流电源系统 ... 232
10.1.2 开关模直流电源的控制 ... 233
10.1.3 直流电源的保护 ... 235
10.1.4 电气隔离 ... 236
10.1.5 多路输出电源的交叉调节 ... 236
10.2 不间断电源 ... 237
10.2.1 概述 ... 237
10.2.2 单相在线式 UPS 实例分析 ... 238
10.3 电子镇流器 ... 240
10.3.1 电子镇流器 ... 240
10.3.2 电子镇流器的组成 ... 242
10.3.3 一种新型逆变式电子镇流器 ... 243
10.4 光伏并网逆变器 ... 245
10.4.1 光伏并网逆变器概述 ... 245
10.4.2 光伏并网逆变器特点 ... 246
10.4.3 光伏并网逆变器的工作原理 ... 247
10.4.4 光伏并网逆变器逆变电路的控制电路 ... 247
10.4.5 逆变器主电路功率器件的选择 ... 247
10.5 PSPICE 在电力电子技术仿真中的应用 ... 248
10.6 Matlab 在电力电子技术仿真中的应用 ... 249
10.6.1 Matlab 语言简介 ... 249
10.6.2 Matlab 仿真举例——三相全桥整流仿真 ... 250
本章小结 ... 254
思考题与习题 ... 254

参考文献 ... 255

第 1 章

绪　　论

【学习目标】
(1) 掌握电力电子技术的基本概念。
(2) 了解电力电子技术的发展轨迹、应用领域和发展前景。
(3) 了解本课程的基本要求。
(4) 了解电力电子技术课程的主要内容和学习任务。
(5) 了解学习电力电子技术的目的和意义。

1.1　电力电子技术发展概况

1.1.1　电力电子技术内涵

电力电子技术是一种利用电力电子器件对电能进行控制、转换和传输的技术。将电子技术与控制技术应用到电力领域，通过电力电子器件组成各种电力变换电路，实现电能的转换与控制，称为电力电子技术（Power Electronics Technology）或电力电子学（Power Electronics）。

电力电子技术是一门融合了电力技术、电子技术和控制技术的交叉学科，包括电力电子器件、电力电子电路（变流电路）和控制技术三个主要组成部分。其中，电力电子器件是电力电子技术的基础；变流电路是电力电子技术的核心；而控制技术则是电力电子技术发展的纽带。电力电子技术的研究任务包括电力电子器件的应用、变流电路的基本原理、控制技术，以及电力电子装置的开发与应用等。

半导体电子技术发展至今已形成两大技术领域，即以集成电路为核心的微电子技术和以功率半导体器件（也称电力电子器件）为核心的电力电子技术。前者主要用于信息处理，向小功率发展；后者主要用于对电力的处理，向大功率、多功能发展。

自 20 世纪 50 年代末第一支晶闸管问世以来，电能的变换和控制从旋转变流机组和静止离子变流器进入由电力电子器件构成的变流器时代，这标志着电力电子技术的诞生。之后，电力电子技术在器件、变流电路、控制技术等方面都发生了日新月异的变化；在国际上，电力电子技术是竞争最激烈的高新技术领域。

现代电力电子技术无论是对改造传统工业（电力、机械、矿冶、交通、化工、轻纺等），还是对高新技术产业（航天、激光、通信、机器人等）都至关重要，它已迅速发展成为一门与现代控制理论、材料科学、电机工程、微电子技术等多学科互相渗透的综合性技术学科。它的应用领域几乎涉及国民经济的各个工业部门，在太阳能、风能等清洁能源发电、直流输电、电力机车、城市轻轨交通、船舶推进、电机节能应用、交直流供电电源、电梯控制、机器人控制等领域,乃至社会日常生活等诸多方面的应用不断延伸,是21世纪重要关键技术之一。电力电子技术及其产业的进一步发展必将为大幅度节约电能、降低材料消耗以及提高生产效率提供重要的手段,并为现代化生产和现代化生活的发展进程带来深远的影响。

1.1.2 电力电子器件的发展

电力电子器件是电力电子技术发展的基础,也是电力电子技术发展的动力。从1957年美国通用电气(GE)公司发明了半导体开关器件——晶闸管以来,电力电子器件已经走过了50年的概念更新、性能换代的发展历程。

1. 第一代电力电子器件

以电力二极管和晶闸管(SCR)为代表的第一代电力电子器件,以其体积小、功耗低等优势首先在大功率整流电路中迅速取代老式的汞弧整流器,取代了明显的节能效果,并奠定了现代电力电子技术的基础。

电力二极管又称硅整流管,产生于20世纪40年代,是电力电子器件中机构最简单、使用最广泛的一种器件。目前,电力二极管已形成普通整流管、快恢复整流管和肖特基整流管三种主要类型。普通整流管具有漏电流小、通态压降较高(10~18V)、反向恢复时间较长(几十微秒)、可获得很高的电压和电流定额等特点,多用于牵引、充电电镀等对转换速度要求不高的装置中。较快的反向恢复时间(几百纳秒至几微秒)是快恢复整流管的显著特点,但是通态压降却很高(16~40 V),其主要用于斩波、逆变等电路中充当旁路二极管或阻塞二极管。肖特基整流管兼有快的反向恢复时间(几乎为零)和低的通态压降(0.3~0.6 V)的优点,不过其漏电流较大、耐压能力低,常用于高频低压仪表和开关电源。

电力二极管对改善各种电力电子电路的性能、降低电路损耗和提高电源使用效率等方面都具有非常重要的作用。随着各种高性能电力电子器件的出现,开发具有良好高频性能的电力整流管显得非常必要。目前,人们已通过新颖结构的设计和大规模集成电路制作工艺的运用,研制出一些新型高压快恢复整流管。

晶闸管诞生后,其结构的改进和工艺的改革,为新器件的不断出现提供了条件。1964年,双向晶闸管在GE公司开发成功,应用于调光和电动机控制;1965年,小功率光触发晶闸管出现,为其后出现的光耦合器打下了基础;20世纪60年代后期,大功率逆变晶闸管问世,成为当时逆变电路的基本元件;1974年,逆导晶闸管和非对称晶闸管研制完成。经过工艺完善和应用开发,到20世纪70年代,晶闸管已经形成了从低压小电流到高压大电流的系列产品。

普通晶闸管广泛应用于交直流调速、调光、调温等低频(400 Hz以下)领域,运用由它所构成的电路对电网进行控制和变换是一种简便而经济的办法。不过,这种装置的运行会产生波形畸变和降低功率因数,影响电网的质量。目前的技术水平为12 000 V/1 000 A 和 6 500 V/4 000 A。

双向晶闸管可视为一对反并联的普通晶闸管的集成,常用于交流调压和调功电路中。正、负脉冲都可触发导通,因而其控制电路比较简单。其缺点是换向能力差、触发灵敏度低、关断时间较长,其水平已超过2 000 V/500 A。

光控晶闸管是通过光信号控制晶闸管触发导通的器件,它具有很强的抗干扰能力、良好的高压绝缘性能和较高的瞬时过电压承受能力,因而被应用于高压直流输电(HVDC)、静止无功功率补偿(SVC)等领域。其研制水平大约为 8 000 V/3 600 A。

逆变晶闸管因具有较短的关断时间(10 ~ 15 s)而主要用于中频感应加热。在逆变电路中,它已让位于 GTR、GTO、IGBT 等新器件。目前,其最大容量介于 2 500 V/1 600 A/1 kHz 和 800 V/50 A/20 kHz 的范围之间。

非对称晶闸管是一种正、反向电压耐量不对称的晶闸管。而逆导晶闸管不过是非对称晶闸管的一种特例,是将晶闸管反并联一个二极管制作在同一管心上的功率集成器件。与普通晶闸管相比,逆导晶闸管具有关断时间短、正向压降小、额定结温高、高温特性好等优点,主要用于逆变器和整流器中。

由晶闸管及其派生器件构成的各种电力电子系统在工业应用中主要解决了传统的电能变换装置中所存在的能耗大和装置笨重等问题,因而大大提高了电能的利用率,同时也使工业噪声得到一定程度的控制。

2. 第二代电力电子器件

伴随着关键技术的突破以及需求的发展,早期的小功率、半控型、低频器件发展到现在的大功率、高频全控器件。由于全控型器件可以控制开通和关断,大大提高了开关控制的灵活性。自 20 世纪 70 年代中期起,电力晶体管(GTR)、可关断晶闸管(GTO)、电力场控晶体管(功率 MOSFET)、静电感应晶体管(SIT)、MOS 控制晶闸管(MCT)、绝缘栅双极晶体管(IGBT)等通断两态双可控器件相继问世,电力电子器件日趋成熟。一般将这类具有自关断能力的器件称为第二代电力电子器件。全控型器件的开关速度普遍高于晶闸管,可用于开关频率较高的电路。

功率 MOSFET 是低压范围内最好的功率开关器件,目前广泛应用于高频开关电源、计算机电源、航空电源、小功率 UPS 以及小功率变频器等领域。

IGBT 器件是一种 N 沟道增强型场控(电压)复合器件。它兼有功率 MOSFET 和双极性器件的开关速度快、安全工作区宽,饱和压降比较低、耐压高、电流大等优点。因此,IGBT 器件将是促进高频电力电子技术发展的一种比较理想的基础元件。

3. 第三代电力电子器件

进入 20 世纪 90 年代以后,电力电子器件的研究和开发已进入高频化、标准模块化、集成化和智能化时代。电力电子器件的高频化是今后电力电子技术创新的主导方向,而硬件结构的标准模块化是电力电子器件发展的必然趋势。功率集成电路(PIC)是指将高压功率器件与信号处理系统及外围接口电路、保护电路、检测诊断电路等集成在同一芯片的集成电路,一般将其分为智能功率集成电路(SPIC)和高压集成电路(HVIC)两类。但随着 PIC 的不断发展,SPIC 与 HVIC 在工作电压和器件结构上(垂直或横向)都难以严格区分,已习惯于将它们统称为智能功率集成电路或功率 IC。SPIC 是机电一体化的关键接口电路,是 SOC 的核心技术,它将信息采集、处理与功率控制合而为一,是引发第二次电子革命的关键技术。以 SPIC、HVIC 等功率集成电路为代表的发展阶段,使电力电子技术与微电子技术更紧密地结合在一起,是将全控型电力电子器件与驱动电路、控制电路、传感电路、保护电路、逻辑电路等集成在一起的高度智能化的功率集成电路。它实现了器件与电路的集成,强电与弱电、功率流与信息流的集成,成为机和电之间的智能化接口,是机电一体化的基础单元。SPIC 的发展使电力电子技术实现了第二次革命,并进入全新的智能化时代。

1.1.3 变流电路的发展

电力电子技术的发展先后经历了整流器时代、逆变器时代和变频器时代,并促进了电力电子技术在许多新领域的应用。20 世纪 80 年代末期和 90 年代初期发展起来的、以功率 MOSFET 和 IGBT 为代表的、集高频高压和大电流于一身的功率半导体复合器件表明,传统电力电子技术已经进入现代电力电子时代。

1. 整流器时代

大功率的工业用电由工频(50 Hz)交流发电机提供,但是大约 20% 的电能是以直流形式消费的,其中最典型的是电解(有色金属和化工原料需要直流电解)、牵引(电气机车、电传动的内燃机车、地铁机车、城市无轨电车等)和直流传动(轧钢、造纸等)三大领域。大功率硅整流器能够高效率地把工频交流电转变为直流电,因此在 20 世纪 60 年代和 70 年代,大功率硅整流管和晶闸管的开发与应用得以很大发展。当时国内曾经掀起了一股争办硅整流器厂的热潮,目前国内大大小小的硅整流器半导体厂家就是那个年代的产物。

2. 逆变器时代

20 世纪 70 年代出现了世界范围的能源危机,交流电动机变频调速因节能效果显著而迅速发展。变频调速的关键技术是将直流电逆变为 0~100 Hz 的交流电。在 20 世纪 70 年代到 80 年代,随着变频调速装置的普及,大功率逆变用的晶闸管、巨型功率晶体管和门极可关断晶闸管成为当时电力电子器件的主角。类似的应用还包括高压直流输出,静止式无功功率动态补偿等。这时的电力电子技术已经能够实现整流和逆变,但工作频率较低,仅局限在中低频范围内。

3. 变频器时代

进入 20 世纪 80 年代,大规模和超大规模集成电路技术的迅猛发展,为现代电力电子技术的发展奠定了基础。将集成电路技术的精细加工技术和高压大电流技术有机结合,出现了一批全新的全控型功率器件,首先是功率 MOSFET 的问世,导致了中小功率电源向高频化发展,而后绝缘栅双极晶体管(IGBT)的出现,又为大中型功率电源向高频发展带来机遇。MOSFET 和 IGBT 的相继问世,是传统的电力电子向现代电力电子转化的标志。新型器件的发展不仅为交流电机变频调速提供了较高的频率,使其性能更加完善可靠,而且使现代电力电子技术不断向高频化发展,为用电设备的高效节材节能、实现小型轻量化、机电一体化和智能化提供了重要的技术基础。

1.1.4 控制技术的发展

电力电子器件经历了工频、低频、中频到高频的发展历程,与此相对应,电力电子电路的控制也从最初以相位控制为手段并由分立元件组成的控制电路发展到集成控制器,再到如今的旨在实现高频开关的计算机控制,并向着更高频率、更低损耗和全数字化的方向发展。模拟控制电路存在控制精度低、动态响应慢、参数整定不方便,以及温度漂移严重、容易老化等缺点。专用模拟集成控制芯片的出现大大简化了电力电子电路的控制线路,提高了控制信号的开关频率,只需外接若干阻容元件即可直接构成具有校正环节的模拟调节器，提高了电路的可靠性。但是，也正是由于阻容元件的存在，模拟控制电路的固有缺陷，如元件参数的精度和一致性、元件老化等问题仍然存在。此外，模拟集成控制芯片还存在功耗较大、集成度低、控制不够灵活、通用性不强等问题。

用数字化控制代替模拟控制，可以消除温度漂移等常规模拟调节器难以克服的缺点，有利于参数整定和变参数调节，便于通过程序软件的改变方便地调整控制方案和实现多种新型控制策略，同时可减少元器件的数目、简化硬件结构，从而提高系统的可靠性。此外，还可以实现运行数据的自动储存和故障自我诊断，有助于实现电力电子装置运行的智能化。

近年来，许多应用场合对电力电子电路的动态性能与稳态精度提出了更高的要求，在这种情况下，各种自动控制技术和现代控制理论日益渗透到功率变换电路，控制技术得到进一步发展。

综上所述，电力电子技术的发展是从低频技术处理问题为主的传统电力电子技术向以高频技术处理问题为主的现代电力电子技术方向发展。利用20世纪50年代发展起来的晶闸管及其派生器件为基础所形成的电力电子技术，可称为传统电力电子技术。这一发展时期，电力电子器件以半控型晶闸管为主，变流电路一般为相控型，控制技术多采用模拟控制方式。由半控型器件组成的电力电子装置或系统，在消除电网侧的电流谐波、改善电网侧的功率因数、逆变器输出波形控制、减少环境噪声污染、进一步提高电能的利用率、降低原材料消耗以及提高系统的动态性能等方面都遇到了困难。

20世纪80年代以后，以IGBT为代表的集高频、高压和大电流于一体的功率半导体复合器件得到迅速发展与应用，改变了人们长期以来用低频技术处理电力电子技术问题的习惯，电力电子技术进入了现代电力电子技术时代。这一时期，电力电子器件以全控型器件为主，变流电路采用脉宽调制型，控制技术采用PWM数字控制技术。目前，电力电子技术作为节能、环保、自动化、智能化、机电一体化的基础，正朝着应用技术高频化、硬件结构模块化、产品性能绿色化的方向发展。

1.2 变流电路分类与功能

变流电路的基本功能是实现电能形式的转换。其基本形式有四种：整流电路（AC→DC变换）、逆变电路（DC→AC变换）、交流变换电路（AC－AC变换）、斩波电路（DC－DC变换），如图1.1所示。

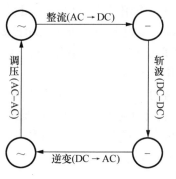

图1.1 变流电路基本形式

将交流电能转换为直流电能的电路,称为整流电路。由电力二极管可组成不可控整流电路,用晶闸管或其他全控型器件可组成可控整流电路。以往使用最方便的整流电路为晶闸管相控整流电路,其具有网侧功率因数低、谐波严重等缺点。由全控型器件组成的PWM整流电路具有高功率因数等优点,近年来得到进一步发展与推广,应用前景广泛。

将直流电能转换为交流电能的电路,称为逆变电路。逆变电路不但能使直流变成可调的交流,而且可输出连续可调的工作频率。

将一种直流电能转换成另一固定电压或可调电压的直流电的电路,称为斩波电路。斩波电路大都采用PWM控制技术。

将固定大小和频率的交流电能转换为大小和频率可调的交流电能的电路,称为交流变换电路。交流变换电路可分为交流调压电路和交-交变频电路。交流调压电路在维持电能频率不变的情况下改变输出电压幅值。交-交变频电路把电网频率的交流电直接变换成不同频率的交流电。

1.3 电力电子技术应用

电力电子技术作为一门新兴的高技术学科,已被广泛地应用于高品质交直流电源、电力系统、变频调速、新能源发电及各种工业与民用电器等领域,成为现代高科技领域的支撑技术。

1.3.1 电源

1. 计算机高效绿色电源

高速发展的计算机技术带领人类进入了信息社会,同时也促进了电源技术的迅速发展。20世纪80年代,计算机全面采用了开关电源,率先完成计算机电源换代。绿色计算机泛指对环境无害的个人计算机和相关产品,绿色电源是指与绿色计算机相关的高效省电电源。美国环境保护署的1992年6月17日"能源之星"计划规定,桌上型个人计算机或相关的外围设备在睡眠状态下的耗电量若小于30 W,就符合绿色计算机的要求。提高电源效率是降低电源消耗的根本途径。

2. 通信用高频开关电源

通信业的迅速发展极大地推动了通信电源的发展,高频小型化的开关电源及其技术已成为现代通信供电系统的主流。在通信领域中,通常将整流器称为一次电源,而将DC-DC变换器称为二次电源。一次电源的作用是将单相或三相交流电变换成标称值为48 V的直流电源。目前在程控交换机用的一次电源中,传统的相控式稳压电源已被高频开关电源取代,高频开关电源通过MOSFET或IGBT的高频工作,开关频率一般控制在50~100 kHz范围内,实现了高效率和小型化。

因通信设备中所用集成电路的种类繁多,其电源电压也各不相同,在通信供电系统中采用高功率密度的高频DC-DC隔离电源模块,从中间母线电压(一般为48 V直流)变换成所需的各种直流电压,这样可大大减小损耗、方便维护,且安装非常方便。因通信容量的不断增加,通信电源容量也将不断增加。

3. 斩波器(DC-DC交换器)

DC-DC变换器被广泛应用于无轨电车、地铁列车、电动车的无级变速和控制中,同时使上述控制获得加速平稳、快速响应的性能，并同时达到节约电能的效果。斩波器不仅能起直流调压的作用（开关电源），同时还能起到有效地抑制电网侧谐波电流噪声的作用。随着大规模集成电路的发展，要求电源模块实现小型化，因此就要不断提高开关频率和采用新的电路拓扑结构，目前已有一些公司研制生产了采用零电流开关和零电压开关技术的二次电源模块，功率密度有较大幅度的提高。

4. 不间断电源（UPS）

不间断电源是计算机、通信系统，以及要求提供不能中断电能场合所必需的一种高可靠、高性能的电源。交流市电输入经整流器变成直流，一部分能量给蓄电池组充电；另一部分能量经逆变器变成交流，经转换开关送到负载。为了在逆变器故障时仍能向负载提供能量，另一路备用电源通过电源转换开关来实现。

现代 UPS 普遍采用 PWM 技术和功率 MOSFET、IGBT 等现代电力电子器件，使电源噪声得以降低，而效率和可靠性得以提高。微处理器软、硬件技术的引入，可以实现对 UPS 的智能化管理，进行远程维护和远程诊断。

5. 高频逆变式整流焊机电源

高频逆变式整流焊机电源是一种高性能、高效、省材的新型焊机电源，代表了当今焊机电源的发展方向。逆变焊机电源大都采用交流 - 直流 - 交流 - 直流（AC-DC-AC-DC）变换的方法。50 Hz 交流电经全桥整流变成直流，IGBT 组成的 PWM 高频变换部分将直流电逆变成 20 kHz 的高频矩形波，经高频变压器耦合，整流滤波后成为稳定的直流，供电弧使用。

6. 大功率开关型高压直流电源

大功率开关型高压直流电源广泛应用于静电除尘、水质改良、医用 X 光机和 CT 机等大型设备。电压高达 50~159 kV，电流达到 0.5 A 以上，功率可达 100 kW。

静电除尘高压直流电源将市电经整流变为直流，采用全桥零电流开关串联谐振逆变电路将直流电压逆变为高频电压，然后由高频变压器升压，最后整流为直流高压。

7. 分布式开关电源供电系统

分布式开关电源供电系统采用小功率模块和大规模控制集成电路做基本部件，利用最新理论和技术成果，组成积木式、智能化的大功率供电电源，从而使强电与弱电紧密结合，降低大功率元器件、大功率装置的研制压力，提高生产效率。

分布供电方式具有节能、可靠、高效、经济和维护方便等优点，已被大型计算机、通信设备、航空航天、工业控制等系统逐渐采纳，也是超高速型集成电路的低电压电源的最为理想的供电方式。在大功率场合，如电镀、电解电源、电力机车牵引电源、中频感应加热电源等领域也有广阔的应用前景。

1.3.2 电气传动

电力电子技术是电动机控制技术发展的最重要的物质基础，电力电子技术的迅猛发展促使电动机控制技术水平有了突破性的提高。利用整流器或斩波器获得可变的直流电源，对直流电动机电枢或励磁绕组供电，控制直流电动机的转速和转矩，可以实现直流电动机变速传动控制。利用逆变器或交 - 交直接变频器对交流电动机供电，改变逆变器或变频器输出的频率和电压、电流，即可经济、有效地控制交流电动机的转速和转矩，实现交流电动机的变速传动。交流电动机的变频调速在电气传动系统中占据的地位日趋重要，已获得巨大的节能效果。变频器是实现交流变频调速的重要环节。变频器电源主电路均采用交流-直流-交流方案。工频电源通过整流器变成固定的直流电压，然后由大功率晶体管或 IGBT 组成的 PWM 高频变换器，将直流电压逆变成电压、频率可变的交流输出，电源输出波形近似于正弦波，用于驱动交流异步电动机实现无级调速。

1.3.3 电力系统

随着电力电子技术的发展，电力电子设备已开始进入电力系统并为解决电能质量控制提供了技术手段。近年来，国外提出了"用户电力技术"（Custom Power Technology）的概念，即使用电力电子技术提高供电可靠性和实现电能质量严格控制。目前，已经开发出用于配电网的电力电子装置，如固态高压开关（Solid-state Circuit Breaker）。与常规的机械开关相比，固态开关能在一个工频半波以内完成由故障供电线路向健全的供电线路的切换。这是一般机械开关无法比拟的。

大功率电力电子器件已经广泛应用于电力的一次系统。可控硅（晶闸管）用于高压直流输电已经有很长的历史。大功率电力电子器件近 10 年也将应用于灵活的交流输电、定质电力技术，以及新一代直流输电技术。新的大功率电力电子器件的研究开发和应用，将成为 21 世纪的电力研究前沿。电力系统完全的灵活调节控制将成为现实。

1. 灵活交流输电技术（FACTS）

灵活的交流输电系统是 20 世纪 80 年代后期出现的新技术，近年来在世界上发展迅速。灵活交流输电技术是指电力电子技术与现代控制技术结合以实现对电力系统电压、参数（如线路阻抗）、相位角、功率潮流的连续调节控制，从而大幅度提高输电线路输送能力和电力系统稳定水平，降低输电损耗。

2. 定质电力技术

定质电力技术（Custom Power Technology）又称"用户用电技术"，是应用现代电力电子技术和控制技术为实现电能质量控制，为用户提供特定要求的电力供应的技术。

现代工业的发展对提高供电的可靠性、改善电能质量提出了越来越高的要求。在现代企业中，由于变频调速驱动器、机器人、自动生产线、精密的加工工具、可编程控制器、计算机信息系统的日益广泛使用，对电能质量的控制提出了日益严格的要求。这些设备对电源的波动和各种干扰十分敏感，任何供电质量的恶化都会造成产品质量的下降，并产生重大损失。重要用户为保证优质的不间断供电，往往自己采取措施。如安装不间断电源，但这并不是经济合理的解决办法。根本的出路在于供电部门能根据用户的需要，提供可靠和优质的电能供应。

3. 新型直流输电技术

直流输电显然已是成熟技术，但造价较高是其与交流输电竞争的不利因素。新一代的直流输电是指进一步改善性能、大幅度简化设备、减少换流站占地、降低造价的技术。直流输电性能创新的典型例子是轻型直流输电系统（Light HVDC），它采用 GTO、IGBT 等可关断的器件组成换流器，省却了换流变压器，整个换流站可以搬迁，可以使中型的直流输电工程在较短的输送距离也具有竞争力，从而使中等容量的输电在较短的输送距离也能与交流输电竞争。

4. 同步开关技术

同步开关（Synchronized Switching）是在电压或电流的指定相位完成电路的断开或闭合。在理论上，应用同步开关技术可完全避免电力系统的操作过电压。这样，由操作过电压决定的电力设备绝缘水平可大幅度降低，因操作引起的设备（包括断路器本身）损坏也可大大减少。实现同步开关的根本出路在于用电子开关取代机械开关。

5. 电力有源滤波器

电力有源滤波器是一种能够动态抑制谐波的新型电力电子装置，能克服传统滤波器的不足，具有很好的动态无功补偿和谐波抑制功能。

1.4 本课程任务和要求

本课程属于电气工程及其自动化、机电一体化、电力系统自动化等专业的专业基础课，是一门理论与应用相结合的课程，具有很强的实践性。

本课程的目的和任务是使学生通过学习后，获得电力电子技术必要的基本理论、基本分析方法以及基本技能的培训和训练，为学习后续课程以及从事与电气工程及自动化专业有关的技术工作和科学研究打下一定的基础。

本课程的基本要求如下。

（1）了解电力电子技术的应用范围和发展动向。

（2）熟悉和掌握晶闸管、功率 MOSFET、IGBT 等电力电子器件的结构、工作原理、特性和使用方法。

（3）熟练掌握单相、三相整流电路的基本原理、波形分析和各种负载对电路工作的影响，并能对上述电路进行设计计算。

（4）掌握直流斩波器 DC-DC 变换线路，DC→AC 逆变电路，AC-AC 变流变换电路。

（5）掌握基本变流装置的调试试验方法；掌握实用电力电子产品的制作、调试、故障分析及处理方法。

（6）具有借助工具书和设备铭牌、产品说明书、产品目录（手册）等资料，查阅电子元器件及产品的有关数据、功能和使用方法的能力。

（7）能正确选用电力电子器件并组成常用电路。

（8）能初步判断和分析由电力电子器件为主所构成的设备的一般故障，并能处理此类设备的简单故障。

本课程涉及高等数学、电工基础、电子技术、电机与电气控制等课程的内容，学习时要综合运用所学知识。并在学习中要注意物理概念与基本分析方法的学习，电路波形和相位分析，从波形分析中进一步理解电路的工作过程，掌握器件计算、测量、调整和故障分析等方面的实践能力。

本 章 小 结

本章主要介绍了电力电子技术的发展概况、应用领域、电力电子技术在本专业学科领域中的地位和作用及本课程的学习任务等知识，通过这些知识的介绍可以使读者了解电力电子技术学习的主要内容及目的和意义,有助于读者更好地学习这门课程。

思考题与习题

1-1 什么是电力电子技术?它有几个组成部分?
1-2 从发展过程看,电力电子器件可分为哪几个阶段?简述各阶段的主要标志。
1-3 变流电路的发展经历了哪几个时代?
1-4 电力电子技术的发展方向是什么?
1-5 变流电路有哪几种形式,各自的功能是什么?
1-6 简述电力电子技术的主要应用领域。

第 2 章 电力电子器件

【学习目标】
1. 知识目标
(1) 掌握电力电子器件的概念、分类及其特点。
(2) 掌握常用电力电子器件的工作原理和基本特性。
(3) 掌握常用电力电子器件的主要参数及其选择和使用方法。
2. 能力目标
(1) 掌握晶闸管的工作原理和基本特性。
(2) 掌握晶闸管的简易测试方法和验证晶闸管的导通条件及关断方法。
(3) 了解常用的全控型电力电子器件的工作原理和基本特性。

2.1 电力电子器件的分类

电力电子器件（Power Electronic Device）是指在电能变换与控制的电路中，实现电能的变换或控制的电子器件。电力电子器件有电真空器件和半导体器件两大类。但是，自从晶闸管等新型半导体电力电子器件问世以来，除了在频率很高的大功率高频电源中还使用真空管外，在其他电能变换和控制领域中几乎全部由基于半导体材料的各种电力电子器件所取代，成为了电能变换和控制领域的绝对主力。

为了减小器件自身的损耗、提高效率，电力电子器件在电力电子电路中一般都工作在开关状态。作为理想的开关元件，要求应具备在导通时电阻为零（即两端电压降为零）、允许通过任意大的电流，而在关断时元件的阻抗为无穷大、元件两端能够承受任意高的电压，并要求其具有足够高的开关速度。实际的电力电子器件虽不能达到上述理想状态，但也应具备其主要特点：在通态时应能承载很高的电流密度而压降很低；在断态时应能承受很高的电压而漏电流很小；断态与通态间的转换时间极短且功率损耗极低。此外，还应具有在导通时能限制电流上升率，在电路事故状态下无须外电路元件的帮助就能限制故障电流等功能。总之，电力电子器件应具备工作损耗小、承受电流和电压能力大、开关速度快等特点。

电力电子器件发展非常迅速，品种也非常多，但目前最常用的并不是很多，主要有电力二极管、普通晶闸管（SCR）、双向晶闸管（TRIAC）、可关断晶闸管（GTO）、功率晶体管（GTR 或称 BJT）、功率场效应管（Power MOSFET）、绝缘栅双极型功率晶闸管（IGBT），以及新型的功率集成模块 PIC、智能功率模块 IPM 等。与电力电子器件相配套的各种专用集成驱动控制电路和保护电路发展也很快，新产品不断推出并被广泛采用。这些成果正推动着电力电子技术与装置的迅速发展。

2.1.1 按受控方式分

目前市场上常见的主要电力电子器件及按照电力电子器件的受控方式,可将其分为不可控、半可控和全控器件三类,见表 2-1。

表 2-1 电力电子器件分类表

器件类别		器件名称
不可控器件	二极管	普通整流硅二极管 快速恢复二极管 肖特基整流二极管 肖克莱二极管 硅对称开关
可控器件	半控型器件	普通晶闸管 快速晶闸管 双向晶闸管 逆导晶闸管 光控晶闸管
	全控型器件	双极型功率晶闸管 GTR 门极开关断晶闸管 GTO 功率场效应管 Power MOSFET 绝缘栅双极型功率晶闸管 IGBT 静电感应晶闸管 SIT MOS 栅控晶闸管 MCT 静电感应晶闸管 SITH 智能功率模块 IPM 功率集成电路 PIC

1. 不可控器件

器件本身没有导通和关断控制能力,需要根据电路条件决定其导通、关断状态。这类器件包括普通整流二极管,肖特基(Schottky)整流二极管等。

2. 半可控器件

控制信号只能控制其导通,不能控制其关断。这类器件包括普通晶闸管和快速、光控、逆导、双向晶闸管等。

3. 全控器件

通过控制信号既可控制其导通又可控制其关断。GTO、GTR、功率 MOSFET、IGBT 等均属于全控型器件。

2.1.2 按载流子类型分

按照器件内部电子和空穴两种载流子参与导电的情况,可将电力电子器件化分为单极型、双极型和混合型三类。

1. 单极型器件

由一种载流子参与导电的器件，称为单极型器件，如功率 MOSFET、静电感应晶体管 SIT 等。

2. 双极型器件

由电子和空穴两种载流子参与导电的器件，称为双极型器件，如 PN 结整流管、普通晶闸管、电力晶体管等。

3. 混合型器件

由单极型和双极型两种器件组成的复合型器件，称为混合型器件，如 IGBT、MCT 等。

2.1.3 按控制信号性质分

根据控制信号的不同，电力电子器件可分为电流控制型和电压控制型两种。

1. 电流控制型器件

此类器件采用电流信号来实现导通或关断控制，代表器件如晶闸管、电力晶体管等。电流控制型器件的特点是：①在器件体内有电子和空穴两种载流子导电，由导通转向阻断时，两种载流子在复合过程中产生热量，使器件结温升高。过高的结温限制了工作频率的提高，因此，电流控制型器件比电压控制型器件的工作频率低。②电流控制型器件具有电导调制效应，使其导通压降很低，导通损耗较小。③电流控制型器件的控制极输入阻抗低，控制电流和控制功率较大，电路也比较复杂。

2. 电压控制型器件

此类器件采用场控原理对其通/断状态进行控制，代表器件如功率 MOSFET、IGBT 等。电压控制型器件的特点是：输入阻抗高，控制功率小，控制线路简单；工作频率高；工作温度高，抗辐射能力强。

2.2 电力二极管

在电力电子装置中，常常要用到不可控型器件电力二极管（Power Diode）。电力二极管结构和原理简单、工作可靠，自 20 世纪 50 年代初期二极管出现开始到现在，一直得到广泛应用。常用的电力二极管有整流二极管（Rectifier Diode）、快恢复二极管（Fast Recovery Diode）和肖特基二极管（Schottky Barrier Diode）。整流二极管常在电力电子电路中做整流、续流和隔离用，快恢复二极管和肖特基二极管分别在中、高频整流和逆变电路以及低压高频整流的场合使用。

2.2.1 电力二极管的结构和基本工作原理

1. 电力二极管的结构

电力二极管的基本结构和原理与信息电子电路中的二极管一样，都是具有一个 PN 结的两端器件，所不同的是电力二极管的 PN 结面积较大。

电力二极管的外形、结构和电气符号，如图 2.1 所示。电力二极管外形主要有螺栓型［见图 2.1（a）］、平板型［见图 2.1（b）］和模块型［见图 2.1（c）］几种。其中电力二极管模块是将 2 个、4 个或 6 个二极管组合在一起制造，方便用户使用。从外部结构看，电力二极管可分成管芯和散热器两部分。这是因为管子工作时要通过大电流，而 PN 结有一定的正向电阻,因此管芯会因损耗而发热。为了冷却管芯,必须装配散热器。螺栓型结构安装方便,但散热较差,一般 200 A 以下的电力二极管采用螺旋式。平板型结构能够两面散热,一般用于 200 A 以上容量较大的管子。

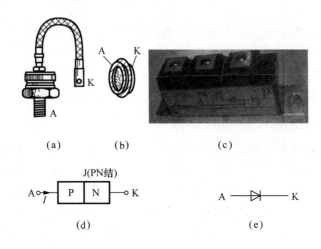

图 2.1 电力二极管的外形、结构和电气符号
(a) 螺栓型;(b) 平板型;(c) 模块型;(d) 结构;(e) 图形符号

2. 电力二极管的基本特性

(1) 静态特性。电力二极管的静态特性主要是指伏安特性,如图 2.2 所示。当电力二极管承受的正向电压大到某一值时,正向电流开始明显增大,处于稳定导通状态,此时与正向电流 I_F 对应的二极管压降 U_F,称为正向电压降。当电力二极管承受反向电压时,只有微小的反向漏电流。

(2) 动态特性。因结电容的存在,电力二极管在零偏置、正向偏置和反向偏置三个状态之间转换时,必然经过一个过渡过程,这个过程中的伏安特性是随时间变化的。此种随时间变化的特性,称为电力二极管的动态特性。

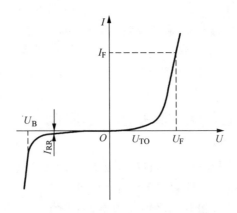

图 2.2 电力二极管的伏安特性

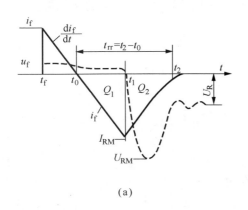 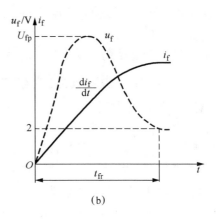

图 2.3　电力二极管的开关特性
（a）关断特性；（b）开通特性

电力二极管的关断特性如图 2.3（a）所示。当原来处于正向导通的功率二极管外加电压在 t_f 加电压时刻突然从正向变为反向时，正向电流 i_f 开始下降，到 t_0 时刻二极管电流降为零，此时 PN 结两侧存有大量的少子，器件并没有恢复反向阻断能力，直到 t_1 时刻 PN 结内储存的少子被抽尽时，反向电流达到最大值 I_{RM}。在 t_1 时刻后二极管开始恢复反向阻断，反向恢复电流迅速减小。外电路中电感产生的高感应电动势使器件承受很高的反向电压 U_{RM}。当电流降到基本为零的 t_2 时刻（反向电流降为 $10\% I_{RM}$），二极管两端的反向电压才降到外加反向电压 U_R，功率二极管完全恢复反向阻断能力。反向恢复时间 $t_{rr} = t_2 - t_0$，t_{rr} 是开关管的重要参数。

图 2.3（b）给出了电力二极管由零偏置转为正向偏置时的波形。由此波形图可知，在这一动态过程中，电力二极管的正向压降也会出现一个过冲 U_{fp}，然后逐渐趋于稳态压降值。这一动态过程的时间，称为正向恢复时间 t_{fr}。通常反向恢复时间 t_{rr} 比正向恢复时间 t_{fr} 长。

3. 主要参数

（1）正向平均电流 $I_{F(AV)}$。$I_{F(AV)}$（额定电流）是指在规定的管壳温度和散热条件下允许通过的最大工频正弦半波电流的平均值，元件标称的额定电流就是这个电流。实际应用中，功率二极管所流过的最大有效电流为 I，则其额定电流一般选择为

$$I_{F(AV)} \geq (1.5 \sim 2) I/1.57 \qquad (2-1)$$

在选择电力二极管时，应按元件允许通过的电流有效值来选取。式中的系数 $1.5 \sim 2$ 是安全系数。注意，当工作频率较高时，开关损耗往往不能忽略。在选择电力二极管正向电流额定值时，应加以考虑。

（2）正向电压降 U_F。U_F 是指在规定温度下，流过某一稳定正向电流时所对应的正向压降。元件发热和损耗与 U_F 有关，一般应选取管压降小的元件，以降低损耗。

（3）反向重复峰值电压 U_{RRM}。U_{RRM} 是指电力二极管在指定温度下，所能重复施加的反向最高峰值电压，通常是反向击穿电压 U_{RSM} 的 2/3。使用时，一般按照 2 倍的 U_{RRM} 来选择电力二极管。

(4) 反向平均漏电流 I_{RR}。I_{RR} 是对应于反向重复峰值电压 U_{RRM} 下的平均漏电流,也称为反向重复平均电流 I_{RR}。

另外,还有最高结温、反向恢复时间等参数。

2.2.2 电力二极管主要类型和使用

1. 电力二极管的类型

电力二极管在电路中有整流、续流、隔离、保护等作用。因电力二极管按照正向压降、反向耐压、反向漏电流等性能不同,特别是反向恢复特性的不同,所以应根据不同场合的不同要求选择不同类型的电力二极管。实际上,各种电力二极管性能上的不同都是由半导体物理结构和工艺上的差别造成的。下面介绍几种常用的电力二极管。

(1) 普通二极管(General Purpose Diode,GPD)。普通二极管又称为整流二极管,多用于开关频率在 1 kHz 以下的场合。整流二极管的特点是电流定额和电压定额可以达到很高,一般为几千安和几千伏,但反向恢复时间较长。

(2) 快速恢复二极管(Fast Recovery Diode,FRD)。快速恢复二极管是指恢复过程时间很短,特别是反向恢复时间很短,一般在 5 μs 以下。快速恢复外延型二极管反向恢复时间可低于 50 ns,正向压降很低,多用于高频整流电路中。

(3) 肖特基二极管(Schottky Barrier Diode,SBD)。肖特基二极管是指用金属和半导体接触形成 PN 结的二极管。其优点在于:反向恢复时间短到 10~40 μs,正向恢复过程也没有明显的电压过冲。另外,在电压较低的情况下,正向压降也很低,明显低于快速恢复二极管。肖特基二极管多用于 200 V 以下的电路中。肖特基二极管的不足是,当所承受的反向耐压提高时,其正向压降有较大幅度提高。它适用于较低输出电压和要求较低正向管压降的换流器电路中。

2. 电力二极管的使用

(1) 必须保证规定的冷却条件,如强迫风冷或水冷。如果不能满足规定的冷却条件,必须降低容量使用。如规定风冷元件使用在自冷时,只允许用到额定电流的 1/3 左右。

(2) 平板型元件的散热器一般不应自行拆装。

(3) 严禁用兆欧表检查元件的绝缘情况。如需检查整机的耐压时,应将元件短接。

2.3 晶闸管

晶闸管(Thyristor)是晶体闸流管的简称,早期称作可控硅整流器(Silicon Controlled Rectifier,SCR),简称为可控硅,属于半控型电力电子器件。晶闸管体积小、质量轻、效率高、动作迅速、寿命长、价格低、工作可靠,因此在大容量、低频的电力电子装置中仍占主导地位。随着半导体制造技术的发展,产生了一系列性能优良的晶闸管派生器件,如快速、双向、逆导、门极可关断及光控等晶闸管。但一般情况下所说的晶闸管是指其中的一种基本类型——普通晶闸管。本节将主要介绍普通晶闸管的工作原理、基本特性和主要参数。

2.3.1 晶闸管

晶闸管是一种大功率半导体变流器件,它具有三个 PN 结的四层结构,其外形、结构和图形符号如图 2.4 所示。由最外的 P_1 层和 N_2 层引出两个电极，分别为阳极 A 和阴极 K，由中间 P_2 层引出的电极是门极 G（也称控制极）。

常用的晶闸管有塑料封装型、螺栓型和平板型三种外形，如图 2.4（a）所示。晶闸管在工作过程中会因损耗而发热，因此必须安装散热器。螺栓式晶闸管是靠阳极（螺栓）拧紧在铝制散热器上，可自然冷却；平板式晶闸管由两个相互绝缘的散热器夹紧晶闸管，靠冷风冷却。额定电流大于 200 A 的晶闸管都采用平板式外形结构。冷却采用水冷和油冷等方式。

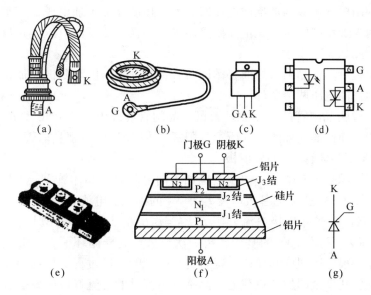

图 2.4　晶闸管的外形、结构和图形符号
（a）螺栓型；（b）平板型；（c）塑封型；（d）集成封装型；
（e）模块型；（f）结构；（g）电气图形符号

2.3.2　晶闸管的工作原理

通过如图 2.5 所示的电路来说明晶闸管的工作原理。在该电路中，由电源 E_a、白炽灯、晶闸管的阳极和阴极组成晶闸管的主电路；由电源 E_g、开关 S、晶闸管的门极和阴极组成控制电路，也称为触发电路。

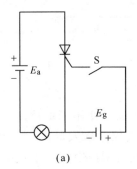 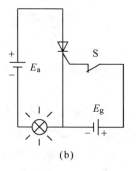

图 2.5　晶闸管导通实验电路图

当晶闸管的阳极接电源 E_a 的正端,阴极经白炽灯接电源的负端时,晶闸管承受正向电压。当控制电路中的开关 S 断开时,白炽灯不亮,说明晶闸管不导通,如图 2.5(a)所示。

当晶闸管的阳极和阴极承受正向电压,控制电路中开关 S 闭合,使控制极也加正向电压(控制极相对阴极)时,白炽灯亮,说明晶闸管导通,如图 2.5(b)所示。

当晶闸管导通时,将控制极上的电压去掉(即将开关 S 断开),白炽灯依然亮,说明晶闸管一旦导通,控制极便失去了控制作用。

当晶闸管的阳极和阴极间加反向电压时,不管控制极加不加电压,灯都不亮,晶闸管截止。如果控制极加反向电压,无论晶闸管阳极与阴极间加正向电压还是反向电压,晶闸管都不导通,如图 2.5(c)所示。

通过上述实验可知,晶闸管导通必须同时具备晶闸管阳极与阴极间加正向电压和晶闸管门极加适当的正向电压两个条件。

为了进一步说明晶闸管的工作原理,可把晶闸管看成由一个 PNP 型和一个 NPN 型晶体管连接而成的,连接形式如图 2.6 所示。阳极 A 相当于 PNP 型晶体管 V_1 的发射极,阴极 K 相当于 NPN 型晶体管 V_2 的发射极。

当晶闸管阳极承受正向电压,控制极也加正向电压时,晶体管 V_2 处于正向偏置,E_G 产生的控制极电流 I_G 就是 V_2 的基极电流 I_{B2},V_2 的集电极电流 $I_{C2}=\beta_2 I_G$。而 I_{C2} 又是晶体管 V_1 的基极电流,V_1 的集电极电流 $I_{C1}=\beta_1 I_{C2}=\beta_1\beta_2 I_G$($\beta_1$ 和 β_2 分别是 V_1 和 V_2 的电流放大系数)。电流 I_{C1} 又流入 V_2 的基极,再一次放大。这样循环下去,形成了强烈的正反馈,使两个晶体管很快达到饱和导通,这就是晶闸管的导通过程。导通后,晶闸管上的压降很小,电源电压几乎全部加在负载上,晶闸管中流过的电流就是负载电流。

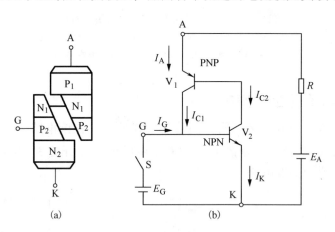

图 2.6 晶闸管工作原理等效电路
(a) 等效模型;(b) 等效电路

在晶闸管导通之后,它的导通状态完全依靠管子本身的正反馈作用来维持,即使控制极电流消失,晶闸管仍将处于导通状态。因此,控制极的作用仅是触发晶闸管使其导通,导通之后,控制极就失去了控制作用。要想关断晶闸管,必须将阳极电流减小到小于维持电流。可采用的方法有:将阳极电源断开;改变晶闸管的阳极电压的方向,即在阳极和阴极间加反向电压。

2.3.3 晶闸管的伏安特性

晶闸管阳极与阴极间的电压 U_A 和阳极电流 I_A 的关系称为晶闸管伏安特性,正确使用晶闸管必须要了解其伏安特性。如图 2.7 所示为晶闸管的伏安特性曲线,包括正向特性(第Ⅰ象限)和反向特性(第Ⅲ象限)两部分。

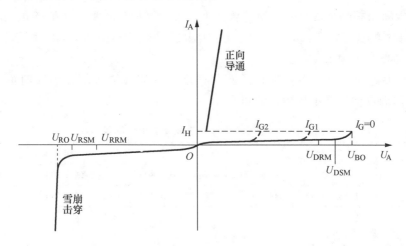

图 2.7 晶闸管的伏安特性曲线 $I_{G2}>I_{G1}>I_G$

晶闸管的正向特性又有阻断状态和导通状态之分。在正向阻断状态时,晶闸管的伏安特性是一组随门极电流 I_G 的增加而不同的曲线簇。当 $I_G=0$ 时,逐渐增大阳极电压 U_A,只有很小的正向漏电流,晶闸管正向阻断;随着阳极电压的增加,当达到正向转折电压 U_{BO} 时,漏电流突然剧增,晶闸管由正向阻断状态突变为正向导通状态。这种在 $I_G=0$ 时,依靠增大阳极电压而强迫晶闸管导通的方式称为"硬开通"。多次"硬开通"会使晶闸管损坏,因此通常不允许这样做。

随着门极电流 I_G 的增大,晶闸管的正向转折电压 U_{BO} 迅速下降,当 I_G 足够大时,晶闸管的正向转折电压很小,可以看成与一般二极管一样,只要加上正向阳极电压,管子就导通了。晶闸管正向导通的伏安特性与二极管的正向特性相似,即当流过较大的阳极电流时,晶闸管的压降很小。

晶闸管正向导通后,要使晶闸管恢复阻断,只有逐步减小阳极电流 I_A,使 I_A 下降到小于维持电流 I_H(维持晶闸管导通的最小电流),则晶闸管又由正向导通状态变为正向阻断状态。

各物理量的含义如下:

U_{DRM},U_{RRM}——正、反向断态重复峰值电压;

U_{DSM},U_{RSM}——正、反向断态不重复峰值电压;

U_{BO}——正向转折电压;

U_{RO}——反向击穿电压。

晶闸管的反向特性与一般二极管的反向特性相似。在正常情况下,当承受反向阳极电压时，晶闸管总是处于阻断状态，只有很小的反向漏电流流过。当反向电压增加到一定值时，反向漏电流增加较快，再继续增大反向阳极电压会导致晶闸管反向击穿，造成晶闸管永久性损坏，这时对应的电压为反向击穿电压 U_{RO}。

2.3.4 晶闸管的主要参数

1. 正向断态重复峰值电压 U_{DRM}

在控制极断路和晶闸管正向阻断的条件下，可重复加在晶闸管两端的正向峰值电压称为正向断态重复峰值电压 U_{DRM}。一般规定此电压为正向转折电压 U_{BO} 的 80%。

2. 反向重复峰值电压 U_{RRM}

在控制极断路时，可以重复加在晶闸管两端的反向峰值电压称为反向重复峰值电压 U_{RRM}。此电压取反向击穿电压 U_{RO} 的 80%。

表 2-2　晶闸管正反向重复峰值电压的等级

级别	额定电压/V	说　明
1，2，3，…，10	100，200，300，…，1 000	额定电压 1 000 V 以下，每增加 100 V 级别数加 1
12，14，16，…	1 200，1 400，1 600，…	额定电压 1 200 V 以上，每增加 200 V 级别增加 2

3. 通态平均电流 $I_{T(AV)}$

在环境温度小于 40 ℃ 和标准散热及全导通的条件下，晶闸管可以连续导通的最大工频正弦半波电流平均值称为通态平均电流 $I_{T(AV)}$ 或正向平均电流，通常所说晶闸管是多少安就是指这个电流。如果正弦半波电流的最大值为 I_m，则正弦半波电流平均值 $I_{T(AV)}$、电流有效值 I_T 和电流最大值 I_m 三者的关系为

$$I_{T(AV)} = \frac{1}{2\pi}\int_0^\pi I_m \sin\omega t \, d(\omega t) = \frac{I_m}{\pi} \qquad (2-2)$$

额定电流有效值为

$$I_T = \sqrt{\frac{1}{2\pi}\int_0^\pi (I_m \sin\omega t)^2 d(\omega t)} = \frac{I_m}{2} \qquad (2-3)$$

而在实际使用中，流过晶闸管的电流波形形状、波形导通角并不是一定的，各种含有直流分量的电流波形都有一个电流平均值（一个周期内波形面积的平均值），也就有一个电流有效值（均方根值）。现定义某电流波形的有效值与平均值之比为这个电流的波形系数，用 K_f 表示，即

$$K_f = \frac{电流有效值}{电流平均值} \qquad (2-4)$$

根据式（2-4）可求出正弦半波电流的波形系数为

$$K_f = \frac{I_T}{I_{T(AV)}} = \frac{\pi}{2} = 1.57 \qquad (2-5)$$

这说明额定电流 $I_{T(AV)} = 100$ A 的晶闸管，其额定电流有效值为 $I_T = K_f I_{T(AV)} = 157$（A）。

不同的电流波形有不同的平均值与有效值，波形系数 K_f 也不同。在选用晶闸管的时候，首先要根据管子的额定电流（通态平均电流）求出元件允许流过的最大有效电流。不

论流过晶闸管的电流波形如何,只要流过元件的实际电流最大有效值小于或等于管子的额定有效值,且散热冷却在规定的条件下,管芯的发热就能限制在允许范围内。

由于晶闸管的过载能力比一般电动机、电器要小得多,因此在选用晶闸管额定电流时,根据实际最大的电流计算后至少要乘以 1.5~2 的安全系数,使其有一定的电流裕量。

4. 维持电流 I_H 和擎住电流 I_L

在室温且控制极开路时,维持晶闸管继续导通的最小电流称为维持电流 I_H。维持电流大的晶闸管容易关断。维持电流与元件容量、结温等因素有关,同一型号的元件其维持电流也不相同。通常在晶闸管的铭牌上标明了常温下 I_H 的实测值。

给晶闸管门极加上触发电压,当元件刚从阻断状态转为导通状态时就撤除触发电压,此时元件维持导通所需要的最小阳极电流称为擎住电流 I_L。对同一晶闸管来说,擎住电流 I_L 为维持电流 I_H 的 2~4 倍。

5. 晶闸管的开通与关断时间

晶闸管作为无触点开关,在导通与阻断两种工作状态之间的转换并不是瞬时完成的,而需要一定的时间。当元件的导通与关断频率较高时,就必须考虑这种时间的影响。

(1) 开通时间 t_{gt}。

一般规定,从门极触发电压前沿的 10% 到元件阳极电压下降至 10% 所需的时间称为开通时间 t_{gt},普通晶闸管的 t_{gt} 约为 6 μs。开通时间与触发脉冲的陡度大小、结温以及主回路中的电感量等有关。为了缩短开通时间,常采用实际触发电流比规定触发电流大 3~5 倍、前沿陡的窄脉冲来触发,称之为强触发。另外,如果触发脉冲不够宽,晶闸管就不可能触发导通。一般来说,要求触发脉冲的宽度稍大于 t_{gt},以保证晶闸管可靠触发。

(2) 关断时间 t_q。

晶闸管导通时,内部存在大量的载流子。晶闸管的关断过程是,当阳极电流刚好下降到零时,晶闸管内部各 PN 结附近仍然有大量的载流子未消失,此时若马上重新加上正向电压,晶闸管仍会不经触发而立即导通,只有再经过一定时间,待元件内的载流子通过复合而基本消失之后,晶闸管才能完全恢复正向阻断能力。我们把晶闸管从正向阳极电流下降为零到它恢复正向阻断能力所需要的这段时间称为关断时间 t_q。

晶闸管的关断时间与元件结温、关断前阳极电流的大小以及所加反向电压的大小有关。普通晶闸管的 t_q 约为几十到几百微秒。

6. 通态电流临界上升率 di/dt

门极流入触发电流后,晶闸管开始只在靠近门极附近的小区域内导通,随着时间的推移,导通区域才逐渐扩大到 PN 结的全部面积。如果阳极电流上升得太快,则会导致门极附近的 PN 结因电流密度过大而烧毁,使晶闸管损坏。因此,对晶闸管必须规定允许的最大通态电流上升率,称为通态电流临界上升率 di/dt。

7. 断态电压临界上升率 du/dt

晶闸管的结面积在阻断状态下相当于一个电容,若突然加一正向阳极电压,便会有一个充电电流流过结面,该充电电流流经靠近阴极的 PN 结时,产生相当于触发电流的作用,如果这个电流过大,将会使元件误触发导通,因此对晶闸管还必须规定允许的最大断态电压上升率。我们把在规定条件下,晶闸管直接从断态转换到通态的最大阳极电压上升率称为断态电压临界上升率 du′/dt。

2.3.5 晶闸管的型号及简单测试方法

1. 晶闸管的型号

按国家 JB 1144—975 规定，KP 型晶闸管型号中各部分的含义如图 2.8 所示。

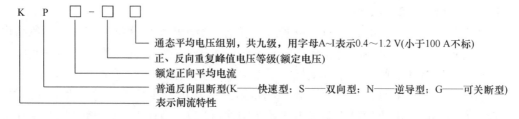

图 2.8 晶闸管型号的含义

如 KP5-7E 表示额定电流为 5 A、额定电压为 700 V 的普通晶闸管，通态平均电压组别以英文字母表示，小容量晶闸管可以不标出。

2. 晶闸管的简单测试方法

对于晶闸管的三个电极，可以用万用表粗测其好坏。依据 PN 结单向导电原理，用万用表欧姆挡测试元件的三个电极之间的阻值，可初步判断晶闸管是否完好。如用万用表 $R \times 1$ kΩ 挡测量阳极 A 和阴极 K 之间的正、反向电阻都很大，在几百千欧以上，且正、反向电阻相差很小；用 $R \times 10\Omega$ 或 $R \times 100\Omega$ 挡测量控制极 C 和阴极 K 之间的阻值，其正向电阻应小于或接近于反向电阻，这样的晶闸管是好的。如果阳极与阴极或阳极与控制极间有短路，阴极与控制极间为短路或断路，则晶闸管是坏的。

2.3.6 晶闸管的派生器件

1. 快速晶闸管（FST）

快速晶闸管是指那些关断时间短，开通响应速度快的晶闸管。它的外形、基本结构、伏安特性、电气符号与普通晶闸管相同，使用在工作频率较高的电力电子装置中，如变频器和中频电源等。快速晶闸管有普通型和高频型之分，可工作在 400 Hz ~ 10 kHz。

快速晶闸管的特点：开通和关断时间短，一般开通时间为 1 ~ 2 μs，关断时间为数微秒；开关损耗小；有较高的电流和电压上升率；允许使用频率宽。

快速晶闸管使用中应注意的问题：为保证关断时间，管子工作结温不能过高；为不超过规定的通态电流上升率，门极采用强脉冲触发；在高频工作时，须按厂家规定的电流 - 频率特性选择器件的电流额定值。

2. 逆导晶闸管

逆导晶闸管（Reverse Conducting Thyristor，RCT），在逆变或直流电路中经常需要将晶闸管和二极管反向并联使用，逆导晶闸管就是根据这一要求将晶闸管和二极管集成在同一硅片上制造而成的，它的内部结构、等效电路、电气符号和伏安特性分别如图 2.9 (a)、(b)、(c)、(d) 所示。与普通晶闸管一样，逆导晶闸管也有三个电极，它们分别是阳极 A、阴极 K 和门极 G。

明显看出，当逆导晶闸管阳极承受正向电压时，其伏安特性与普通晶闸管相同，即工作在第Ⅰ象限；当逆导晶闸管阳极承受反向电压时，由于反并联二极管的作用反向导通，呈现出二极管的低阻特性，器件工作在第Ⅲ象限。

由于逆导晶闸管具有上述伏安特性，特别适用于有能量反馈的逆变器和斩波器电路中，使得变流装置体积小、质量轻和成本低，特别是因此简化了接线，消除了大功率二极管的配线电感，使晶闸管承受反压时间增加，有利于快速换流，从而可提高装置的工作频率。

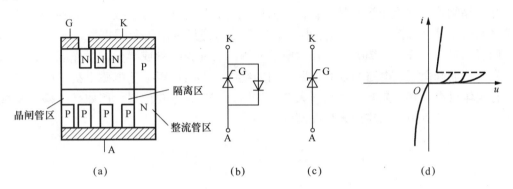

图 2.9　逆导晶闸管
(a) 内部结构；(b) 等效电路；(c) 电气符号；(d) 伏安特性

3. 双向晶闸管（TRIAC）

双向晶闸管是一个具有 NPNPN 五层结构的三端器件，有两个主电极 T_1 和 T_2，1 个门极 G。它在正、反两个方向的电压下均能用一个门极控制导通。因此，双向晶闸管在结构上可看成一对逆阻型晶闸管的反并联。其电气符号和伏安特性如图 2.10 所示。由伏安特性曲线可以看出，双向晶闸管反映出两个晶闸管反并联的效果。第Ⅰ和第Ⅲ象限具有对称的阳极特性。

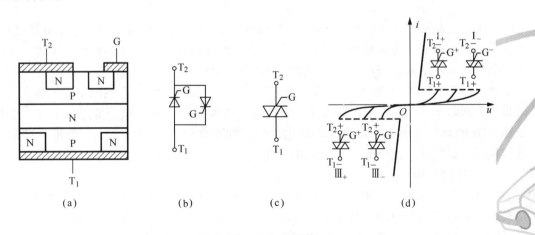

图 2.10　双向晶闸管
(a) 内部结构；(b) 等效电路；(c) 电气符号；(d) 伏安特性

双向晶闸管主要应用在交流调压电路中,因而通态时的额定电流不是用平均值表示,而是用有效值表示。这一点必须与其他晶闸管的额定电流加以区别。在交流电路中,双向晶闸管承受正、反两个方向的电流和电压。在换向过程中,由于各半导体层内的载流子重新运动,可能造成换流失败。为了保证正常换流能力,必须限制换流电流和电压的变化率在小于规定的数值范围内。

4. 光控晶闸管（LTT）

光控晶闸管又称为光触发晶闸管,是采用一定波长的光信号触发其导通的器件。其电气符号和伏安特性如图2.11所示。小功率光控晶闸管只有阳极和阴极两端子,大功率光控晶闸管则带有光缆,光缆上装有作为触发光源的发光二极管或半导体激光器。由于采用光触发,从而确保了主电路与控制电路之间的绝缘,同时可以避免电磁干扰,因此绝缘性能好且工作可靠。光控晶闸管在高压大功率的场合,具有重要位置。例如高压输电系统和高压核聚变等装置中,均应用光控晶闸管。

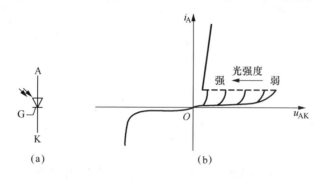

图2.11 光控晶闸管电气符号和伏安特性曲线
(a) 电气符号；(b) 伏安特性曲线

2.4 门极可关断晶闸管

门极可关断晶闸管（Gate Turn-Off Thyristor,GTO）是一种通过门极施加负脉冲可以使其关断的晶闸管,为全控型器件。如果在阳极加正向电压时,门极加上正向触发电流,GTO就导通。在导通的情况下,门极加上足够大的反向触发脉冲电流,GTO就由导通转为阻断。由于GTO的关断不需要换流电路,简化了变流装置电路,提高了电路可靠性,减少了关断时所需要的能量,还可提高装置的工作频率,所以GTO主要用于大功率领域。虽然GTO的额定电压和额定电流均较大,但它的驱动电路技术难度大、价格高等缺点,使其推广受到限制,近年来,有被IGBT取代的趋势。

1. GTO 的结构

GTO和普通晶闸管一样,也是PNPN四层结构,外部引出阳、阴和门极三个端子,但是在内部有着本质的区别。GTO内部则是由许许多多小GTO集成在1个硅片上构成的。这种特殊结构是为了实现门极控制关断而设计的。GTO的内部结构和电气符号如图2.12所示。

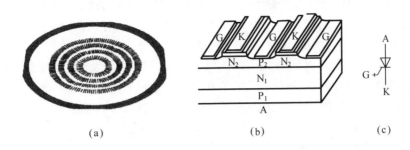

图 2.12　GTO 的内部结构和电气符号
（a）各单元的阴极、门极间隔排列；（b）并联单元结构断面；（c）电气符号

2. GTO 的工作原理

GTO 的等效模型和等效电路如图 2.13 所示。当 GTO 阳极加正向电压时，门极加正向触发信号，管子导通，导通过程与普通晶闸管的正反馈过程相同。但为了使 GTO 门极可控制关断，在制造上使双晶体管模型中的 NPN 管的电流放大系数 α_2 较 PNP 管的电流放大系数 α_1 大，这样使 NPN 管控制更加灵敏，GTO 更容易关断。另外，GTO 与普通晶闸管最大的区别在于两个晶体管的放大系数 $\alpha_1 + \alpha_2$ 数值的不同。对于普通晶闸管，$\alpha_1 + \alpha_2$ 常为 1.15 左右，晶闸管器件导通时进入深饱和导通状态，导通电阻较小；而 GTO 在导通时，$\alpha_1 + \alpha_2$ 非常接近于 1，使 GTO 导通时处于临界饱和状态，这为通过门极控制其关断提供了有利条件，但其导通时的导通电阻较大。

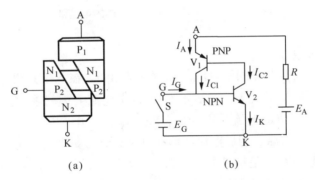

图 2.13　GTO 的等效模型和等效电路
（a）GTO 的等效模型；（b）等效电路

GTO 在导通状态下，给门极施加负的关断脉冲，形成 I_G，相当于将双晶体管模型中的 PNP 管集电极电流 I_{C1} 抽出，使 NPN 管的基极电流减小，I_{C2} 也随之减小，PNP 管的基极电流更小，则 I_{C2} 也进一步减小，从而 GTO 的阳极电流迅速下降。这也是一个正反馈过程，I_{C1} 与 I_{C2} 的减小使 $\alpha_1 + \alpha_2$ 退出饱和，GTO 不能继续导通而关断。

正是由于 GTO 导通时，处于临界饱和状态，才能抽走阳极电流的方法使其关断，而晶闸管导通时，处于深度饱和状态，用抽走阳极电流的方法就无法使其关断。GTO 关断时，随着阳极电流的减小，阳极电压逐步上升，因而关断时的瞬时功耗较大。

图 2.14 所示为 GTO 开通和关断时的电流波形。从图中可看出，开通过程与晶闸管相同，开通时间包括延迟时间和电流上升时间两个部分，而关断过程有所不同。GTO 关断过程分为三个阶段，除了和晶闸管相同的存储时间、下降时间外，还增加了尾部时间 t_t，t_t 对应阳极电流下降到很小，直到电流下降为维持电流一下器件关断的时间。这段时间内，器件仍有残存的载流子没抽出，为了保证 GTO 可靠关断，有必要继续保持反向门极电流来减小尾部时间。增加关断时的门极电流上升率可以显著减少存储时间，一般关断时的门极电流上升率应大于或等于 30 A/μs。另外，在尾部时间时，GTO 的阳极电压已经建立，所以很容易因为过高的 du/dt 使器件关断失败。

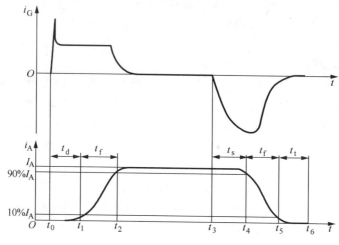

图 2.14　GTO 开通和关断过程的电流波形

3. GTO 的主要参数

GTO 的许多参数与普通晶闸管对应的参数意义相同。在此仅介绍意义不同的参数。

（1）最大可关断阳极电流 I_{ATO} 是表示 GTO 额定电流大小的参数。这一点与普通晶闸管用通态平均电流作为额定电流是不同的，在实际应用中，I_{ATO} 随着工作频率、阳极电压、阳极电压上升率、结温、门极电流波形和电路参数的变化而变化。

（2）电流关断增益 β_{OFF} 是指最大可关断阳极电流 I_{ATO} 与门极负脉冲电流最大值之比。它是表示 GTO 关断能力大小的重要参数。β_{OFF} 一般很小，数值为 3~5，因此关断 GTO 时，需要门极负脉冲电流值很大，这是它的主要缺点。

目前，GTO 产品在电气轨道交通动车的斩波调压调速中大量使用，其额定电流和额定电压值已超过 6 kA、6 kV，容量大是其主要特点，而额定电压 9 000 V 的 GTO 也已经问世。另外，GTO 还常与二极管反并联组成逆导型 GTO，逆导型 GTO 如果需要承受反向电压，则需要另外串联电力二极管。

2.5　电力晶体管

电力晶体管（Giant Transistor，GTR）是一种耐高压、能承受大电流的双极性晶体管，也称为双极结型晶体管（Bipolar Junction Transistor，BJT）。它与晶闸管不同，具有线性放大特性，但在电力电子应用中却工作在开关状态，从而减小功耗。GTR 可通过基极控制其开通和关断，是典型的自关断器件。相对于 GTO，GTR 具有控制方便、开关时间短等优点。20 世纪 80 年代以来，在中、小功率范围，GTR 已取代 GTO，近年来，GTR 在许多场合又逐渐被 IGBT 和功率 MOSFET 所取代。

2.5.1 电力晶体管的结构和工作原理

电力晶体管与普通晶体三极管的结构、工作原理和特性很相似。它们都是三层半导体，两个 PN 结的三端器件，有 PNP 和 NPN 两种类型，但 GTR 多采用 NPN 型。对 GTR 来说，它所追求的指标主要是高耐压、大电流和优良的开关特性，而不像用于信息处理的普通晶体管那样注重单管电流放大系数、线性度、频率相应以及噪声和温漂等性能参数。因此，GTR 通常采用至少由两个晶体管组成的达林顿结构。

GTR 的结构、电气符号和基本工作原理如图 2.15 所示。

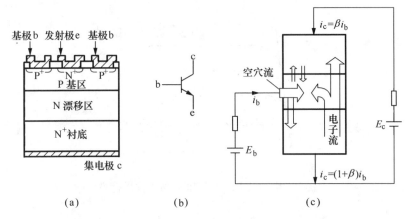

图 2.15　GTR 内部结构、电气符号和基本原理
(a) 结构剖画示意图；(b) 电气符号；(c) 正向导通电路图

2.5.2 GTR 的类型

目前常用的 GTR 有单管、达林顿管和模块三种类型。

1. 单管 GTR

NPN 三重扩散台面型结构是单管 GTR 的典型结构，这种结构可靠性高，能改善器件的二次击穿特性，易于提高耐压能力，并易于散出内部热量。

2. 达林顿 GTR

达林顿结构的 GTR 是由两个或多个晶体管复合而成，可以是 PNP 型，也可以是 NPN 型，其性质取决于驱动管，它与普通复合三极管相似。达林顿结构的 GTR 电流放大倍数很大，可以达到几十至几千倍。虽然达林顿结构大大提高了电流放大倍数，但其饱和管压降却增加了，增大了导通损耗，同时降低了管子的工作速度。

3. GTR 模块

目前作为大功率的开关应用还是 GTR 模块，它是将 GTR 管芯及为了改善性能的一个元件组装成一个单元，然后根据不同的用途将几个单元电路构成模块，集成在同一硅片上。这样，大大提高了器件的集成度、工作的可靠性和性能、价格比，同时也实现了小型轻量化。目前生产的 GTR 模块，可将多达 6 个相互绝缘的单元电路制在同一个模块内，便于组成三相桥电路。

2.5.3 GTR 的特性

1. 静态特性

静态特性可分为输入特性和输出特性。输入特性与二极管的伏安特性相似，在此仅介绍其共射极电路的输出特性。GTR 共发射极电路的输出特性曲线如图 2.16 所示。由图明显看出，静态特性分为三个区域，即人们所熟悉的截止区、放大区和饱和区。当集电结和发射结处于反偏状态，或集电结处于反偏状态，发射结处于零偏状态时，管子工作在截止区；当发射结处于正偏、集电结处于反偏状态时，管子工作在放大区；当发射结和集电结都处于正偏状态时，管子工作在饱和区。GTR 在电力电子电路中，需要工作在开关状态，因此它是在饱和和截止区之间交替工作。

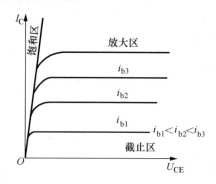

图 2.16　GTR 共发射极电路的输出特性

2. 动态特性

GTR 是用基极电流控制集电极电流的，器件开关过程的瞬态变化，就反映出其动态特性。GTR 的动态特性曲线如图 2.17 所示。

由于管子结电容和储存电荷的存在，开关过程不是瞬时完成的。GTR 开通时需要经过延时时间和上升时间，二者之和为开通时间；关断时需要经过储存时间和下降时间，二者之和为关断时间。

实际应用中，在开通 GTR 时，加大驱动电流和其上升率，可减小 t_d 和 t_r，但电流也不能太大，否则会由于过饱和而增大 t_s。在关断 GTR 时，加反向基极电压可加速存储电荷的消散，减少 t_s，但反向电压不能太大，以免使发射结击穿。

为了提高 GTR 的开关速度，可选用结电容比较小的快速开关管，还可用加速电容来改善 GTR 的开关特性。在 GTR 的基极电阻两端并联一个电容，利用换流瞬间电压不能突变的特性，也可改善管子的开关特性，GTR 的动态特质曲线如图 2.17 所示。

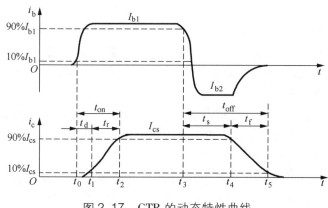

图2.17 GTR的动态特性曲线

2.5.4 GTR的主要参数

1. 电压参数

(1) 集电极额定电压 U_{CEM}。集电极额定电压是指集电极的击穿电压值，它不仅因器件不同而不同，而且会因外电路接法不同而不同。击穿电压有：

①BU_{CBO}为发射极开路时，集电极-基极的击穿电压。

②BU_{CEO}为基极开路时，集电极-发射极的击穿电压。

③BU_{CES}为基极和发射极短路时，集电极-发射极的击穿电压。

④BU_{BER}为基极-发射极间并联电阻时，基极-发射极的击穿电压。并联电阻越小，其值越高。

⑤BU_{CEX}为基极-发射极施加反偏压时，集电极-发射极的击穿电压。各种不同接法时的击穿电压的关系为

$$BU_{CEO} > BU_{CEX} > BU_{CES} > BU_{BER} > BU_{CBO}$$

为了保证器件工作安全，GTR的最高工作电压 U_{CEM} 应比最小击穿电压 BU_{CBO} 低。

(2) 饱和压降 U_{CES}。处于深饱和区的集电极电压称为饱和压降，在大功率应用中是一项重要指标，因为它关系到器件导通的功率损耗。单个GTR的饱和压降一般不超过1~1.5 V，它随集电极电流 I_{CM} 的增加而增大。

2. 电流参数

(1) 集电极连续直流电流额定值 I_C。集电极连续直流电流额定值是指只要保证结温不超过允许的最高结温，晶体管允许连续通过的直流电流值。

(2) 集电极最大电流额定值 I_{CM}。集电极最大电流额定值是指在最高允许结温下，不造成器件损坏的最大电流。超过该额定值必将导致晶体管内部结构的烧毁。在实际使用中，可以利用热容量效应，根据占空比来增大连续电流，但不能超过峰值额定电流。

(3) 基极电流最大允许值 I_{BM}。基极电流最大允许值比集电极最大电流额定值要小得多，通常 $I_{BM} = (1/10 \sim 1/2) I_{CM}$，而基极发射极间的最大电压额定值通常只有几伏。

3. 其他参数

（1）最高结温 T_{JM}。最高结温是指在正常工作时不损坏器件所允许的最高温度。它由器件所用的半导体材料、制造工艺、封装方式及可靠性要求来决定。塑封器件一般为 120 ℃~150 ℃，金属封装为 150 ℃~170 ℃。为了充分利用器件功率而又不超过允许结温，GTR 使用时必须选配合适的散热器。

（2）最大额定功耗 P_{CM}。最大额定功耗是指 GTR 在最高允许结温时，所对应的耗散功率。它受结温限制，其大小主要由集电极工作电压和集电极电流的乘积决定。

4. 二次击穿与安全工作区

二次击穿现象。当 GTR 的集电极电压升高至击穿电压时，集电极电流迅速增大，这种首先出现的击穿是雪崩击穿，被称为一次击穿。出现一次击穿后，只要 I_C 不超过与最大允许耗散功率相对应的限度，GTR 一般不会损坏，工作特性也不会有什么变化。但是实际应用中常常发现一次击穿发生时如不有效地限制电流，I_C 增大到某个临界点时会突然急剧上升，同时伴随着电压的陡然下降，这种现象称为二次击穿。二次击穿常常立即导致器件的永久损坏，或者工作特性明显衰变，因而对 GTR 危害极大。

将不同基极电流下二次击穿的临界点连接起来，就构成了二次击穿临界线，临界线上的点反映了二次击穿功率 P_{SB}。这样，GTR 工作时不仅不能超过最高电压 U_{CEM}、集电极最大电流 I_{CM} 和最大耗散功率 P_{CM}，也不能超过二次击穿临界线。这些限制条件就规定了 GTR 的安全工作区 SOA（Safe Operating Area），如图 2.18 的阴影区所示。

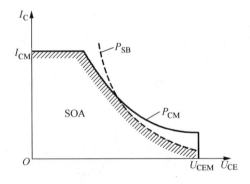

图 2.18　GTR 的安全工作区

2.6　功率场效应晶体管

功率场效应晶体管（Power MOSFET，功率 MOSFET）是一种单极型的电压控制器件，不但有自关断能力，而且有驱动功率小、开关速度高、无二次击穿、安全工作区宽等特点。由于其易于驱动和开关频率可高达 1 MHz，特别适于高频化电力电子装置，如应用于 DC-DC 变换、开关电源、航空航天以及汽车等电子电器设备中。但因为其电流容量小，耐压低，目前最高电压为 500~1 000 V，最高电流 200 A 左右，所以一般只适用于功率不超过 10 kW 的电力电子装置。

2.6.1 功率场效应管的结构和工作原理

功率场效应晶体管种类和结构有许多种，按导电沟道可分为 P 沟道和 N 沟道，同时又有耗尽型和增强型之分。功率场效应晶体管导电机理与小功率绝缘栅 MOS 管相同，但结构有很大区别。小功率绝缘栅 MOS 管是一次扩散形成的器件，导电沟道平行于芯片表面，横向导电。功率场效应晶体管大多采用垂直导电结构，提高了器件的耐电压和耐电流的能力。按垂直导电结构的不同，又可分为 V 形槽 VVMOSFET 和双扩散 VDMOSFET 两种。在电力电子装置中，主要是应用 N 沟道增强型 VDMOSFET。

功率场效应晶体管采用多单元集成结构，一个器件由成千上万个小的 MOSFET 组成。N 沟道增强型双扩散电力场效应晶体管一个单元的剖面图如图 2.19（a）所示。电气符号如图 2.19（b）所示。

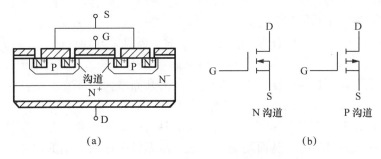

图 2.19　Power MOSFET 的结构和电气符号
（a）内部结构剖面示意图；（b）电气符号

功率场效应晶体管有三个端子：漏极 D、源极 S 和栅极 G。当栅－源极加正向电压（$U_{GS}>0$）时，MOSFET 内沟道出现，形成漏极到源极的电流 I_D，器件导通；反之，当栅－源极加反向电压（$U_{GS}<0$）时，沟道消失，器件关断。

2.6.2 功率场效应管的主要特性

功率场效应管的特性可分为静态特性和动态特性，输出特性和转移特性属静态特性；而开关特性则属动态特性。

（1）输出特性。输出特性也称漏极伏安特性，它是以栅－源电压 U_{GS} 为参变量，反映漏极电流 I_D 与漏－源极电压 U_{DS} 之间关系的曲线簇，如图 2.20 所示。由图可见，输出特性分以下三个区。

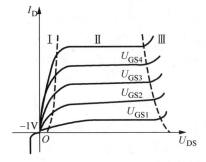

图 2.20　功率场效应管的输出特性

可调电阻区Ⅰ：U_{GS}一定时，漏极电流I_D与漏源极电压U_{DS}几乎呈线性关系。当MOSFET作为开关器件应用时，工作在此区内。

饱和区Ⅱ：在该区中，当U_{GS}不变时，I_D几乎不随U_{DS}的增加而加大，I_D近似为一常数。当MOSFET用于线性放大时，则工作在此区内。

雪崩区Ⅲ：当漏－源电压U_{DS}过高时，使漏极PN结发生雪崩击穿，漏极电流I_D急剧增加。在MOSFET时应避免出现这种情况，否则会使器件损坏。

功率场效应管无反向阻断能力，因为当漏源电压$U_{DS}<0$时，漏区PN结为正偏，漏－源间流过反向电流。因此，在应用时若必须承受反向电压，则MOSFET电路中应串入快速二极管。

（2）转移特性。转移特性是在一定的漏极与源极电压U_{DS}下，功率场效应管的漏极电流I_D和栅极电压U_{GS}的关系曲线，如图2.21（a）所示。该特性表征功率场效应管的栅－源电压U_{GS}对漏极电流I_D的控制能力。

由图2.21（a）可见，只有当$U_{GS}>U_{GS(th)}$时，器件才导通，$U_{GS(th)}$称为开启电压。

图2.21（b）所示为壳温T_C对转移特性的影响。由图可见，在低电流区功率场效应管具有正电流温度系数，在同一栅压下，I_D随温度上升而增大；而在大电流区功率场效应管具有负电流温度系数，同一栅压下，I_D随温度上升而下降。在电力电子应用中，功率场效应管作为开关元件工作于大电流开关状态，因而具有负温度系数。此特性使其具有较好的热稳定性，芯片热分布均匀，从而避免了由于热电恶性循环而产生的电流集中效应所导致的二次击穿现象。

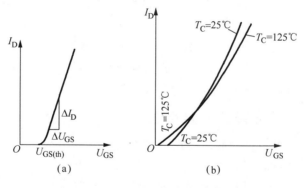

图2.21　功率场效应管的转移特性
（a）I_D和U_{GS}的关系曲线；（b）T_C对转移特性的影响

（3）开关特性。功率场效应管是一个近似理想的开关，具有很高的增益和极快的开关速度。这是由于它是单极型器件，依靠多数载流子导电，没有少数载流子的储存效应，与关断间相联系的存储时间大大减小。它的开通、关断只受到极间电容影响，和极间电容的充、放电有关。

功率场效应管的开关波形如图2.22所示。开通时间t_{on}分为延时时间t_d和上升时间t_r两部分，t_{on}与电力场效应管的开启电压$U_{GS(th)}$和输入电容C_{iss}有关，并受信号源的上升时间和内阻的影响。关断时间t_{off}可分为存储时间t_s和下降时间t_f两部分，t_{off}则由功率场效应管漏－源间电容C_{DS}和负载电阻决定。

通常功率场效应管的开关时间为 10~100 ms，而双极型器件的开关时间则以微秒计，甚至达到几十微秒。

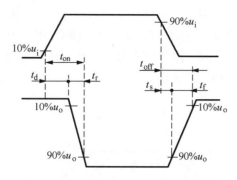

图 2.22　功率场效应管开关过程的电压波型

2.6.3　功率场效应管的主要参数

（1）通态电阻 R_{on}。通常规定：在确定的栅－源电压 U_{GS} 下，功率场效应管由可调电阻区进入饱和区时的集－射极间直流电阻为通态电阻。它是影响最大输出功率的重要参数。在开关电路中它决定了输出电压幅度和自身损耗的大小。

在相同的条件下，耐压等级越高的器件通态电阻越大，且器件的通态压降越大。这也是功率场效应管电压难以提高的原因之一。

由于功率场效应管的通态电阻具有正电阻温度系数，当电流增大时，附加发热使 R_{on} 增大，对电流的增加有抑制作用。

（2）开启电压 $U_{GS(th)}$。开启电压为转移特性曲线与横坐标交点处的电压值，又称阈值电压。在应用中，常将漏－栅短接条件下 $I_D = 1$ mA 时的栅极电压定义为开启电压。$U_{GS(th)}$ 具有负温度系数。

（3）跨导 g_m。跨导的定义为

$$g_m = \Delta I_D / \Delta U_{GS} \tag{2-6}$$

即为转移特性的斜率，单位为西门子（S）。g_m 表示功率场效应管的放大能力，故跨导 g_m 的作用与 GTR 中电流增益 β 相似。

（4）漏－源击穿电压 BU_{DS}。漏－源击穿电压 BU_{DS} 决定了功率场效应管的最高工作电压，它是为了避免器件进入雪崩区而设的极限参数。BU_{DS} 主要取决于漏区外延层的电阻率、厚度及其均匀性。由于电阻率随温度不同而变化，因此当结温升高，BU_{DS} 随之增大耐压提高。这与双极型器件如 GTR、晶闸管等随结温升高耐压降低的特性恰好相反。

（5）栅－源击穿电压 BU_{GS}。栅－源击穿电压 BU_{GS} 是为了防止绝缘栅层因栅－源电压过高而发生介质击穿而设定的参数，其极限值一般定为 ±20 V。

2.6.4　功率场效应管的安全工作区

功率场效应管的安全工作区分为正向偏置安全工作区（FBSOA）和开关安全工作区（SSOA）两种。

（1）正向偏置安全工作区。正偏安全工作区如图 2.23 所示，它由 4 条边界极限所包围:漏-源通态电阻 R_{on} 限制线Ⅰ、最大漏极电流 I_{DM} 限制线Ⅱ、最大功耗 P_{DM} 限制线Ⅲ和最大漏-源电压 U_{DSM} 限制线Ⅳ。和 GTR 安全工作区相比有两点明显不同:一是功率场效应管无二次击穿问题,故不存在二次击穿功率的限制,安全工作区较宽;二是功率场效应管的安全工作区在低压区受通态电阻的限制,而不像 GTR 最大电流极限线一直延伸到纵坐标处。这是因为在这一区段内,由于电压较低,沟道电阻增加,导致器件允许的工作电流下降。图中还画出了直流和脉宽分别为 10 ms 和 1 ms 时三种情况下的安全工作区。

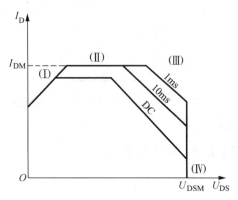

图 2.23 正向偏置安全工作区(FBSOA)

(2) 开关安全工作区。开关安全工作区 SSOA 表示功率场效应管在关断过程中的极限范围。见图 2.24,它由最大漏极峰值电流 I_{DM}、最小漏源击穿电压 BU_{DS} 和最高结温确定。SSOA 曲线的应用条件是结温小于 150 ℃。器件的开通与关断时间均小于 1 μs。

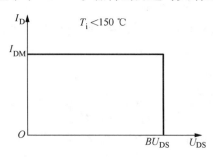

图 2.24 开关安全工作区(SSOA)

2.6.5 功率场效应管栅极驱动的特点及其要求

功率场效应管是电压控制型器件,与 GTR 及 GTO 等电流控制型器件不同,控制极为栅极,输入阻抗高,属纯容性,只需对输入电容充、放电,驱动功率相对较小,电路简单。功率 MOSFET 对栅极驱动电路的要求主要如下:

(1) 触发脉冲要具有足够快的上升和下降速度,即脉冲前后沿要求陡峭。

(2) 开通时以低电阻对栅极电容充电,关断时为栅极电荷提供低电阻放电回路,以提高功率场效应管的开关速度。

(3) 为了使功率场效应管可靠触发导通,触发脉冲电压应高于管子的开启电压;为防止误导通,在其截止时应提供负的栅-源电压。

(4) 功率场效应管开关时所需的驱动电流为栅极电容的充、放电电流。功率场效应管的极间点电容越大,在开关驱动中所需的驱动电流也越大。

通常功率场效应管的栅极电压最大额定值为 ±20 V,若超出此值,栅极会被击穿。另外,由于器件工作于高频开关状态,栅极输入容抗小,为使开关波形具有足够的上升和下降陡度且提高开关速度,仍需要足够大的驱动电流,这一点要特别注意。功率场效应管的输入阻抗极高,一般小功率的 TTL 集成电路和 CMOS 电路就足以驱动功率场效应管。

2.6.6 功率场效应管在使用中的静电保护措施

功率场效应管和后面要讲的 IGBT 等其他栅控型器件由于具有极高的输入阻抗,因此,在静电较强的场合难以泄放电荷,容易引起静电击穿。静电击穿有两种形式:一是电压型,即栅极的薄氧化层发生击穿形成针孔,使栅极和源极短路,或者使栅极和漏极短路;二是功率型,即金属化薄膜铝条被熔断,造成栅极开路或者是源极开路。

防止静电击穿应注意以下几点:

(1) 器件应存放在抗静电包装袋、导电材料袋或金属容器中,不能存放在塑料袋中。

(2) 取用功率场效应管时,工作人员必须通过腕带良好接地,且应拿在管壳部分而不是引线部分。

(3) 接入电路时,工作台应接地,焊接的烙铁也必须良好接地或断电焊接。

(4) 测试器件时,测量仪器和工作台都要良好接地。器件的三个电极没有全部接入测试仪器前,不得施加电压。改换测试范围时,电压和电流要先恢复到零。

2.7 绝缘栅双极型晶体管

GTR 是电流型控制器件,虽然通流能力很强、通态压降低,但开关速度低、所需驱动功率大、驱动电路复杂。而 MOSFET 管是单极型电压控制器件,其开关速度快、输入阻抗高、热稳定性好、所需驱动功率小和驱动电路简单,但通流能力低,并且通态压降大。将上述两类器件相互取长补短适当结合,构成一种新型复合器件,即绝缘栅双极型晶体管(IGBT)。IGBT 集中了 GTR 和 MOSFET 管分别具有的优点,即电压控制、输入阻抗高、工作速度快、饱和压降低、损耗小、电压电流容量大、抗浪涌电流能力强、无二次击穿现象以及安全工作区宽等。近年来,开发的 IGBT 变流装置工作频率可达 50~100 kHz。在电动机控制、中频和开关电源以及要求快速、低损耗的领域备受青睐。

2.7.1 IGBT 的结构和基本原理

IGBT 也是一种三端器件,它们分别是栅极 G、集电极 C 和发射极 E。其结构、简化等效电路和电气符号如图 2.25 所示,它相当于用一个 MOSFET 驱动的厚基区 PNP 晶体管。从简化等效电路图可以看出,IGBT 等效为一个 N 沟道 MOSFET 和一个 PNP 型晶体三极管构成的复合管,导电以 GTR 为主。图中的 R_N 是 GTR 厚基区内的调制电阻。

IGBT 的开通和关断均由栅极电压控制。当栅极加正电压时,N 沟道场效应管导通,并为晶体三极管提供基极电流,使得 IGBT 开通。当栅极加反向电压时,场效应管导电沟道消失,PNP 型晶体管基极电流被切断,IGBT 关断。

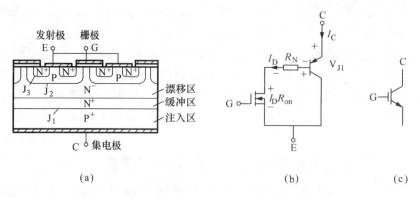

图 2.25 IGBT 的结构、简化等效电路和电气符号
(a) 内部结构剖面示意面；(b) 简化等效电路；(c) 电气符号

2.7.2 IGBT 的主要特性

IGBT 的特性包括静态和动态两类。

1. 静态特性

IGBT 的静态特性包括转移特性和输出特性。

IGBT 的转移特性是描述集电极电流 I_C 与栅射电压 U_{GE} 之间关系的曲线，如图 2.26（a）所示。此特性与功率 MOSFET 的转移特性相似。当栅-射电压 U_{GE} 小于开启电压 $U_{GE(th)}$ 时 IGBT 处于关断状态。在 IGBT 导通后的大部分范围内，I_C 与 U_{GE} 呈线性关系。

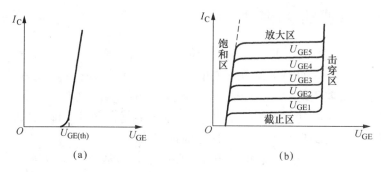

图 2.26 IGBT 的静态特性曲线
(a) 转移特性；(b) 输出特性

图 2.26（b）所示是以栅-源电压 U_{GE} 为参变量的 IGBT 正向输出特性，也称伏安特性（图中 $U_{GE5} > U_{GE4} > U_{GE3} > U_{GE2} > U_{CE1}$），它与 GTR 的输出特性基本相似，也分为饱和区、放大区、击穿区和截止区。当 $U_{GE} < U_{CE(th)}$ 时，IGBT 处于截止区，仅有极小的漏电流存在；当 $U_{GE} > U_{GE(th)}$ 时，IGBT 处于放大区，该区中，I_C 与 U_{GE} 几乎呈线性关系而与 U_{CE} 无关，故又称线性区。饱和区是指输出特性比较明显弯曲的部分，此时集电极电流 I_C 与栅射电压 U_{GE} 不再呈线性关系。

2. 动态特性

IGBT 的动态特性也称开关特性,包括开通和关断两个部分,如图 2.27 所示。IGBT 的开通时间 t_{on} 由开通延迟时间 $t_{d(on)}$ 和电流上升时间 t_r 两部分组成。通常开通时间为 0.5~1.2 μs。IGBT 在开通过程中大部分时间是作为 MOSFET 工作的。只是在集-射极电压 U_{CE} 下降过程后期(t_{fv2}),PNP 晶体管才由放大区转到饱和区,因而增加了一段延缓时间,使集-射电压 U_{CE} 波形分成两段 t_{fv1} 和 t_{fv2}。

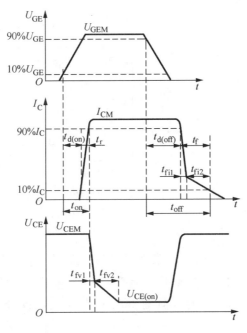

图 2.27 IGBT 的动态特性

IGBT 的关断过程是从正向导通状态转换到正向阻断状态的过程。关断过程所需要的时间为关断时间 t_{off}。t_{off} 包括关断延迟时间 $t_{d(off)}$ 和电流下降时间 t_f 两部分,在 t_f 内,集电极电流的波形分为两段 t_{fi1} 和 t_{fi2},对应 IGBT 内部 MOSFET 的关断过程,两段时间内 I_C 下降较快;t_{fi2} 对应于 IGBT 内 PNP 晶体管的关断过程,由于 MOSFET 关断后,PNP 晶体管中的存储电荷难以迅速消除,所以这段时间内,I_C 下降较慢,造成集电极电流较长的尾部时间。通常关断时间为 0.55~1.5 μs。

应该注意,关断过程中集-射电压 U_{CE} 的变化情况与负载的性质有关。在电感负载的情况下,U_{CE} 会陡然上升而产生过冲现象,IGBT 将承受较高的 du/dt 冲击,必要时应采取措施加以抑制。

3. IGBT 的锁定效应

IGBT 实际结构的等效电路如图 2.28 所示。图 2.28 所示 IGBT 内还存在一个寄生的 NPN 晶体管,它与作为主开关的 PNP 晶体管一起组成一个寄生的晶闸管。当集电极电流 I_C 大到一定程度,寄生的 NPN 晶体管因过高的正偏置而导通,进而使 NPN 和 PNP 晶体管同时处于饱和状态,造成寄生晶闸管开通,导致 IGBT 栅极失去控制作用,这就是锁定效应。

由于 I_C 过大而产生的锁定效应称为静态锁定。此外，在 IGBT 关断过程中，因重加 du_{CE}/dt 过大而产生较大正偏压，使寄生晶闸管导通，称为动态锁定。这种现象在感性负载时更容易发生。

为了避免 IGBT 发生锁定现象，必须规定集电极电流的最大值，由于动态锁定所允许的集电极电流比静态锁定时要小，因此，最大集电极电流 I_{CM} 是根据避免动态锁定而确定的，并且设计电路时应保证 IGBT 中的电流不超过 I_{CM}。此外，在 IGBT 关断时，栅极施加一定反压以减小 du_{CE}/dt。

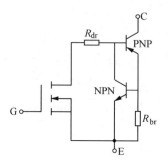

图 2.28 IGBT 实际结构的等效电路

4. IGBT 的主要参数

（1）集-射极击穿电压 BU_{CES}。集射极击穿电压 BU_{CES} 决定了 IGBT 的最高工作电压，它是由器件内部的 PNP 晶体管所能承受的击穿电压确定的，具有正温度系数，其值大约为 0.63 V/℃，即 25 ℃时，具有 600 V 击穿电压的器件，在 -55 ℃时，只有 550 V 的击穿。

（2）开启电压 $U_{GE(th)}$。开启电压为转移特性与横坐标交点处的电压值，是 IGBT 与最低栅-射极电压。$U_{GE(th)}$ 随温度升高而下降，温度每升高 1 ℃，$U_{GE(th)}$ 值下降 5 mV 左右。在 25 ℃时，IGBT 的开启电压一般为 2～6 V。

（3）通态压降 $U_{CE(on)}$。IGBT 的通态压降 $U_{CE(on)}$ 决定了通态损耗。通常 IGBT 的 $U_{CE(on)}$ 为 2～3 V。

（4）最大栅-射极电压 U_{GES}。栅极电压是由栅氧化层的厚度和特性所限制的。虽然栅氧化层介电击穿电压的典型值大约为 80 V，但为了限制故障情况下的电流和确保长期使用的可靠性，应将栅极电压限制在 20 V 之内，其最佳值一般取 15 V 左右。

（5）集电极连续电流 I_C 和峰值电流 I_{CM}。集电极流过的最大连续电流 I_C 即为 IGBT 的额定电流，其表征 IGBT 的电流容量，I_C 主要受结温的限制。

为了避免锁定现象的发生，规定了 IGBT 的最大集电极电流峰值 I_{CM}。由于 IGBT 大多工作在开关状态，因而 I_{CM} 更具有实际意义，只要不超过额定结温（150 ℃），IGBT 可以工作在比连续电流额定值大的峰值电流 I_{CM} 范围内，通常峰值电流为额定电流的 2 倍左右。

与 MOSFET 相同，参数表中给出的 I_C 为 $T_C = 25$ ℃或 $T_C = 100$ ℃时的值，在选择 IGBT 的型号时应根据实际工作情况考虑裕量。

5. IGBT 的安全工作区

IGBT 具有较宽的安全工作区。因 IGBT 常用于开关工作状态，开通时，IGBT 处于正向偏置；而关断时，IGBT 处于反向偏置，故其安全工作区分为正向偏置安全工作区（FBSOA）和反向偏置安全工作区（RBSOA）。

IGBT 的正向偏置安全工作区（FBSOA）是其在开通工作状态的参数极限范围。FBSOA 由最大集电极电流 I_{CM}、最高集－射极电压 U_{CEM} 和最大功耗 P_{CM} 三条极限边界线所围成。图 2.29（a）示出了直流和脉宽分别为 100 μs、10 μs 时的 FBSOA，其中在直流工作条件下，发热严重，因而 FBSOA 最小；在脉冲电流下，脉宽越窄，其 FBSOA 越宽。

RBSOA 是 IGBT 在关断工作状态下的参数极限范围，如图 2.29（b）所示。RBSOA 由最大集电极电流 I_{CM}、最大集射极间电压 U_{CEM} 和关断时重加 du_{CE}/dt 三条极限边界线所围成。因为过高的 du_{CE}/dt 会使 IGBT 产生动态锁定效应，故重加 du_{CE}/dt 越大，RBSOA 越小。

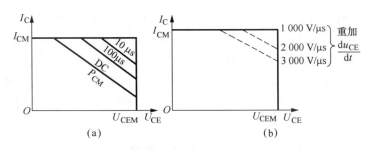

图 2.29 IGBT 的安全工作区
(a) FBSOA；(b) RBSOA

6. IGBT 对驱动电路的要求

IGBT 是以 GTR 为主导元件、MOSFET 为驱动元件的复合结构，所以用于功率 MOSFET 的栅极驱动电路原则上也适合于 IGBT。

根据 IGBT 的特性，其对驱动电路的要求如下。

(1) 提供适当的正、反向输出电压，使 IGBT 能可靠地开通和关断。当正偏电压（$+U_{GE}$）增大时，IGBT 通态压降和开通损耗均下降，但若 U_{GE} 过大，则负载短路时其 I_C 随 U_{GE} 增大而增大，对其安全不利，一般 $+U_{GE}$ 选 +12～+15 V 为最佳；负偏电压（$-U_{GE}$）可防止由于关断时浪涌电流过大而使 IGBT 误导通，但其受 G、E 极间最大反向耐压限制，一般取 -10～-5 V。

(2) IGBT 的开关时间应综合考虑。快速开通和关断有利于提高工作频率、减小开关损耗。但在大电感负载下，IGBT 的开关时间不宜过短，原因在于高速开通和关断会产生很高的尖峰电压 Ldi_C/dt，极有可能造成 IGBT 自身或其他元件击穿。

(3) IGBT 开通后，驱动电路应提供足够的电压、电流幅值，使 IGBT 在正常工作过载情况下不致退出饱和而损坏。

(4) IGBT 驱动电路中的电阻 R_G（如图 2.30 所示）对工作性能有较大的影响。R_G 较大，有利于抑制 IGBT 的电流上升率 di_C/dt 及电压上升率 du/dt，但会增加 IGBT 的开关时间和开关损耗；R_G 较小，会引起 di_C/dt 增大，使 IGBT 误导通或损坏。R_G 的选择原则是应在开关损耗不太大的情况下，选略大的 R_G。R_G 的具体数值还与驱动电路的结构及 IGBT 的容量有关，一般在几欧至几十欧，小容量的 IGBT 其 R_G 值较大。

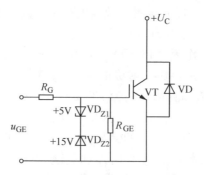

图 2.30 栅-射电阻与反串稳压管的并联电路

（5）驱动电路应具有较强的抗干扰能力及对 IGBT 的保护功能。IGBT 为压控型器件，当集-射极加高压时很容易受外界干扰，使栅-射电压超过 $U_{GE(th)}$ 引起器件误导通。为了提高抗干扰能力，除驱动 IGBT 的触发引线应尽量短且应采用双绞线或屏蔽线外，在栅-射极间务必并接栅-射电阻 R_{GE}，如图 2.30 所示，一般采取 $R_{GE} = （1\ 000 \sim 5\ 000）R_G$，$R_{GE}$ 应并在栅-射极最近处。VD_1、VD_2 是为防止驱动电路出现高压尖峰而并联的两只稳压管，稳压值应与正偏栅压与负偏栅压大小相同而方向相反。信号控制电路与驱动电路之间应采用抗干扰能力强、时间短的高速光耦合器件加以隔离。

IGBT 在使用中除了采取静电防护措施外，还必须注意以下事项。

（1）IGBT 的控制、驱动及保护电路等应与其高速开关特性相匹配。

（2）当 G-E 端在开路情况下，不要给 C-E 端加电压。

（3）在未采取适当的防静电措施情况下，G-E 端不能开路。

7. IGBT 容量的选择

下面以逆变器中 IGBT 的容量选择为例介绍，具体选择方法如下。

（1）电压额定值。IGBT 的额定电压由逆变器（交-直-交逆变器）的交流输入电压决定，因为它决定了后面环节可能出现的最大电压峰值。再考虑 2 倍裕量，即

元件的额定电压 $= 2 \times \sqrt{2} \times$ 电网电压（单相为相电压，三相为线电压）

交流输入电压与 IGBT 额定电压的关系如表 2-3 所示。

表 2-3 交流输入电压与 IGBT 额定电压的关系

交流输入电压/V	180 ~ 220	380 ~ 440
IGBT 额定电压/V	600	1 000 ~ 1 200

（2）电流额定值。IGBT 的额定电流取决于逆变器的容量，而逆变器的容量与其所驱动的电动机密切相关。设电动机的输出功率为 P，则逆变器容量为

$$S = P/\cos\varphi \tag{2-7}$$

式中，$\cos\varphi$ 为电动机功率因数。

由式（2-7）可得逆变器的电流有效值为

$$I = \frac{S}{\sqrt{3}U} \tag{2-8}$$

式中，U 为交流电源电压有效值。

由于 IGBT 是工作在开关状态，故计算其电流额定值时，应考虑其在整个运行过程中可能承受的最大峰值电流 I_{CM} 为

$$I_{CM} = \sqrt{2} I K_1 K_2 \tag{2-9}$$

式中，K_1 为过载系数（裕量），取 $K_1 = 2$；K_2 为考虑电网电压波动等因素，取 $K_2 = 1.2$。

综合上述式子得

$$I_{CM} = \frac{P}{\sqrt{3} U \cos\varphi} \times \sqrt{2} K_1 K_2 \tag{2-10}$$

设逆变器所接交流电源电压为 220 V，该逆变器向 3.7 kW 电动机供电，电动机功率因数 $\cos\varphi = 0.75$，则该逆变器中的 IGBT 的最大峰值电流 I_{CM} 为

$$I_{CM} = \frac{3.7 \times 10^3}{\sqrt{3} \times 220 \times 0.75} \times \sqrt{2} \times 2 \times 1.2 \approx 44.5 \text{ (A)} \tag{2-11}$$

则该逆变器中 IGBT 的容量为 600 V、50 A。

IGBT 的型号举例如表 2-4 所示。

表 2-4 IGBT 的型号举例

型号 项目	集-射极电压 U_{CES}/V	栅-射极电压 U_{GE}/V	集电极电流 I_C/A，$T = 25\ ℃$	功耗 P_C/W	通态压降 $U_{CE(sat)}/V$	生产厂家
IRGPC40M	600	±20	40	160	2.0	美国 IR 公司
IRGPH40M	1 200	±20	31	160	3.4	美国 IR 公司
2MB150N-60	600	±20	50	250	2.8	日本富士
2MB150N-120	1 200	±20	50	400	3.3	日本富士
MG25N2S1	1 200	±20	25	200	3.0	日本东芝

8. IGBT 与 MOSFET 和 GTR 的比较

IGBT 与 MOSFET 和 GTR 的比较见表 2-5。

表 2-5 IGBT 与 MOSFET 和 GTR 的比较

特性 \ 器件名称	达林顿 GTR	功率 MOSFET	IGBT
开关速度/μs	10	0.3	1~2
安全工作区	小	大	大
额定电流密度/(A·cm^{-2})	20~30	5~10	50~100
驱动功率	小	大	小
驱动方式	电流	电压	电压

续表

特性 \ 器件名称	达林顿 GTR	功率 MOSFET	IGBT
高压化	易	难	易
大电流化	易	难	易
高速化	难	极易	易
饱和降压	低	高	低
并联使用	较易	易	易
其他	有二次击穿现象	无二次击穿现象	有锁定现象

2.8 其他新型电力电子器件

2.8.1 静电感应晶体管

静电感应晶体管（Static Induction Transistor，SIT）是一种结型场效应管，单极型压控器件。它具有输入阻抗高、输出功率大、开关特性好、热稳定性好以及抗辐射能力强等特点。SIT 在结构设计上采用多单元集成技术，因而可制成高压大功率器件。它不仅能工作在开关状态，作为大功率电流开关，而且也可以作为功率放大器，用于大功率中频发射机、长波电台、差转机、高频感应加热装置以及雷达等方面。目前，SIT 的产品已达到电压 1 500 V、电流 300 A、耗散功率 3 kW、截止频率 30～50 MHz。

SIT 内部由成百上千个小单元并联而成，它的内部结构和电气符号如图 2.31 所示。SIT 外部有 3 个电极，分别为栅极 G、源极 S 和漏极 D。当栅源极之间电压 $U_{GS}=0$ 时，SIT 导通。当栅源极之间反偏压电压时，SIT 关断。对应于 SIT 关断时的栅源极之间电压，称为夹断电压，用 U_P 来表示。

由于 SIT 的栅极和漏极电压都能通过电场控制漏极电流，类似静电感应现象，故将其称为静电感应晶体管。

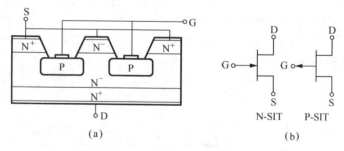

图 2.31 SIT 内部结构和电气符号
(a) 单元结构；(b) 电气符号

2.8.2 静电感应晶闸管

静电感应晶闸管（Static Induction Thyristor，SITH）又称为场控晶闸管（FCT）。因其结构是在 SIT 的结构基础上又增加了一个 PN 结，在内部多了一个三极管，两个晶体管构成一个晶闸管，而称为静电感应晶闸管。由于它比 SIT 多一个具有注入功能的 PN 结，所以属于两种载流子导电的双极型器件。SITH 有三个电极，即门极 G、阳极 A 和阴极 K。

SITH 的许多特性与 SCR 和 GTO 类似，但相比之下，它有通态电阻小、通态压降低、开关速度快、损耗小以及开通的电流增益大等优点。但制造工艺较复杂，电流关断增益较小，因此有待于再开发。目前，SITH 的产品容量已达到 1 000 A/2 500 V，2 200 A/450 V，400 A/4 500 V，2 500 A/4 000 V。

SITH 有正常开通和正常关断两种类型，正常开通型与 SIT 类似，即 $U_{GK}=0$，器件开通；$U_{GK}<0$，器件关断。

2.8.3 集成门极换流晶闸管

集成门极换流晶闸管（Integrated Gate Commutated Thyristors，IGCT）是 20 世纪 90 年代后期出现的新型电力电子器件。它的结构与逆导型 GTO 相似。不同之处是在原基础上，增加了特殊的环状门极和一个低引线电感的门极驱动器，这样使其开关速度大大加快。

IGCT 具有高电压、大电流、高开关速度、功耗低、结构紧凑、开关能力强、可靠性高以及不需复杂的缓冲保护电路等优点。目前，4 000 A/4 500 V 的 IGCT 已研制成功，以后可能取代 GTO 在大功率场合应用的地位。

2.8.4 功率集成电路和智能功率模块

1. 功率集成电路 PIC

多年来，在电力电子器件研制和开发中的共同趋势是功率集成化。所谓的功率集成化，就是按照典型的电力电子电路所需的拓扑结构，将多个同类或不同类的电力电子器件集成封装在一起。功率集成电路最常见的拓扑结构有并联、串联、单相桥和三相桥等。功率集成化可以减小电力电子装置的体积，降低成本，提高可靠性，有利于电力电子电路的研制和开发。另外，更重要的是可减小线路电感，使得高频电路对保护和缓冲电路的要求降低。

如果将电力电子器件与控制系统所要求的控制逻辑、监测、保护、驱动和自诊断等电路集成在同一芯片上，就构成了功率集成电路 PIC。功率集成电路是微电子技术和电力电子技术结合的产物，是机与电的关键接口。它的出现是电力电子技术的第二次革命。

功率集成电路可以分成两类：一类是高压集成电路，简称 HVIC；另一类是智能功率集成电路，简称 SPIC。

（1）高压集成电路。高压集成电路是横向高耐压电力电子器件（承受高压的两个电极都从芯片的同一表面引出）与控制电路的单片集成，如各种多单元集成的电力电子开关以及大功率集成放大器等。

（2）智能功率集成电路。智能功率集成电路大多是纵向功率器件（管芯背面作为主电极，通常它是集电极或漏极）与逻辑或模拟控制电路、传感器电路和保护电路的单片集成。智能功率集成电路可分为模拟型和开关型两大类。

①智能功率运算放大器，它可以在电力电子设备中作为调节器、跟随器、比较器和加法器，还可以作为功率驱动器等。

②智能功率开关集成电路，它是指器件内部集成有防短路、过载、超温等保护以及控制逻辑、传感和检测等功能的集成电路。该种电路已进入汽车工业、电机智能控制、音响及家用电器等电力电子设备中。智能功率开关集成电路实现了集成电路功率化，功率器件集成化和智能化，使功率与信息控制统一在一个器件内，成为机电一体化系统中弱电与强电的接口。

2. 智能功率模块 IPM

智能功率模块又称为智能集成电路，它是具有某种特殊功能的变换器集成模块。IPM 一般是指将 IGBT 或 MOSFET 功率器件以及辅助器件、保护电路、驱动电路和钳位电路等集成在一个芯片。不但便于使用，而且大大有利于装置的小型化、高性能化和高频化。

IPM 的结构框图如图 2.32 所示，这是由两个 IGBT 组成的桥路，集 – 射极间并有续流二极管。IGBT 为双发射极结构，其中小发射极是专为检测电流而设的，流过它的电流为集电极电流的 1/1 000 ~ 1/20 000，取样电阻 R 上的电压作为电流信号，该信号分别引入过电流和短路保护环节，从而精确可靠地保护 IGBT 芯片。另外，由于 IPM 模块结构使其内部布线短且合理，故线路杂电感可忽略，即使对较大的 di/dt，也能将栅极电压有效抑制在开启电压以内，避免其误导通，而无须栅 – 射极间的反向偏置。

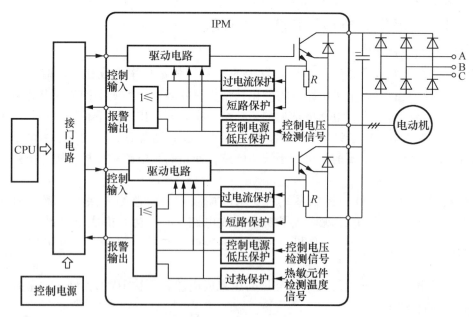

图 2.32　IPM 结构框图

【技能训练】

实验1　晶闸管的简易测试及导通关断条件实验

一、实验目的

(1) 观察晶闸管的结构，掌握晶闸管的简易测试方法。
(2) 验证晶闸管的导通条件及关断方法。

二、实验电路

实验电路如图 2.33 所示。

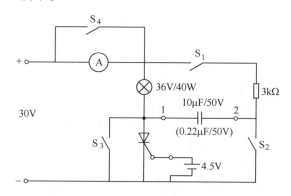

图 2.33　晶闸管导通与关断条件实验电路

三、实验设备

(1) 自制晶闸管导通与关断实验板。
(2) 0～30 V 直流稳压电源。
(3) 万用表。
(4) 1.5 V×3 干电池。
(5) 好、坏晶闸管。

四、实验内容及步骤

1. 鉴别晶闸管好坏

具体操作顺序如图 2.34 所示。将万用表置于 $R×1$ 位置，用表笔测量 G、K 之间的正反向电阻，阻值应为几欧至几十欧。一般黑表笔接 G，红表笔接 K 时，阻值较小。由于晶闸管芯片一般采用短路发射极结构（即相当在门极与阴极间并联了一个小电阻），所以正反向阻值差别不大，即使测出正反向阻值相等也是正常的。接着将万用表调至 $R×10$ k 挡，测量 G、A 与 K、A 之间的阻值，无论黑红表笔怎样调换测量，阻值均应为无穷大。否则，说明晶闸管已经损坏。

2. 检测晶闸管的触发能力

检测电路如图 2.35 所示。外接一个 4.5 V 电池组，将电压提高到 6～7.5 V（万用表内装电池不同）。将万用表置于 0.25～1 A 挡，为保护表头，可串入一只 $R=4.5\text{ V}/I_{挡}\ \Omega$ 的电阻（其中，$I_{挡}$ 为所选万用表量程的电流值）。

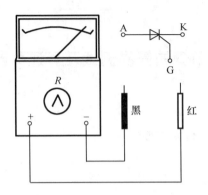

图 2.34 判别晶闸管的好坏

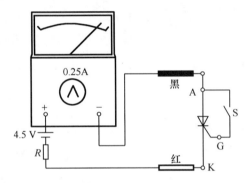

图 2.35 检测晶闸管触发能力电路

电路接好后,在 S 处于断开位置时,万用表指针不动。然后闭合 S(S 可用导线代替),使门极加上正向触发电压,此时,万用表应明显向右摆,并停在某一电流位置,表明晶闸管已经导通。接着断开开关 S,万用表指针应不动,说明晶闸管触发性能良好。

3. 检测晶闸管的导通条件(见图 2.33)

(1) 先将 $S_1 \sim S_3$ 断开,闭合 S_4,加 30 V 正向阳极电压,然后让门极开路或接 -4.5 V 电压,观看晶闸管是否导通,灯泡是否亮。

(2) 加 30 V 反向阳极电压,门极开路、接 -4.5 V 或接 +4.5 V 电压,观察晶闸管是否导通,灯泡是否亮。

(3) 阳极、门极都加正向电压,观看晶闸管是否导通,灯泡是否亮。

(4) 灯亮后去掉门极电压,看灯泡是否亮;再加 -4.5 V 反向门极电压,看灯泡是否继续亮,为什么?

4. 检测晶闸管的关断条件(见图 2.33)

(1) 接通 +30 V 电源,再接通 4.5 V 正向门极电压使晶闸管导通,灯泡亮,然后断开门极电压。

(2) 去掉 30 V 阳极电压,观察灯泡是否亮。

(3) 接通 30 V 正向阳极电压及正向门极电压使灯点燃,而后闭合 S_1,断开门极电压,然后接通 S_2,看灯泡是否熄灭。

(4) 在 1、2 端换接上 0.22 μF/50 V 的电容再重复步骤（3）的实验，观察灯泡是否熄灭，为什么？

(5) 再把晶闸管导通，断开门极电压，然后闭合 S_3，再立即打开 S_3，观察灯泡是否熄灭，为什么？

(6) 断开 S_4，再使晶闸管导通，断开门极电压。逐渐减小阳极电压，当电流表指针由某值突降到零时，该值就是被测晶闸管的维持电流。此时若再升高阳极电源电压，灯泡也不再发亮，说明晶闸管已经关断。

五、实验报告要求

1. 总结导通条件及关断法，回答实验中提出的问题。
2. 总结简易判断晶闸管好坏的方法。

本 章 小 结

本章介绍了常见的电力电子器件，分为不可控型、半控型和全控型。在介绍电力电子器件的基本知识，如定义、分类方法及各种类型电力电子器件特点的基础上，重点介绍了电力二极管、晶闸管和典型全控型器件——GTO、GTR、电力 MOSFET 和 IGBT。对每一种器件，从应用的角度出发，要求掌握器件的结构、工作原理、静态特性和动态特性及主要技术参数，学会对器件的正确选用。

思考题与习题

2-1 使晶闸管导通的条件是什么？

2-2 导通后流过晶闸管的电流是由什么确定的？

2-3 晶闸管的关断条件是什么？如何实现？

2-4 在晶闸管的门极流入几十毫安的小电流可以控制几十至几百毫安阳极大电流导通，它与晶体管具有的电流放大功能是否相同？为什么？

2-5 如何用万用表判别晶闸管元件的好坏？

2-6 与 GTR 相比，功率 MOS 管有何优、缺点？

2-7 试简述功率场效应管 IGBT 在应用中的注意事项。

2-8 与 GTB 相比，IGBT 管有何特点？

第 3 章

晶闸管可控整流电路与触发电路

【学习目标】

1. 知识目标
(1) 掌握整流电路的结构形式及其工作原理。
(2) 掌握整流电路分析方法、波形画法以及各种电量计算方法。
(3) 了解同步电压为锯齿波的晶闸管触发电路。
(4) 了解集成化晶闸管移相触发电路。
(5) 了解触发脉冲与主电路电压的同步及防止误触发措施。

2. 能力目标
(1) 熟练掌握电路结构形式和负载的性质对整流电路的影响。
(2) 学会分析整流电路的工作波形、整流电路的数学关系以及设计方法。
(3) 学会分析整流电路的谐波和功率因数。
(4) 学会分析同步电压为锯齿波的晶闸管触发电路。
(5) 学会分析集成化晶闸管移相触发电路。

3.1 整流电路的概述

把交流电变换成大小可调的直流电的过程称为整流（Rectifier），又叫 AC-DC 变换（AC-DC Converter）。完成整流过程的电力电子变换电路，称为整流电路。AC-DC 变换的功率流向是双向的，功率流向由交流电源流向负载的变换称之为"整流"。可控整流技术是晶闸管最基本的应用之一，在工业生产上应用极广，如直流电动机的转速控制、电路的温度控制、同步发电机的励磁控制及电解电镀直流电源等。通过对晶闸管触发相位的控制从而达到控制输出直流电压的目的，这样的电路称之为相控整流电路。

3.1.1 整流电路的分类

整流电路形式繁多，各具特点，可从不同角度进行分类。主要分类方法如下。

1. 按整流器件分类

按整流器件可分为全控整流、半控整流和不可控整流三种。在全控整流电路中，整流器件由晶闸管或其他可控器件组成（如 SCR，GTR，GTO，IGBT 等），其输出直流电压的平均值及极性可以通过控制器件的导通而得到调节。在全控整流电路中，功率可以由电源向负载传送，也可由负载反馈给电源；半控整流电路中，整流器件由不控器件（整流二极管）和可控器件（如晶闸管）混合组成，在电路中，负载电压极性不能改变，但输出直流电压的平均值可以调节；在不可控整流电路中，整流器件由不可控器件整流二极管组成,其输出直流电压的平均值和输入交流电压的有效值之比是固定不变的。

2. 按控制方式分类

按控制方式可分为相控整流和 PWM(脉冲宽度调制)整流两种。相控整流采用晶闸管作为主要的功率开关器件,相控电路容量大、控制简单以及技术成熟。PWM 整流技术是近年来发展的一种新型 AC-DC 变换技术,整流器件采用全控器件,使用现代的控制技术,在工程领域因其优良的性能得到了越来越多的应用。

3. 按整流输出波形和输入波形的关系分类

按整流输出波形和输入波形的关系可分为半波整流和全波整流。半波整流电路中,整流器件的阴极(或阳极)全部连接在一起,并接到负载的一端,负载的另一端与电源相连,在半波整流电路中,每条交流电源线中的电流是单一方向的,负载上得到的只是电源电压波形的一半;全波整流电路可以看成是两组半波整流电路串联,整流器件一组接成共阴极,另一组接成共阳极,分别接到负载的两端,在全波整流电路中,每条交流电源线中的电流是交变的。

4. 按电路结构分类

按电路结构可分为桥式电路和零式电路;按输入交流相数分为单相、三相和多相电路;按变压器二次侧电流的方向分为单向和双向。

虽然整流电路形式繁多,但分析的步骤和方法却大致相同。

3.1.2 晶闸管可控整流电路的一般结构

相控整流电路有许多种类型,每一种类型又可以按两种方法分类:按交流电源电压的相数分类和按电源电压的一个周期内通过负载电路的电流脉波数分类,按电源电压相数分类的相控整流电路分为单相、三相和多相相控电路。

相控整流电路是一种应用广泛的整流电路,相控整流电路由交流电源(工频电网或整流变压器)、整流电路、负载及触发控制电路构成,如图 3.1 所示。整流电路包括电力电子变换电路、滤波器和保护电路等,电力电子变换电路从交流电源吸收电能,并将输入的交流电压转换成脉动的直流电压。

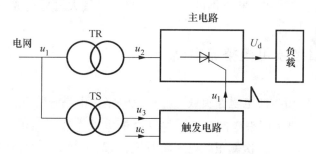

图 3.1 晶闸管可控整流电路的结构框图

滤波器的作用是为了使输出的电能连续,经滤波器处理后向负载提供电压稳定(电容滤波)或电流稳定(电感滤波)的直流电能,保护电路作用是在异常情况下保护主电路及其功率器件。

负载是各种工业设备,在研究和分析整流电路的工作原理时,负载可以等效为电阻性负载、电感性负载、电容性负载和反电动势负载等。

（1）电阻性负载：如电阻加热炉、电解、电镀、电焊机、电灯等属于电阻性负载，特点是电流和电压的波形形状相同，其电流、电压均允许突变。

（2）电感性负载：电机的励磁绕组、经大电感滤波的负载都属于电感性负载，特点是当电抗值比与之串联的电阻值大得很多时，负载电流波形连续且较平直。

（3）电容性负载：整流电路输出端接大电容滤波后，负载呈现电容性的特点，电流波形呈尖峰状。

（4）反电动势负载：整流装置输出端给蓄电池充电或直流电动机作电源时，属于反电动势负载，特点是只有当电源电压大于反电动势时，整流器件才导通，电流波形脉动较大。

触发控制电路包括功率器件的触发（驱动）电路和控制电路等，使整流电路正常工作，并达到预定目标。

一个整流电路在实际应用中，应满足下述基本要求。

（1）整流电压的可调范围大，输出的直流电压脉动小。

（2）功率器件导电时间尽可能长，承受的正反向电压较低。

（3）变压器利用率高，尽量防止直流磁化。

（4）交流电源功率因数高，谐波电流小。

在研究实际整流电路时，假设整流电路工作在理想情况下，即假定功率器件正向导通时阻抗为0（或压降为0），关断时阻抗无穷大（或电流为0）；整流变压器绕组无漏抗，无内阻，无铁耗，铁芯的导磁系数无穷大；交流电网的容量足够大，三相电源是恒频、恒压对称的。

3.2 单相可控整流电路

单相可控整流电路因其具有电路简单、投资少和制造、调试、维修方便等优点，一般4 kW以下容量的可控整流装置应用较多。单相可控整流电路其输出的直流电压脉动大，脉动频率低。又因为它接在三相电网的一相上，当容量较大时易造成三相电网不平衡。因而只用在较小容量的场合。

3.2.1 单相半波可控整流电路

1. 电阻性负载

图3.2（a）为单相半波电阻性负载可控整流电路，由晶闸管VT、负载电阻R_d及单相整流变压器TR组成。TR用来变换电压，将一次侧电网电压u_1变成与负载所需电压相适应的二次侧电压u_2，u_2为二次侧正弦电压瞬时值；u_d、i_d分别为整流输出电压瞬时值和负载电流瞬时值；u_T、i_T分别为晶闸管两端电压瞬时值和流过的电流瞬时值；i_1、i_2分别为流过整流变压器一次侧绕组和二次侧绕组电流的瞬时值。

交流电压u_2，通过R_d施加到晶闸管的阳极和阴极两端，在$0 \sim \pi$区间的ωt_1之前，晶闸管虽然承受正向电压，但因触发电路尚未向门极送出触发脉冲，所以晶闸管仍保持阻断状态，无直流电压输出，晶闸管VT承受全部u_2电压。

在ωt_1时刻，触发电路向门极送出触发脉冲u_g，晶闸管被触发导通。若管压降忽略不计,则负载电阻 R_d 两端的电压波形 u_d 就是变压器二次侧 u_2 的波形,流过负载的电流 i_d 波形与 u_d 相似。由于二次侧绕组、晶闸管以及负载电阻是串联的,故 i_d 波形也就是 i_T 及 i_2 的波形,如图 3.2(b)所示。

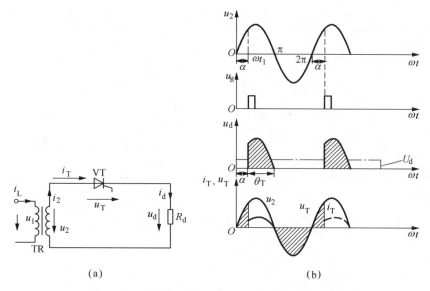

图 3.2 单相半波电阻性负载可控整流电路及波形
(a) 单相半波电阻性负载可控整流电路;(b) 波形图

在 $\omega t = \pi$ 时,u_2 下降到零,晶闸管阳极电流也下降到零而被关断,电路无输出。

在 u_2 的负半周即 $\pi \sim 2\pi$ 区间,由于晶闸管承受反向电压而处于反向阻断状态,负载两端电压 u_d 为零。u_2 的下一个周期将重复上述过程。

在单相半波可控整流电路中,从晶闸管开始承受正向电压,到触发脉冲出现之间的电角度称为控制角(也称移相角),用 α 表示。晶闸管在一周期内导通的电角度称为导通角,用 θ_T 表示,如图 3.2(b)所示。改变控制角 α 的大小,即改变触发脉冲 u_g 出现时刻,称为移相。

在单相半波可控整流电路阻性负载中的移相范围为 $0 \sim \pi$,对应的 θ 的导通范围为 $\pi \sim 0$,两者关系为 $\alpha + \theta = \pi$。从图 3.2(b)可知,改变控制角 α 的大小,输出整流电压 u_d 波形和输出直流电压平均值 U_d 大小也随之改变,α 减小,U_d 就随之增加;反之,U_d 减小。各电量的计算公式如下。

(1)u_d 波形的平均值 U_d 的计算。根据平均值定义,u_d 波形的平均值 U_d 为

$$U_d = \frac{1}{2\pi}\int_\alpha^\pi \sqrt{2}U_2 \sin\omega t \mathrm{d}(\omega t) = \frac{\sqrt{2}U_2}{2\pi}(1+\cos\alpha) = 0.45 U_2 \frac{1+\cos\alpha}{2} \qquad (3-1)$$

$$\frac{U_d}{U_2} = 0.45\frac{1+\cos\alpha}{2} \qquad (3-2)$$

由式(3-1)可知,输出直流电压平均值 U_d 与整流变压器二次侧交流电压有效值 U_2 和控制角 α 有关:当 U_2 给定后,仅与 α 有关。当 $\alpha = 0°$ 时,则 $U_d = 0.45 U_2$ 为最大输出直流平均电压。当 $\alpha = \pi$ 时,则 $U_d = 0$。只要控制触发脉冲送出的时刻,U_d 就可以在

$0 \sim 0.45U_2$ 连续可调。

工程上为了计算简便，有时不用式（3-1）进行计算，而是按式（3-2）先作出表格和曲线，供查阅计算，见表3-1和图3.3。

表3-1 U_d/U_2，I_T/I_d，I_2/I_d，I_1/I_d，$\cos\varphi$ 与控制角 α 的关系

$\alpha/(°)$	0	30	60	90	120	150	180
U_d/U_2	0.45	0.42	0.338	0.225	0.113	0.03	0
I_T/I_d	0.57	0.66	0.88	2.22	2.78	3.98	—
I_2/I_d	0.57	0.66	0.88	2.22	2.78	3.98	—
I_1/I_d	0.21	0.32	0.59	0.98	2.59	3.85	—
$\cos\varphi$	0.707	0.698	0.635	0.508	0.302	0.120	—

注：设变压器变比为1。

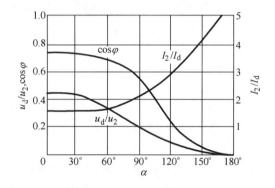

图3.3 单相半波可控整流电压、电流及功率因数与控制角的关系

流过负载电流的平均值为

$$I_d = \frac{U_d}{R} \tag{3-3}$$

（2）负载上电压有效值 U 与电流有效值 I 的计算。在计算选择变压器容量、晶闸管额定电流、熔断器以及负载电阻的有功功率时，均须按有效值计算。

根据有效值的定义，U 应是 U_d 波形的均方根值，即

$$U = \sqrt{\frac{1}{2\pi}\int_\alpha^\pi (\sqrt{2}U_2\sin\omega t)^2 \mathrm{d}(\omega t)} = U_2\sqrt{\frac{\pi-\alpha}{2\pi}+\frac{\sin2\alpha}{4\pi}} \tag{3-4}$$

电流有效值与变压器二次侧电流有效值相等，即

$$I = \frac{U}{R_d} \tag{3-5}$$

（3）晶闸管电流有效值 I_T 及其两端可能承受的最大正、反向电压 U_{TM} 的计算。在单相半波可控整流电路中，因晶闸管与负载串联，所以负载电流的有效值也就是流过晶闸管电流的有效值，其关系为

$$I_T = I = \frac{U}{R_d} = \frac{U_2}{R_d}\sqrt{\frac{\pi-\alpha}{2\pi}+\frac{\sin2\alpha}{4\pi}} \tag{3-6}$$

第3章 晶闸管可控整流电路与触发电路

由图 3.2（b）中的 u_T 波形可知，晶闸管可能承受的正反向峰值电压为

$$u_{Tm} = \sqrt{2} U_2 \qquad (3-7)$$

由式（3-3）与式（3-6）可得电流的波形系数 K_f 为

$$K_f = \frac{I_T}{I_d} = \frac{I}{I_d} = \frac{I_2}{I_d} = \frac{\sqrt{\pi \sin 2\alpha + 2\pi(\pi - \alpha)}}{\sqrt{2}(1 + \cos\alpha)} \qquad (3-8)$$

根据式（3-8）也可先作出表格与曲线，见表 3-1 和如图 3.3 所示，这样便于工程查算。例如，知道了 I_d，就可按设定的控制角 α 查表或查曲线，求得 I_T 与 I 等数值。

（4）功率因数 $\cos\varphi$ 的计算（忽略晶闸管的损耗），即

$$\cos\varphi = \frac{P}{S} = \frac{UI}{U_2 I} = \sqrt{\frac{\pi - \alpha}{2\pi} + \frac{\sin 2\alpha}{4\pi}} \qquad (3-9)$$

从式（3-9）看出，$\cos\varphi$ 是 α 的函数。当 $\alpha = 0$ 时 $\cos\varphi$ 最大为 0.707，可见单相半波可控整流电路，尽管是电阻性负载，但由于存在谐波电流，变压器最大利用率也仅有 70%。α 愈大，$\cos\varphi$ 愈小，设备利用率就愈低。$\cos\varphi$ 与 α 的关系也可用表格与曲线表示，见表 3-1 和图 3.3 所示。

【例 3.1】 单相半波可控整流电路，电阻性负载。要求输出的直流平均电压为 50～92 V 连续可调，最大输出直流平均电流为 30 A，直接由交流电网 220 V 供电。试求：
（1）控制角 α 的可调范围；
（2）负载电阻的最大有功功率及最大功率因数；
（3）选择晶闸管型号规格（安全裕量取 2 倍）。

解：（1）由式（3-1）或由图 3.3 的 U_d/U_2 曲线求得，当 $U_d = 50$ V 时，有

$$\cos\alpha = \frac{2 \times 50}{0.45 \times 220} - 1 \approx 0$$

或由 U_d/U_2 曲线查出，当 $U_d/U_2 = \dfrac{50}{220} \approx 0.227$ 时，$\alpha \approx 90°$。

当 $U_d = 92$ V 时

$$\cos\alpha = \frac{2 \times 92}{0.45 \times 220} - 1 \approx 0.86$$

或由 U_d/U_2 曲线查出，当 $\dfrac{U_d}{U_2} = \dfrac{92}{220} = 0.418$ 时，$\alpha \approx 30°$。

（2）$\alpha = 30°$ 时，输出直流电压平均值最大为 92 V，这时负载消耗的有功功率也最大，由式（3-8）或查表 3-1 可求得

$$I = 1.66 \times I_d = 1.66 \times 30 \text{ A} \approx 50 \text{ A}$$
$$\cos\varphi \approx 0.693$$
$$P = I^2 R_d = \left(50^2 \times \frac{92}{30}\right) \text{W} \approx 7\,667 \text{ W}$$

（3）选择晶闸管，因 $\alpha = 30°$ 时，流过晶闸管的电流有效值最大为 50 A，所以

$$I_{T(AV)} = 2 \times \frac{I_{TM}}{1.57} = 2 \times \frac{50}{1.57} \approx 64 \text{ (A)}$$

取 100 A，晶闸管的额定电压为

$$U_{Tn} = 2 U_{TM} = 2\sqrt{2} \times 220 \approx 622 \text{ (V)}$$

取 700 V，故选择 KP100 - 7 型号的晶闸管。

2. 电感性负载及续流二极管

电动机的励磁线圈、滑差电动机电磁离合器的励磁线圈以及输出电路中串接平波电抗器的负载等都属于电感性负载。电感性负载不同于电阻性负载，为了便于分析，通常将其等效为电阻与电感串联，如图 3.4（a）所示。

（1）无续流二极管时。电感线圈是储能元件，当电流 i_d 流过线圈时，该线圈就储存有磁场能量，i_d 愈大，线圈储存的磁场能量也愈大。随着 i_d 逐渐减小，电感线圈就要将所储存的磁场能量释放出来。电感本身是不消耗能量的。当流过 I_d 中的电流变化时，要产生自感电动势，其大小为 $e_L = -L_d di/dt$，它将阻碍电流的变化。当 i 增大时，e_L 阻碍电流增大，产生的 e_L 极性为上正下负；当 i 减小时，e_L 阻碍电流减小，极性为上负下正。

在 $0 \leq \omega t < \omega t_1$ 区间，u_2 虽然为正，但晶闸管无触发脉冲不导通，负载上的电压 u_d、电流 i_d 均为零。晶闸管承受着电源电压 u_2，其波形如图 3.4（b）所示。

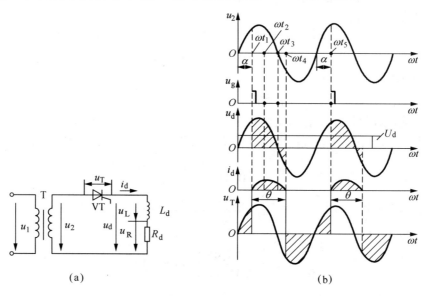

图 3.4 单相半波电感性负载电路波形图
(a) 电路；(b) 波形图

当 $\omega t = \omega t_1 = \alpha$ 时，晶闸管被触发导通，电源电压 u_2 突然加载负载上，由于电感性负载电流不能突变，电路需经过一段过渡过程，此时电路电压瞬时值方程如下

$$u_2 = L_d \frac{di_d}{dt} + i_d R_d = u_L + u_R \qquad (3-10)$$

在 $\omega t_1 < \omega t \leq \omega t_2$ 区间，晶闸管被触发导通后，由于 L_d 作用，电流 i_d 只能从零逐渐增大。到 ωt_2 时，i_d 已上升到最大值，$di_d/dt = 0$。这期间电源不仅要向负载 R_d 供有功功率，而且还要向电感线圈 L_d 供给磁场能量的无功功率。

在 $\omega t_2 < \omega t \leq \omega t_3$ 区间，由于 u_2 继续在减小，i_d 也逐渐减小，在电感线圈 L_d 作用下，i_d 的减小总是要滞后于 u_2 的减小。这期间 L_d 两端产生的电动势 e_L 反向，如图 3.4（b）所

示。负载 R_d 所消耗的能量,除有电源电压 u_2 供给外,还有一部分由电感线圈 L_d 所释放的能量供给。

当 $\omega t_3 < \omega t \leq \omega t_4$ 区间,u_2 过零开始变负,对晶闸管是反向电压,但是另一方面由于 i_d 的减小,在 L_d 两端产生的电动势 e_L 极性对晶闸管是正向电压,故只要 e_L 略大于 u_2,晶闸管仍然承受着正向电压而继续导通,直到 i_d 减到零,才被关断,如图 3.4(b)所示。在这区间 L_d 不断释放出磁场能量,除部分继续向负载 R_d 提供消耗能量外,其余就回馈给交流电网 u_2。

当 $\omega t = \omega t_4$ 时,$i_d = 0$,即 L_d 的磁场能量已释放完毕,晶闸管关断。从 ωt_5 开始,重复上述过程。

由图 3.4(b)可见,由于电感的存在,使负载电压 u_d 波形出现部分负值,其结果使负载直流电压平均值 U_d 减小。电感愈大,u_d 波形的负值部分占的比例愈大,使 U_d 减小愈多。当电感 L_d 很大时(一般 $X_L \geq 10 R_d$ 时,就认为是大电感),对于不同的控制角 α,晶闸管的导通角 $\alpha \approx 2\pi - 2\alpha$,电流 i_d 波形如图 3.5 所示。这时负载上得到的电压 u_d 波形是正、负面积接近相等,直流电压平均值 U_d 几乎为零。由此可见,单相半波可控整流电路用于大电感负载时,不管如何调节控制角 α,U_d 值总是很小,平均电流 $I_d = U_d / R_d$ 也很小,如不采取措施,电路无法满足输出一定直流平均电压的要求。

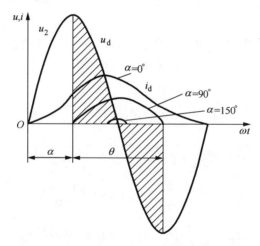

图 3.5 无续流二极管时,当 $\omega L_d \geq R_d$ 时的电流波形图

(2)接续流二极管时。为了使 u_2 过零变负时能及时地关断晶闸管,使 u_d 波形不出现负值,又能给电感线圈 L_d 提供续流的旁路,可以在整流电路输出端并联二极管 VD,如图 3.6(a)所示。由于该二极管是为电感性负载在晶闸管关断时提供续流回路,故此二极管称为续流二极管。

在接有续流二极管的电感性负载单相半波可控整流电路中,当 u_2 过零变负时,此时续流二极管承受正向电压而导通,晶闸管因承受反向电压而关断。通过续流二极管,i_d 继续流动。续流期间的 u_d 波形为续流二极管的压降,可忽略不计。所以 u_d 波形与电阻性负载相同。但是 i_d 的波形则大不相同,因为对大电感而言,流过负载的电流 i_d 不但连续而且基本上是波动很小的直线,电感愈大,i_d 波形愈接近于一条水平线,其平均电流为 $I_d = U_d / R_d$。

如图 3.6（b）所示。I_d 电流由晶闸管和续流二极管分担，在晶闸管导通期间，从晶闸管流过；晶闸管关断，从续流二极管流过。可见流过晶闸管电流 i_T 与续流二极管 i_D 的波形均为方波，方波电流的平均值和有效值分别为

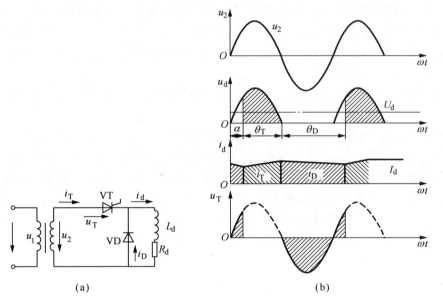

图 3.6　接续流二极管时，当 $\omega L_d \geqslant R_d$ 时的电流波形图

（a）电路；（b）波形图

$$I_{dT} = \frac{1}{2\pi} \int_\alpha^\pi I_d \mathrm{d}(\omega t) = \frac{\pi - \alpha}{2\pi} I_d \qquad (3-11)$$

$$I_T = \sqrt{\frac{1}{2\pi} \int_\alpha^\pi I_d^2 \mathrm{d}(\omega t)} = \sqrt{\frac{\pi - \alpha}{2\pi}} I_d \qquad (3-12)$$

$$I_{dD} = \frac{1}{2\pi} \int_\pi^{2\pi+\alpha} i_D \mathrm{d}(\omega t) = \frac{\pi + \alpha}{2\pi} I_d \qquad (3-13)$$

$$I_D = \sqrt{\frac{1}{2\pi} \int_\pi^{2\pi+\alpha} I_d^2 \mathrm{d}(\omega t)} = \sqrt{\frac{\pi + \alpha}{2\pi}} I_d \qquad (3-14)$$

式中，$I_d = U_d / R_d$，而

$$U_d = 0.45 U_2 \frac{1 + \cos\alpha}{2}$$

晶闸管和续流二极管能承受的最大正、反向电压为 $\sqrt{2} U_2$，移相范围与阻性负载相同为 $0 \sim \pi$。

由于电感性负载电流不能突变，当晶闸管触发导通后，阳极电流上升较缓慢，故要求触发脉冲宽度要宽些（约 20°），以免阳极电流尚未升到晶闸管擎住电流时，触发脉冲已消失，从而造成晶闸管无法导通。

【例 3.2】图 3.7 是中小型发电机采用的单相半波自激稳压可控整流电路。当发电机满负载运行时，相电压为 220 V，要求的励磁电压为 40 V。已知：励磁线圈的电阻为 2 Ω，电感量为 0.1 H。试求：晶闸管及续流二极管的电流平均值和有效值各是多少？晶闸管与

续流二极管可能承受的最大电压各是多少？请选择晶闸管与续流二极管的型号。

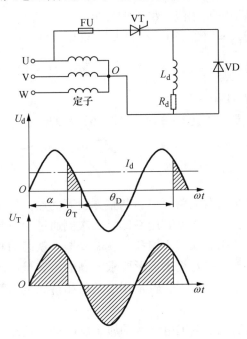

图3.7 单相半波自激稳压可控整流电路

解：先求控制角 α。

因为
$$U_d = 0.45 U_2 \frac{1 + \cos\alpha}{2}$$

$$\cos\alpha = \frac{2}{0.45} \times \frac{40}{220} - 1 \approx -0.192$$

所以 $\alpha \approx 101°$

则 $\theta_T = \pi - \alpha = 180° - 101° = 79°$

$\theta_D = \pi + \alpha = 180° + 101° = 281°$

由于 $\omega L_d = 2\pi f L_d = (2 \times 3.14 \times 50 \times 0.1)\ \Omega = 31.4\ \Omega > R_d = 2\ \Omega$
所以此电路为大电感负载，各电量分别计算如下。

$$I_d = \frac{U_d}{R_d} = \frac{40}{2} = 20\ (A)$$

$$I_{dT} = \frac{180° - \alpha}{360°} \times I_d = \frac{180° - 101°}{360°} \times 20 = 4.4\ (A)$$

$$I_T = \sqrt{\frac{180° - \alpha}{360°}} \times I_d = \sqrt{\frac{180° - 101°}{360°}} \times 20 = 9.4\ (A)$$

$$I_{dD} = \frac{180° + \alpha}{360°} \times I_d = \frac{180° + 101°}{360°} \times 20 = 15.6\ (A)$$

$$I_D = \sqrt{\frac{180° + \alpha}{360°}} \times I_d = \sqrt{\frac{180° + 101°}{360°}} \times 20 = 17.6\ (A)$$

$$U_{TM} = \sqrt{2} U_2 = 1.41 \times 220 = 311\ (V)$$

$$U_{DM} = \sqrt{2}U_2 = 1.41 \times 220 = 311 \text{ (V)}$$

根据以上计算选择晶闸管及续流二极管型号为

$$U_{Tn} = (2 \sim 3)\ U_{TM} = (2 \sim 3) \times 311 = (622 \sim 933) \text{ (V)} \quad (\text{取 } 700 \text{ V})$$

$$U_{T(AV)} = (1.5 \sim 2)\frac{I_T}{1.57} = (1.5 \sim 2) \times \frac{9.4}{1.57} = (9 \sim 12) \text{ (A)} \quad (\text{取 } 20 \text{ A})$$

故选择晶闸管型号为 KP20-7。

$$U_{Dn} = (2 \sim 3)\ U_{DM} = (2 \sim 3) \times 312 = 624 \sim 936 \text{ (V)} \quad (\text{取 } 700 \text{ V})$$

$$I_{D(AV)} = (1.5 \sim 2)\frac{I_D}{1.57} = (1.5 \sim 2) \times \frac{17.6}{1.57} = 16.8 \sim 22 \text{ (A)} \quad (\text{取 } 20 \text{ A})$$

故续流管应选 IP20-7。

单相半波可控整流电路具有电路简单、调整方便等优点，但由于它是半波整流，故输出的直流电压和电流脉动大，变压器利用率低且二次侧通过含直流分量的电流，使变压器存在直流磁化现象。为使变压器铁芯不饱和，就需要增大铁芯面积，这样就增大了设备的容量。在生产实际中只用于一些对输出波形要求不高的小容量的场合。在中小容量、负载要求较高的晶闸管的可控整流装置中，较常用的是单相桥式全控整流电路。

3. 反电动势负载

蓄电池充电、直流电动机的电枢电势等均属于反电动势负载。这类负载的特点是含有直流电动势 E，它的极性对电路中晶闸管而言是反向电压，故称为反电动势负载，如图 3.8 (a) 所示。

在 $0 \leq \omega t < \omega t_1$ 区间，u_2 虽然是正向，但由于反电动势 E 大于电源电压 u_2，晶闸管仍然受反向电压而处于在反向阻断状态。负载两端电压 u_d 等于本身反电动势 E，负载电流 i_d 为零。晶闸管两端电压 $u_T = u_2 - E$，波形如图 3.8 (b) 所示。

在 $\omega t_1 \leq \omega t < \omega t_2$ 区间，u_2 正向电压已大于反电动势 E，晶闸管开始承受正向电压，但尚未被触发，故仍处在正向阻断状态，u_d 仍等于 E，i_d 为零。$u_T = u_2 - E$ 的正向电压波形如图 3.8 (b) 所示。

当 $\omega t = \omega t_2 = \alpha$ 时，晶闸管被触发导通，电源电压 u_2 突然加在负载两端，所以 u_d 波形为 u_2，流过负载的电流 $i_d = (u_2 - E)/R_d$，由于元件本身导通，所以 $u_T = 0$。

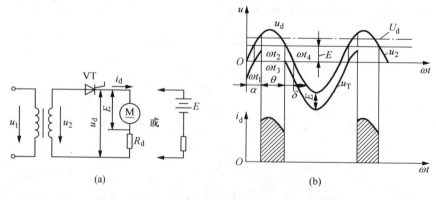

图 3.8 单相半波反电动势负载电路及波形图
(a) 电路图；(b) 波形图

在 $\omega t_2 < \omega t < \omega t_3$ 区间，由于 $u_2 > E$，所以晶闸管导通，负载电流 i_d 仍按 $i_d = (u_2 - E)/R_d$ 规律变化。由于反电动势内阻 R_a 很小，所以 i_d 呈脉冲波形，且脉动大。U_d 仍为 u_2 波形，如图 3.8（b）所示。

当 $\omega t = \omega t_3$ 时，由于 $u_2 = E$，所以 i_d 降到零，晶闸管被关断。

$\omega t_3 \leqslant \omega t < \omega t_4$ 区间，虽然 u_2 还是正向，但其数值比反电动势 E 小，晶闸管承受反电压被阻断。当 u_2 由零变负时，晶闸管承受更大的反向电压，其最大反向电压为 $u_2 + E$。应该注意，这区间晶闸管已被关断，输出电压 u_d 不是零而是等于 E，其负载电流 i_d 为零。以上波形如图 3.8（b）所示。

综上所述，反电动势负载的特点是：电流呈脉冲波形，脉动大。如要提供一定值的平均电流，其波形幅值必然很大，有效值亦大，这就要增加可控整流装置和直流电动机的容量。另外，换向电流大，容易产生火花，电动机振动厉害，尤其是断续电流会使电动机机械特性变软。为了克服这些缺点，常在负载回路中人为地串联一个平波电抗器 L_d，用来减小电流的脉动和延长晶闸管导通的时间。

反电动势负载串接平波电抗器后，整流电路的工作情况与大电感性负载相似，电路与波形如图 3.9（a）、（b）所示。只要所串入的平波电抗器的电感量足够大，使整流输出电压 u_d 中所包含的交流分量全部降落在电抗器上，则负载两端的电压基本平整，输出电流波形也就平直，这就大大改善了整流装置和电动机的工作条件。电路中各量的计算与电感性负载相同，仅是 I_d 值应按下式求得。

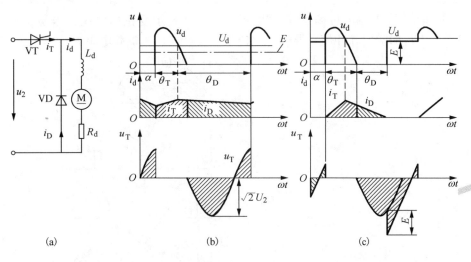

图 3.9　单相半波反电动势负载串接平波电抗器的电路及波形图
（a）电路图；（b）i_d 连续时的波形；（c）i_d 断续时的波形

$$I_d = \frac{U_d - E}{R_a} \tag{3-15}$$

图 3.9（c）为串接的平波电抗器 L_d 的电感量不够大或电动机轻载时的波形。I_d 波形仍出现断续，断续时间 $u_d = E$，波形出现台阶，但电流脉动情况比不串接 L_d 时有很大改善。对小容量的直流电动机，因为电源影响较小，且电动机电枢本身的电感量较大，故有时也可以不串接平波电抗器。

单相半波可控整流电路的特点是结构简单，但输出脉动大，变压器二次侧电流中含直流分量，易造成变压器铁芯直流磁化。为使变压器铁芯不饱和，就需要增大铁芯面积，这就增大了设备的容量。在生产实际中只用于一些对输出波形要求不高的小容量的场合。学习单相半波可控整流电路的目的在于利用其简单易学的特点，建立起可控整流电路的基本概念和正确的学习方法。在中小容量、负载要求较高的晶闸管的可控整流装置中，较常用的是单相全控桥式整流电路。

3.2.2 单相全控桥式整流电路

1. 电阻性负载

图 3.10 所示为单相全控桥式整流电路，电路由 4 只晶闸管 VT_1、VT_3 和 VT_2、VT_4 两对桥臂及负载电阻 R_d 组成。变压器二次电压 u_2 接在桥臂的中点 a、b 端。

当变压器二次电压 u_2 为正半周时，a 端电位高于 b 端电位，两个晶闸管 VT_1、VT_3 同时承受正向电压，如果此时门极无触发信号，则两晶闸管均处于正向阻断状态。忽略晶闸管的正向漏电流，电源电压 u_2 将全部加在 VT_1、VT_3 上。当 $\omega t = \alpha$ 时，给 VT_1、VT_3 同时加触发脉冲，两只晶闸管立即被触发导通，电源电压 u_2 将通过 VT_1、VT_3 加在负载电阻 R_d 上，负载电流 i_d 从电源 a 端经 VT_1、负载电阻 R_d、VT_3 回到电源的 b 端。在 u_2 正半周期，VT_2、VT_4 均承受反向电压而处于阻断状态。由于设晶闸管导通时管压降为零，则负载 R_d 两端的整流电压 u_d 与电源电压 u_2 正半周的波形相同。当电源电压 u_2 降到零时，电流 i_d 也降为零，VT_1 和 VT_3 关断。

在 u_2 的负半周，b 端电位高于 a 端电位，VT_2、VT_4 承受正向电压，当 $\omega t = \pi + \alpha$ 时，同时给 VT_2、VT_4 加触发脉冲使其导通，电流从 b 端经 VT_2、负载电阻 R_d 和 VT_4 回到电源 a

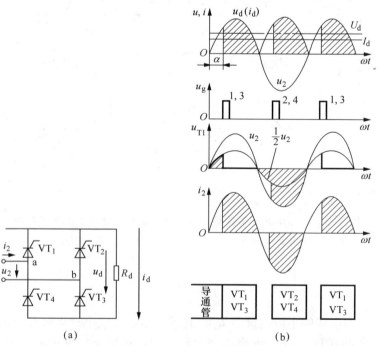

图 3.10 单相全控桥式电阻性负载
(a) 电路；(b) 波形

端，在负载 R_d 两端获得与 u_2 正半周相同波形的整流电压和电流，这期间 VT_1 和 VT_3 均承受反向电压而处于阻断状态。当 u_2 过零重新变正时，VT_2、VT_4 关断，u_d、i_d 又降为零。此后 VT_1、VT_3 又承受正向电压，并在相应时刻 $\omega t = 2\pi + \alpha$ 被触发导通。如此循环工作，输出整流电压 u_d、电流 i_d 及晶闸管两端电压 u_T 的波形如图 3.10（b）所示。

由以上电路工作原理可知，在交流电源电压 u_2 的正、负半周里，VT_1、VT_3 和 VT_2、VT_4 两组晶闸管轮流被触发导通，将交流电转变成脉动的直流电。改变 α 角的大小，负载电压 u_d、负载电流 i_d 的波形及整流输出直流电压平均值均相应改变。晶闸管 VT_1 两端承受的电压 u_{T1} 的波形如图 3.10（b）所示，晶闸管在导通段管压降 $u_{T1} \approx 0$（即 $\omega t = \alpha \sim \pi$ 期间），故其波形是与横轴重合的直线段，晶闸管承受的最高反向电压为 $-\sqrt{2}U_2$。假定两晶闸管漏电阻相等，当晶闸管都处在未被触发导通期间，每个元件承受的电压等于 $\sqrt{2}u_2/2$，如图 3.10（b）中 u_{T1} 波形的 $0 \sim \alpha$ 区间所示。

整流输出直流电压 U_d 由式（3-16）积分，即

$$U_d = \frac{1}{\pi}\int_\alpha^\pi \sqrt{2}U_2\sin\omega t\, d(\omega t) = 0.9U_2\frac{1+\cos\alpha}{2} \tag{3-16}$$

当 $\alpha = 0°$ 时，$U_d = 0.9U_2$；$\alpha = 180°$ 时，$U_d = 0$；所以晶闸管触发脉冲的移相范围为 $0 \sim 180°$。整流输出直流电流（负载电流）I_d 为

$$I_d = \frac{U_d}{R_d} = 0.9\frac{U_2}{R_d}\frac{1+\cos\alpha}{2} \tag{3-17}$$

负载电流有效值 I 与交流输入（变压器二次侧）电流 I_2 相同，为

$$I = I_2 = \sqrt{\frac{1}{\pi}\int_\alpha^\pi \left(\frac{\sqrt{2}U_2\sin\omega t}{R_d}\right)^2 d(\omega t)} = \frac{U_2}{R_d}\sqrt{\frac{1}{2\pi}\sin 2\alpha + \frac{\pi-\alpha}{\pi}} \tag{3-18}$$

晶闸管电流平均值 $I_{dT} = \frac{1}{2}I_d$，有效值 $I_T = \frac{1}{\sqrt{2}}I_2 = \frac{1}{\sqrt{2}}I$，电路功率因数为

$$\cos\varphi = \frac{P}{S} = \frac{UI}{U_2 I_2} = \frac{U}{U_2} = \sqrt{\frac{1}{2\pi}\sin 2\alpha + \frac{\pi-\alpha}{\pi}} \tag{3-19}$$

当 $\alpha = 0°$ 时 $\cos\varphi = 1$，i_2 波形没有畸变为完整的正弦交流。

2. 电感性负载

图 3.11（a）所示为单相全控桥式整流电路带电感性负载时的电路。假设电感很大，输出电流连续，且电路已处于稳态。

在电源 u_2 正半周时，在相当于 α 角的时刻给 VT_1 和 VT_4 同时加触发脉冲，则 VT_1 和 VT_4 会导通，输出电压为 $u_d = u_2$。至电源 u_2 过零变负时，由于电感产生的自感电动势会使 VT_1 和 VT_4 继续导通，而输出电压仍为 $u_d = u_2$，所以出现了负电压的输出。此时，晶闸管 VT_2 和 VT_3 虽然已承受正向电压，但还没有触发脉冲，所以不会导通。直到在负半周相当于 α 角的时刻，给 VT_2 和 VT_3 同时加触发脉冲，则因 VT_2 的阳极电位比 VT_1 高，VT_3 的阴极电位比 VT_4 的低，故 VT_2 和 VT_3 被触发导通，分别替换了 VT_1 和 VT_4，而 VT_1 和 VT_4 将由于 VT_2 和 VT_3 的导通承受反压而关断，负载电流也改为经过 VT_2 和 VT_3 了。

由图 3.11（b）所示的输出负载电压 u_d、负载电流 i_d 的波形可以看出，与电阻性负载相比，u_d 的波形出现了负半波部分。I_d 的波形则是连续的近似一条直线，这是由于电感中的电流不能突变，电感起到了平波的作用，电感越大则电流波形越平稳。而流过每一只晶

闸管的电流则近似为方波。变压器二次侧电流 i_2 波形为正、负对称的方波。由流过晶闸管的电流 i_T 波形及负载电流 i_d 的波形可以看出,两组管子轮流导通,且电流连续,故每只晶闸管的导通时间较电阻性负载时延长了,导通角 $\theta = \pi$,与 α 无关。根据上述波形,可以得出计算直流输出电压平均值 U_d 的关系式为

$$U_d = \frac{1}{\pi}\int_{\alpha}^{\pi+\alpha}\sqrt{2}U_2\sin\omega t\ \mathrm{d}(\omega t) = \frac{2\sqrt{2}}{\pi}U_2\cos\alpha = 0.9U_2\cos\alpha \quad (3-20)$$

当 $\alpha = 0°$ 时,输出 U 最大,$U = 0.9$ V,至 $\alpha = 90°$ 时,输出 U 最小,等于零。因此,α 的移相范围是 $0 \sim 90°$。

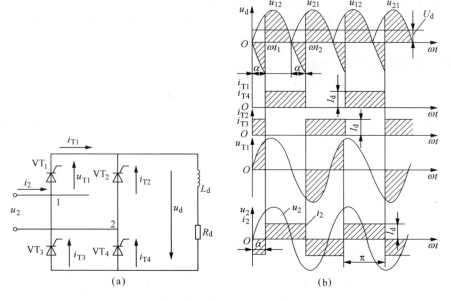

图 3.11 大电感负载的单相全控桥式整流电路及波形
(a) 电路;(b) 不接续流二极管时的波形

直流输出电流的平均值 I_d 为

$$I_d = \frac{U_d}{R_d} = 0.9\frac{U_2}{R_d}\cos\alpha \quad (3-21)$$

流过晶闸管的电流平均值和有效值分别为

$$I_{dT} = \frac{1}{2}I_d$$

$$I_T = \frac{1}{\sqrt{2}}I_d$$

流过变压器二次侧绕组的电流有效值

$$I_2 = I_d$$

晶闸管可能承受的正、反向峰值电压为

$$U_{TM} = \sqrt{2}U_2$$

为了扩大移相范围,且去掉输出电压的负值,提高 U 的值,可以在负载两端并联续流二极管。

3.2.3 单相半控桥式可控整流电路

在阻性负载下，单相半控桥式电路和单相全控电路的 u_d、i_d、i_2 等波形相同，因而一些计算公式也相同。

在感性负载下，在 u_2 正半周内，VD_2 导通，VT_1 通过 L_d、R_d、VD_2 承受电源正电压，$u_{T1} = u_2$。当 $\omega t = \alpha$ 时触发 VT_1，VT_1 导通后，电流从 u_2 正端流出，经 VT_1、L_d、R_d、VD_2 回至 u_2 负端。当 $\omega t < \alpha$ 时，因 VD_2 导通，VT_1 阻断，所以 $u_{T2} = 0$，当 $\omega t \geqslant \alpha$ 时，VT_1 导通，则 $u_{T2} = -u_2$，此时 VD_1 始终通过 VD_2 承受电源的反向电压，即 $u_{D1} = -u_2$。

当 u_2 过零变负时，因负载电感的存在，VT_1 并不关断，VD_1 开始导通，同时 VD_2 阻断，负载电流在 VT_1、L_d、R_d、VD_1 回路中继续流通。此时电流不再经过变压器绕组，而由 VT_1 和 VD_1 起续流作用，若忽略元件的管压降，则 $u_d = 0$，不会像全控桥式整流电路那样出现负值电压。续流期内，$u_{T1} = u_{D1} = 0$，$u_{T2} = -u_2$，$u_{D2} = u_2$。如果电感足够大，则续流过程一直可维持到晶闸管 VT_2 触发导通为止。当下一个触发脉冲到来时，VT_2 被触发导通，$u_{T2} = 0$，电流从 VT_1 转换到 VT_2 上。电流从 u_2 负端流出，经 VT_2、L_d、R_d、VD_1 回到 u_2 正端。此时 $u_{T1} = -u_2$，VD_2 仍通过导通的 VD_1 承受电源负电压，$u_{D1} = -u_2$，因此 u_d 仍和电阻负载下单相全控电路的相同。

在感性负载下，当电感量很大时，这种不加续流管的半控电路会出现失控现象。当切断电源使输出为零时，一般采取移去触发脉冲或把控制角 α 调到 180° 两种方法。但对于这种电路，会出现负载上仍有一定的输出电压，原来导通的晶闸管关不断的"失控"现象，如图 3.12（b）所示。

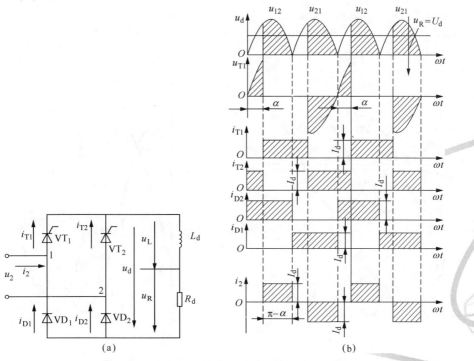

图 3.12　单相半控桥式整流电路大电感负载电路及波形
(a) 电路；(b) 波形图

3.3 三相可控整流电路

单相可控整流电路简单,制造、调整、维修都比较容易,但其输出的直流电压脉动大,脉动频率低。又因为它接在三相电网的一相上,当容量较大时易造成三相电网的不平衡。因而只用在容量较小的地方。一般负载功率超过 4 kW,要求直流电压脉动较小时,可以采用三相可控整流电路。

三相可控整流电路有三相半波、三相全控桥、三相半控桥等。三相半波可控整流电路是最基本的电路,其他电路可看做是三相半波以不同方式串联或并联组合而成的。

3.3.1 三相半波不可控整流电路

在三相半波整流电路中,电源由三相整流变压器供电或直接由三相四线制交流电网供电。如图 3.13(a)所示,变压器的二次侧绕组接成星形,将三个整流二极管 VD_1、VD_3、VD_5 的阴极连接在一起,这种接法叫共阴极接法。设二次侧绕组 U 相电压的初相位为零,相电压有效值 U_2,则对称三相电压的瞬时值表达式为

$$u_U = \sqrt{2}U_2\sin\omega t \tag{3-22}$$

$$u_V = \sqrt{2}U_2\sin\left(\omega t - \frac{2\pi}{3}\right) \tag{3-23}$$

$$u_W = \sqrt{2}U_2\sin\left(\omega t + \frac{2\pi}{3}\right) \tag{3-24}$$

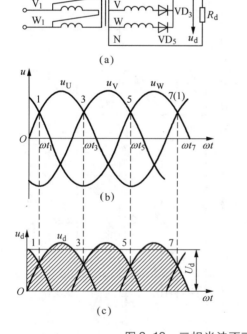
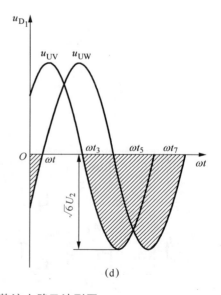

图 3.13 三相半波不可控整流电路及波形图

(a) 电路图;(b) 三相电压波形;(c) 整流输出电压波形;(d) 二极管 VD_1 两端承受电压的波形

对于二极管来说阳极电位最高的二极管导通。由图3.13（b）三相电压波形可知，在 $\omega t_1 \sim \omega t_3$ 期间，U相电压最高，则U相所接的二极管 VD_1 导通，整流输出电压 $u_d = u_U$，使 VD_3、VD_5 承受反向电压而截止。同理，在 $\omega t_3 \sim \omega t_5$ 期间，V相电压最高，VD_3 导通，输出电压 $u_d = u_V$。如图3.13（c）所示，整流输出电压 u_d 的波形即是三相电源相电压的正向包络线。同时看到电源相电压正半波形相邻交点1、3、5点即是 VD_1、VD_3、VD_5 三个二极管轮流导通的始末点，即每到电压正向波形交点就自动换相，所以三相相电压正半波形的交点1、3、5称为自然换向点。

如图3.13（d）所示为二极管 VD_1 两端承受电压的波形 u_{D1}，在 $\omega t_1 \sim \omega t_3$ 期间，VD_1 导通，$U_{D1} = 0$；在 $\omega t_3 \sim \omega t_5$ 期间，VD_3 导通，VD_1 承受 u_{UV} 反向电压而截止，$u_{D1} = u_{UV}$，在 $\omega t_5 \sim \omega t_7$ 期间，VD_5 导通，VD_1 承受 u_{UW} 反向电压而截至，$u_{D1} = u_{UW}$。VD_1 管两端承受电压的波形为电源线电压的波形，最大值为电源线电压的反向电压的峰值

$$U_{D_1M} = \sqrt{6} U_2 \qquad (3-25)$$

根据图3.13（c）可以计算出输出直流平均电压 U_d 为

$$U_d = \frac{3}{2\pi} \int_{\frac{\pi}{6}}^{\frac{5\pi}{6}} \sqrt{2} U_2 \sin\omega t \, d(\omega t) = \frac{3\sqrt{6}}{2\pi} U_2 = 1.17 U_2 \qquad (3-26)$$

3.3.2 三相半波可控整流电路

将图3.13（a）中三只二极管换成三只晶闸管即可变成三相半波可控整流电路，整流变压器的二次侧绕组接成星形，这种共阴极接法对触发电路有公共线，使用、调试比较方便。下面分析三种不同性质的负载。

1. 电阻性负载

如图3.13（a）三只整流二极管换成三只晶闸管，如果在 ωt_1、ωt_3、ωt_5 时刻，分别向这三只晶闸管 VT_1、VT_3、VT_5 施加触发脉冲 u_{g1}、u_{g3}、u_{g5}，则整流电路输出电压波形与整流二极管时完全一样，如图3.13（c）所示，为三相相电压波形正向包络线。

从图中可以看出，三相触发脉冲的相位间隔应与三相电源的相位差一致，即均为120°。每个晶闸管导通角为120°，在每个周期中，管子依次轮流导通，此时整流电路的输出平均电压为最大。因此把自然换向点称为计算控制角的起点，即 $\alpha = 0°$。若分析不同控制角的波形，则触发脉冲的位置距对应相电压的原点为 $\alpha + 30°$。

图3.14是三相半波可控整流电路电阻性负载 $\alpha = 30°$ 时的波形。设电路图3.14（a）已在工作，W相的 VT_5 已导通，当经过自然换向点1时，虽然U相所接的 VT_1 已承受正向电压，但还没有触发脉冲送上来，它不能导通，因此 VT_5 继续导通，直到过点1即 $\alpha = 30°$ 时，触发电路送上触发脉冲 u_{g1}，VT_1 被触发导通，才使 VT_5 承受反向电压而关断，输出电压 u_d 波形由 u_W 波形换成 u_U 波形。同理在触发电路送上触发脉冲 u_{g3} 时，VT_3 被触发导通，使 VT_1 承受反向电压而关断，输出电压 u_d 波形由 u_U 波形换成 u_V 波形，各相就这样依次轮流导通，便得到如图3.14所示输出电压 u_d 的波形。整流电路的输出端由于负载为电阻性，负载流过的电流波形 i_d 与电压波形相似，而流过 VT_1 管的电流波形 i_{T1} 仅是 i_d 波形的1/3区间，如图3.14所示。U相所接的 VT_1 阳极承受的电压波形 u_{T1} 可以分成以下三部分。

（1）VT_1 本身导通，忽略管压降，$u_{T1} = 0$；

(2) VT$_3$导通,VT$_1$承受的电压是 U 相和 V 相的电位差,$u_{T1} = u_{UV}$;

(3) VT$_5$导通,VT$_1$承受的电压是 U 相和 W 相的电位差,$u_{T1} = u_{UW}$。

从图 3.14 可以看出,每相所接的晶闸管各导通为 120°,负载电流处于连续状态,一旦控制角 $\alpha > 30°$,则负载电流断续。如图 3.15 所示,$\alpha = 60°$,设电路已工作,W 相的 VT$_5$ 已导通,输出电压 u_d 波形为 u_W 波形。当 W 相电压过零变负时,VT$_5$ 立即关断,此时 U 相的 VT$_1$ 虽然承受正向电压,但它的触发脉冲还没有来,因此不能导通,三个晶闸管都不导通,输出电压 u_d 为零。直到 U 相的触发脉冲出现,VT$_1$ 导通,输出电压 u_d 波形为 u_U 波形。其他两相亦如此,便得到如图 3.15 所示输出电压 u_d 波形。VT$_1$ 阳极承受的电压波形 u_{T1} 即为本相相电压 u_U 波形,如图 3.15 所示。

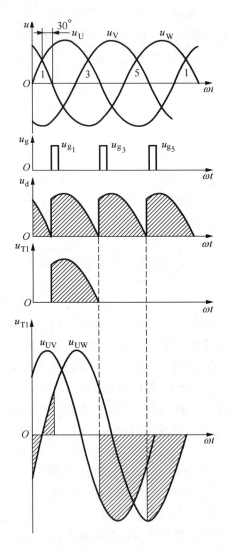

图 3.14 三个半波可控整流电路电阻性负载 $\alpha = 30°$ 时的波形图

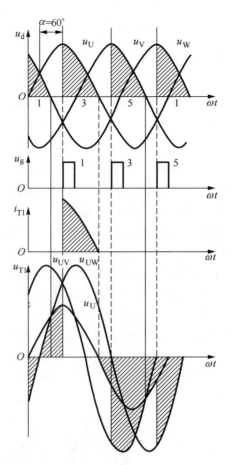

图 3.15　三相半波可控整流电路电阻性负载 $\alpha=60°$ 时的波形图

上述分析可得如下结论:

(1) 当控制角 $\alpha=0°$ 时,输出电压最大,随着控制角增大,整流输出电压减小,到 $\alpha=150°$ 时,输出电压为零。所以此电路的移相角范围为 $0°\sim150°$。

(2) 当 $\alpha\leqslant30°$ 时,电压电流波形连续,各相晶闸管导通角均为 $120°$;当 $\alpha>30°$ 时,电压电流波形断续,各相晶闸管导通角为 $150°-\alpha$。由此整流电路输出的平均电压 U_d 的计算可分为以下两段。

① 当 $0°\leqslant\alpha\leqslant30°$ 时,

$$U_d = \frac{3}{2\pi}\int_{\frac{\pi}{6}+\alpha}^{\frac{5\pi}{6}+\alpha}\sqrt{2}U_2\sin\omega t\,\mathrm{d}(\omega t) = 1.17U_2\cos\alpha \tag{3-27}$$

② 当 $30°\leqslant\alpha\leqslant150°$ 时,

$$U_d = \frac{3}{2\pi}\int_{\frac{\pi}{6}+\alpha}^{\pi}\sqrt{2}U_2\sin\omega t\,\mathrm{d}(\omega t) = 0.675U_2[1+\cos(\frac{\pi}{6}+\alpha)] \tag{3-28}$$

负载平均电流为

$$I_d = \frac{U_d}{R_d} \tag{3-29}$$

晶闸管是轮流导通的,所以流过每个晶闸管的平均电流为

$$I_{dT} = \frac{1}{3}I_d \tag{3-30}$$

晶闸管承受的最大电压为

$$U_{TM} = \sqrt{6}U_2 \tag{3-31}$$

对三相半波可控整流电路电阻性负载而言，通过整流变压器二次侧绕组电流的波形与流过晶闸管电流的波形完全一样。

2. 电感性负载

电路如图 3.16（a）所示，设电感 L_d 的值足够大，满足 $L_d \gg R_d$，则整流电路的输出电流 i_d 连续且基本平直。以 $\alpha = 60°$ 为例，在分析电路工作情况时，认为电路已经进入稳态运行。在 $\omega t = 0°$ 时，W 相所接晶闸管 VT_5 已经导通，直到 ωt_1 时，其阳极电源电压 $u_W = 0$ 并开始变负，这时流过电感性负载的电流开始减小，因在电感上产生的感应电动势是阻止电流减小的，从而使电感上产生的感应电动势对晶闸管来说仍然为正，VT_5 继续导通。直到 ωt_2 时刻，即 $\alpha = 60°$ 时，触发电路送上触发脉冲 u_{g1}，VT_1 被触发导通，才使 VT_5 承受反向电压而关断，输出电压 u_d 波形由 u_W 波形换成 u_U 波形，如图 3.16（b）所示。u_d 波形电压出现负值，但只要 u_d 波形电压的平均值不等于零，电路可正常工作，电流 i_d 连续平直，波形如图 3.16（b）所示。三只晶闸管依次轮流导通，各导通 120°，流过晶闸管的电流波形为矩形波，如图 3.16（b）所示。U_{T1} 波形仍由三段曲线组成，和电阻负载电流连续时相同。

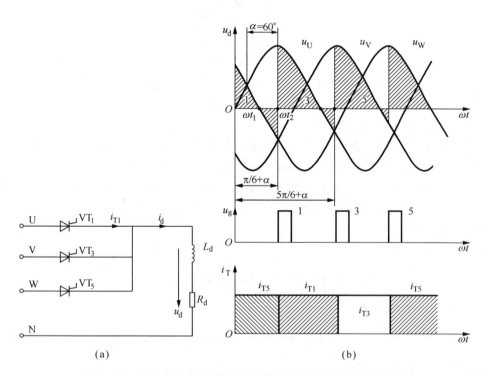

图 3.16 三相半波大电感负载不接续流管时的电路与波形图
（a）电路；（b）波形图

当 $\alpha \leqslant 30°$ 时，u_d 波形和电阻性负载时一样，不过输出电流 i_d 是平直的直线。随着控制角的增大超过 30° 时，整流电压波形出现负值，导致平均电压 U_d 下降。当 $\alpha = 90°$ 时，u_d 波形正、负面积相等，平均电压 U_d 为零，所以三相半波电感性负载的有效移相范围是 $0° \sim 90°$。电路各物理量的计算如下。

$$U_d = \frac{3}{2\pi} \int_{\frac{\pi}{6}+\alpha}^{\frac{5\pi}{6}+\alpha} \sqrt{2} U_2 \sin\omega t \, \mathrm{d}(\omega t) = 1.17 U_2 \cos\alpha \qquad (3-32)$$

$$I_d = \frac{U_d}{R_d} \qquad (3-33)$$

因为电流连续平直，负载电流有效值 I 即是负载电流平均值 I_d。则有

$$I_{dT} = \frac{1}{3} I_d, \quad I_T = \frac{1}{\sqrt{3}} I_d, \quad U_{TM} = \sqrt{6} U_2 \qquad (3-34)$$

为了避免波形出现负值，可在大电感负载两端并接续流二极管 VD，以提高输出平均电压值，改善负载电流的平稳性，同时扩大移相范围。

接续流二极管后 $\alpha = 60°$ 时的电路和波形如图 3.17 所示。因续流二极管能在电源电压过零变负时导通续流，使得 u_d 波形不出现负值，输出电压 u_d 波形同电阻负载一样。三只晶闸管和续流二极管轮流导通。VT_1 承受的电压波形 u_{T1} 除与上述有相同的部分之外，还有一段是三只晶闸管都不导通，仅续流二极管导通。此时 u_{T1} 波形承受本相相电压 u_U 波形。通过分析波形，同样可见，当 $\alpha \leqslant 30°$ 时，u_d 波形和电阻性负载时一样，因波形无负压出现，续流二极管 VD 不起作用，各量的计算与不接续流二极管时相同；当 $\alpha > 30°$ 时，电压波形间断，到 $\alpha = 150°$ 时，平均电压 U_d 为零，所以三相半波电感性负载接续流二极管的有效移相范围是 $0° \sim 150°$。各相晶闸管导通角为 $150° - \alpha$，续流二极管导通角为 $3(\alpha - 30°)$。

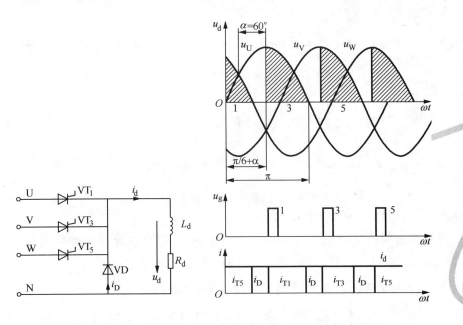

图 3.17 三相半波大电感负载接续流管时的电路与波形图

$\alpha > 30°$ 时，各路各物理量的计算公式如下

$$U_d = \frac{3}{2\pi}\int_{\frac{\pi}{6}+\alpha}^{\pi}\sqrt{2}U_2\sin\omega t\ \mathrm{d}(\omega t) = 0.675U_2\left[1+\cos\left(\frac{\pi}{6}+\alpha\right)\right] \quad (3-35)$$

$$I_d = \frac{U_d}{R_d}$$

$$I_{dT} = \frac{150°-\alpha}{360°},\ I_T = \sqrt{\frac{150°-\alpha}{360°}}I_d,\ U_{TM} = \sqrt{6}U_2$$

$$I_{dD} = \frac{\alpha-30°}{120°}I_d,\ I_D = \sqrt{\frac{\alpha-30°}{120°}}I_d,\ U_{DM} = \sqrt{2}U_2$$

【例3.3】 三相半波可控整流电路，大电感负载 $\alpha=60°$，已知电感内阻 $R=2\ \Omega$，电源电压 $U_2=220\ \mathrm{V}$。试计算不接续流二极管与接续流二极管两种情况下的平均电压 U_d、平均电流 I_d 并选择晶闸管的型号。

解：（1）不接续流二极管时：

$U_d = 1.17U_2\cos\alpha = 1.17\times220\times\cos60° = 128.7\ (\mathrm{V})$

$I_d = \dfrac{U_d}{R_d} = \dfrac{128.7}{2} = 64.35\ (\mathrm{A})$

$I_T = \dfrac{1}{\sqrt{3}}I_d = 37.15\ (\mathrm{A})$

$I_{Tn} = \dfrac{(1.5\sim2)\ I_T}{1.57} = 35.5\sim47.3\ (\mathrm{A})$（取 50 A）

$U_{Tn} = (2\sim3)\sqrt{6}U_2 = 1\ 078\sim1\ 616\ (\mathrm{V})$（取 1 200 V）

所以晶闸管选择 KP50-12。

（2）接续流二极管时：

$U_d = 0.675U_2\left[1+\cos\left(\dfrac{\pi}{6}+\alpha\right)\right] = 0.675\times220\ [1+\cos\ (30°+60°)\ ] = 148.5\ (\mathrm{V})$

$I_d = \dfrac{U_d}{R_d} = \dfrac{148.5}{2} = 74.25\ (\mathrm{A})$

$I_T = \sqrt{\dfrac{150°-60°}{360°}}\times74.25\approx37.13\ (\mathrm{A})$

$I_{Tn} = \dfrac{(1.5\sim2)\ I_T}{1.57} = 35.5\sim47.3\ (\mathrm{A})$（取 50 A）

$U_{Tn} = (2\sim3)\sqrt{6}U_2 = 1\ 078\sim1\ 616\ (\mathrm{V})$（取 1 200 V）

所以选择晶闸管型号为 KP50-12。

通过计算表明，接续流二极管后，平均电压 U_d 提高，晶闸管的导通角由 120° 降到 90°，流过晶闸管的电流有效值相等，输出平均电流 I_d 提高。

3.3.3　共阳极接法三相半波相控整流电路

图 3.18 所示为共阳接法三相半波相控整流电路及波形，3 个晶闸管阳极与负载连接，由于晶闸管导通方向反了，只能在交流相电压负半周导通，自然换流点即 α 角起算点为电压负半周相邻两相波形的交点（图 3.18 中 2、4、6），同一相共阴与共阳连接晶闸管的 α 起算点相差 180°。管子换相导通的次序是：供给触发脉冲后阴极电位更低的管子导通，使

原先导通的管子受反压而关断。大电感负载时 $U_d = -1.17U_2\cos\alpha$。

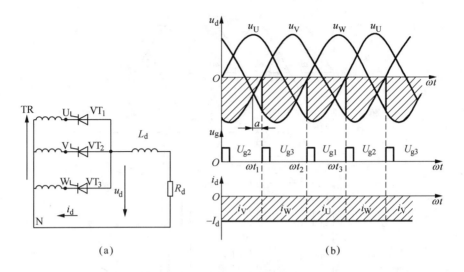

图 3.18 共阳极三相半波相控整流电路及波形

在某些整流装置中，考虑能共用一块大散热器与安装方便采用共阳接法，缺点是要求三个管子的触发电路的输出端彼此绝缘。

三相半波可控整流电路只用 3 个晶闸管，接线和控制都很简单，但整流变压器二次侧绕组一个周期中仅半个周期通电一次，输出电压的脉动频率为 150 Hz，脉动较大，绕组利用率低，且单方向的电流也会造成铁芯的直流磁化，引起损耗的增大。所以，三相半波可控整流电路一般用在中、小容量的设备上。

3.3.4 三相全控桥式整流电路

三相全控桥式整流电路是从三相半波可控整流电路发展而来的，如图 3.19 所示。

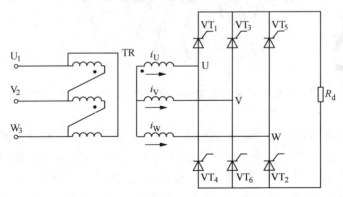

图 3.19 带电阻负载的三相全控桥式整流电路

1. 电阻性负载

因为习惯上希望六个晶闸管的导通顺序是 $VT_1 - VT_2 - VT_3 - VT_4 - VT_5 - VT_6$，所以晶闸管的编号顺序为：$VT_1$ 和 VT_4 接在 U 相；VT_3 和 VT_6 接在 V 相；VT_5 和 VT_2 接在 W 相。VT_1、VT_3、VT_5 组成共阴极组，VT_4、VT_6、VT_2 组成共阳极组，如图 3.19 所示。图 3.20

电力电子技术

为三相全控桥式整流电路带电阻性负载且 $\alpha=0°$ 时脉冲触发顺序及电压波形。

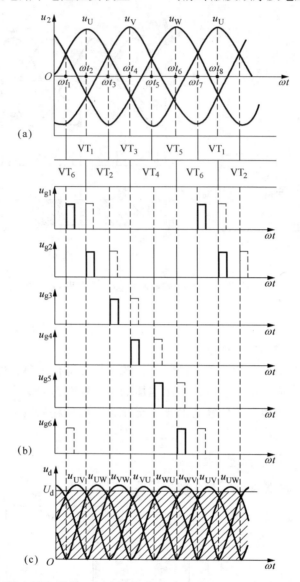

图 3.20　带电阻负载的三相全控桥式整流电路的脉冲触发顺序及电压波形

由于三相全控桥式电路中的电流流通时，必须有两个晶闸管同时导通，一个属于共阴极组，另一个属于共阳极组。为了使电路能启动工作或在电流断续时能再次导通，必须同时对两组中应导通的一对晶闸管施加触发脉冲，为此可采用两种方法：一种是宽脉冲触发，使每个触发脉冲宽度大于 60°（一般取 90°左右），在共阴极组的自然换相点（$\alpha=0°$）ωt_1、ωt_3、ωt_5 时刻分别对晶闸管 VT_1、VT_3、VT_5 施加触发脉冲 u_{g1}、u_{g3}、u_{g5} 在共阳极组的自然换相点（$\alpha=0°$）ωt_2、ωt_4、ωt_6 时刻分别对晶闸管 VT_2、VT_4、VT_6 施加触发脉冲 u_{g2}、u_{g4}、u_{g6}，这样就可以使电路在任何换相点均有相邻的两个晶闸管获得触发脉冲；另一种方法是在触发某一序号晶闸管时，触发电路同时给前一序号晶闸管补发一个脉冲，叫做辅助脉冲（或补脉冲）。例如，触发 VT_1 管的同时给 VT_6 管补发辅助脉冲，触发 VT_2 管的同时给 VT_1 管补发辅助脉冲，如图 3.20（b）中的虚线脉冲所示，这样就能使电路在任何换相点均有相邻的两个晶闸管有触发脉冲，其作用与宽脉冲一样，这种方式叫双窄脉冲。使用双窄脉冲可减小触发电路的功率，目前应用较多，但此种触发电路较为复杂一些。具体的电路分析如下。

在 $\omega t_1 \sim \omega t_2$ 期间，U 相电压最高，V 相电压最低，在触发脉冲的作用下，VT_6、VT_1 管同时导通，电流从 U 相流出，经过 VT_1、R_d、VT_6 流回 V 相，负载上得到 U、V 相线电压。在 ωt_2 时刻，U 相电压仍最高，但 W 相电压将达到最低，此时脉冲 u_{g2} 触发 VT_2 导通，使晶闸管 VT_6 承受反压而关断，负载电流从 VT_6 中换到 VT_2。

在 $\omega t_2 \sim \omega t_3$ 期间，电流从 V 相流出，经过 VT_1、R_d、VT_2 流回 W 相，负载上得到 U、W 相线电压。在 ωt_3 时刻，由于 V 相电压比 U 相电压高，VT_3 管被触发导通后，使 VT_1 关断，负载电流从 VT_1 中换到 VT_3。

依此类推，在 $\omega t_3 \sim \omega t_4$ 期间是 V 相、W 相供电，VT_2、VT_3 导通；在 $\omega t_4 \sim \omega t_5$ 期间是 V 相、U 相供电，VT_3、VT_4 导通；在 $\omega t_5 \sim \omega t_6$ 期间是 W 相、U 相供电，VT_4、VT_5 导通；在 $\omega t_6 \sim \omega t_7$ 期间是 W 相、V 相供电，VT_5、VT_6 导通；在 $\omega t_7 \sim \omega t_8$ 期间重复 U 相、V 相供电，VT_6、VT_1 导通。

输出电压的波形如图 3.20（c）所示。对共阴极组来说，其输出电压波形是三相相电压波形正半周的包络线；对共阳极组来说，是负半周的包络线。三相全控桥式整流电路的输出电压为两组输出电压之和，是相电压波形正负包络线下的面积，其平均直流电压 $U_d = 2 \times 1.17 U_2 = 2.34 U_2$。在线电压波形上是正向包络线。

当控制角 $\alpha > 0°$ 时，输出电压 u_d、i_d 电流的波形都要发生变化，图 3.21 为 α 等于 30°、60°、90°时的波形。从图中可见，$\alpha \leq 60°$ 时，u_d、i_d 波形连续，$\theta_T = 120°$；图 3.21（b）为 $\alpha > 60°$ 时的波形，u_d、i_d 波形断续，$\theta_T < 120°$，α 角的移相范围是 $0° \sim 120°$。

通过以上分析，可总结如下。

（1）三相全控桥式整流电路在任何时刻都必须有两个晶闸管同时导通才能构成电流回路。晶闸管换相只在本组内进行，本组脉冲间隔为 120°，由于共阴极组和共阳极组换相点相隔为 60°，所以每隔 60° 有一个晶闸管换相，共阴极组、共阳极组轮流进行换相的顺序为：$VT_1 \to VT_2 \to VT_3 \to VT_4 \to VT_5 \to VT_6 \to VT_1 \to \cdots$；相应各触发脉冲的顺序为 $u_{g1} \to u_{g2} \to u_{g3} \to u_{g4} \to u_{g5} \to u_{g6} \to u_{g1} \to \cdots$ 各脉冲依次相差 60°。

（2）控制角的 α 移相范围是 $0° \sim 120°$，电流连续与断续的临界点是 $\alpha = 60°$。电流连续时，每个晶闸管的导通角 $\theta_T = 120°$；电流断续时，$\theta_T < 120°$。

（3）输出电压的波形是由 6 个不同的线电压组成，当 $\alpha = 0°$ 时，波形为三相线电压的正向包络线，每个周期脉动 6 次，在输入电压为工频交流电压的情况下其基波频率为 300 Hz。

（4）三相全控桥式整流电路，控制角 $\alpha = 0°$ 处与三相半波可控整流电路相同，为相邻线电压的交点（包括正向与负向），距相电压波形原点 30°，但是在线电压波形上，$\alpha = 0°$ 的点距波形原点为 60°，如果 $\alpha = 30°$，则在相电压波形上脉冲距波形原点 60°，在对应的线电压上，脉冲距波形原点为 90°。

（5）$\alpha \leq 60°$ 时，电流连续，晶闸管两端电压波形与三相半波时相同，晶闸管承受的最大电压为 $\sqrt{6} U_2$。

（6）输出电压比三相半波可控整流电路大一倍，所以如果负载要求三相全控桥式整流电路的输出的电压与三相半波相同，则在相同的 α 角时，晶闸管的电压定额比三相半波电路降低一半。

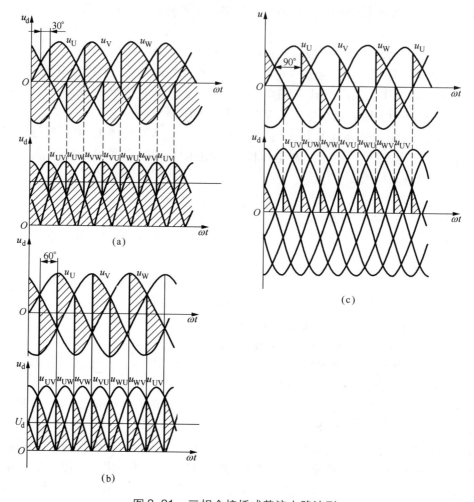

图 3.21　三相全控桥式整流电路波形

（7）整流变压器利用率提高，其二次侧每周期内有 2/3 周期（240°）流过电流，其波形正负面积相等，无直流分量。

（8）三相桥式可控整流电路必须用双窄脉冲或宽脉冲触发。α>60°时，电流波形断续，到线电压为零时，晶闸管才关断，所以 α 的移相范围为 0°~120°。α≤60°时，电流连续，每个晶闸管的导通角 $\theta_T = 120°$。

输出电压 U_d 为

$$U_d = \frac{3}{\pi} \int_{\frac{\pi}{3}+\alpha}^{\frac{2}{3}\pi+\alpha} \sqrt{6} U_2 \sin\omega t \, d(\omega t) = 2.34 U_2 \cos\alpha \tag{3-36}$$

α>60°时，电流断续，$\theta_T < 120°$，其输出电压为

$$U_d = \frac{3}{\pi} \int_{\frac{\pi}{3}+\alpha}^{\pi} \sqrt{6} U_2 \sin\omega t \, d(\omega t) = 2.34 U_2 [1 + \cos(\frac{\pi}{3}+\alpha)] \tag{3-37}$$

输出电流平均值为

$$I_d = \frac{U_d}{R_d} \tag{3-38}$$

流过每个晶闸管的电流平均值为

$$I_{dT} = \frac{1}{3} I_d \quad 0° \leq \alpha \leq 120° \tag{3-39}$$

2. 电感性负载

三相全控桥式整流电路，带电感性负载的电路如图 3.22 所示。如果电感 L_d 足够大，电流是连续平直的。

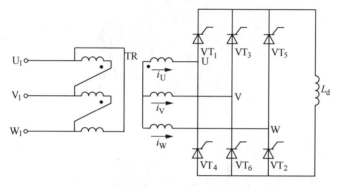

图 3.22 带电感性负载的三相全控桥式整流电路

当 $\alpha \leq 60°$ 时，输出电压的波形与电阻性负载相同，每个周期负载上的电压波形由六段电压组成，每个晶闸管导通 120°，电流波形接近矩形。

当 $\alpha > 60°$ 时，由于电感 L_d 中感应电动势的作用，在线电压过零变负压时，导通着的晶闸管不关断，输出电压 u_d 的波形瞬时出现负值，图 3.23 为 $\alpha = 90°$ 时的电压波形。

如图 3.23 所示，当 $\alpha = 90°$ 时，输出电压 u_d 的波形的正负面积接近相等，$u_d \approx 0$，所以 α 的移相范围是 $0° \sim 120°$。

输出电压 U_d 为

$$U_d = \frac{3}{\pi} \int_{\frac{\pi}{3}+\alpha}^{\frac{2}{3}\pi+\alpha} \sqrt{6} U_2 \sin\omega t \, d(\omega t) = 2.34 U_2 \cos\alpha \quad (0° \leq \alpha \leq 90°) \tag{3-40}$$

$\alpha = 0°$ 时，$U_d = 2.34 U_2$；$\alpha = 90°$ 时，$U_d = 0$。

输出电流平均值为

$$I_d = \frac{U_d}{R_d} \tag{3-41}$$

流过每个晶闸管的电流平均值为

$$I_{dT} = \frac{1}{3} I_d \tag{3-42}$$

由于电流连续且平直，每个晶闸管导通 120°，所以负载电流的有效值 I 等于平均值 I_d，因此流过每个晶闸管的电流有效值为

$$I_T = \sqrt{\frac{1}{3}} I_d \tag{3-43}$$

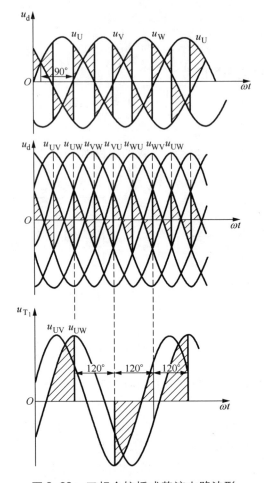

图 3.23 三相全控桥式整流电路波形

流过变压器二次绕组的电流为幅值、宽度相等的正、负两个矩形波,所以电流有效值 I_2 为

$$I_2 = \sqrt{2}I_T = \sqrt{\frac{2}{3}}I_d = 0.816I_d \tag{3-44}$$

晶闸管承受的最大电压为 $U_{TM} = \sqrt{6}U_2$。

【例 3.4】 三相全控桥式整流电路,$L_d = 0.2$ H、$R_d = 2$ Ω、$U_d = 220$ V。试选择晶闸管并计算整流变压器二次侧容量 S_2 和功率因数 $\cos\varphi$。

解:因为 $\omega L_d = 314 \times 0.2 = 62.8$ Ω $\gg R_d = 2$ Ω,所以此电路为大电感负载,电流波形可看做连续且平直的。

$U_d = 220$ V 时,不计控制角裕量按 $\alpha = 0°$ 计算。

由 $U_d = 2.34U_2$,可得 $U_2 = U_d/2.34 = 94$(V)。

流过负载的电流平均值为

$$I_d = \frac{U_d}{R_d} = \frac{220}{2} = 110 \text{ (A)}$$

流过每个晶闸管的电流有效值为

$$I_T = \sqrt{\frac{1}{3}} I_d = \sqrt{\frac{1}{3}} \times 110 = 63.4 \text{ (A)}$$

晶闸管额定电流 $I_{T(AV)} \geq (1.5 \sim 2) \dfrac{I_T}{1.57}$，取安全裕量为 1.57。

则 $I_{T(AV)} = I_T = 63.4$ （A），取 100 A。

晶闸管的额定电压 $U_{Te} = (2 \sim 3)\sqrt{6} U_2 = (2 \sim 3)\sqrt{6} \times 94 \text{ V} = 460 \text{ V} \sim 690 \text{ V}$，取 500 V，晶闸管的型号为 KP100-5。

变压器次级电流为：$I_2 = \sqrt{\dfrac{2}{3}} I_d = \sqrt{\dfrac{2}{3}} \times 110 = 89.8$ （A）。

变压器次级容量为：$S_2 = 3 U_2 I_2 = 3 \times 94 \times 89.8 = 25.32$ （kV·A）。

功率因数 $\cos\varphi = P/S_2 = \dfrac{(I_d^2 \times R_d)}{S_2} = \dfrac{(110^2 \times 2)}{25\,320} = 0.956$。

3.3.5 三相半控桥式整流电路

在要求不高的整流装置或不可逆的直流电动机调速系统中，可采用三相半控桥式整流电路。将三相全控桥式整流电路中共阳极接法的三只晶闸管 VT₂、VT₄、VT6 用整流二极管 VD₂、VD₄、VD₆ 代替，即成为简单、经济的三相半控桥式整流电路，如图 3.24 所示。共阳极组的三只整流二极管总是在三相线电压的交点即自然换向点 2、4、6 点换流，2、

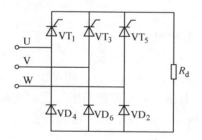

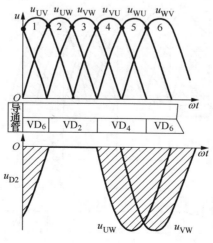

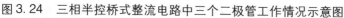

图 3.24 三相半控桥式整流电路中三个二极管工作情况示意图

4、6点成了整流二极管 VD_2、VD_4、VD_6 的导通关断点。如图 3.24 所示，在 2 至 4 点间，u_W 相电压最低，使得和 W 相连接的 VD_2 处于导通状态；在 4 至 6 点间，u_U 相电压最低，使得和 U 相连接的 VD_4 处于导通状态；同理，在 6 至 2 点间，u_V 相电压最低，使得和 V 相连接的 VD_6 处于导通状态。若共阴极组的三只晶闸管不触发导通，则电路不工作。一旦三只晶闸管被触发导通，电路有整流电压输出，可见触发电路只需给共阴极组的三只晶闸管送上相隔 120°的单窄脉冲即可。调整送到晶闸管的单窄脉冲的时刻就可调节输出电压的大小。

1. 电阻性负载

$\alpha = 0°$ 时，触发脉冲在自然换相点出现，输出电压最大，其波形是与全控桥式整流电路相同的线电压的包络线。随着控制角增加，输出电压减小，波形发生变化。

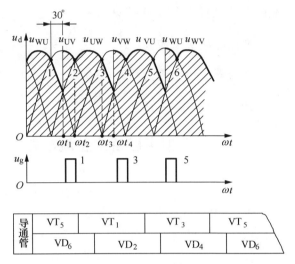

图 3.25 所示为 $\alpha = 30°$ 的波形图。在 ωt_1 时刻，u_{g1} 触发 VT_1 导通，此时 V 相最低，VD_6 管导通，输出电压为线电压 u_{UV}。在 ωt_2 时刻，W 相低于 V 相电压，VD_6 管承受反向电压而关断，换为 VD_2 管导通，而 VT_1 继续导通，输出电压为线电压 u_{UW}。直到 ωt_3 时刻，因 u_{g3} 触发脉冲没有来，VT_3 承受正向电压却不导通，输出电压仍为线电压

图 3.25 三相半控桥电阻性负载 $\alpha = 30°$ 的波形图

u_{UW}。直到 ωt_4 时刻，u_{g3} 触发脉冲到来，VT_3 导通，使 VT_1 承受反向电压而关断，而 VD_2 管还处在导通状态，输出电压为线电压 u_{VW}。依此类推，便得到 u_d 波形。

$\alpha = 60°$ 时，波形如图 3.26 所示，此时输出电压的波形只有三个波头。电路刚好维持

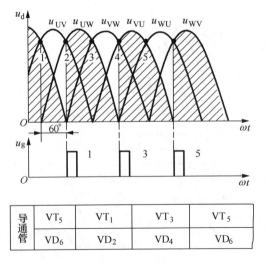

图 3.26 三相半控桥电阻性负载 $\alpha = 60°$ 的波形图

电流连续,每管导通120°,VT$_1$承受的电压u_{T1}波形同前面的分析一样。α>60°时,输出电压u_d波形出现断续。

图3.27为α=90°时的波形。在$ωt_1$时刻,u_{g1}触发VT$_1$导通,同时VD$_2$管处导通状态,输出电压为线电压u_{UW}。到$ωt_2$时刻,线电压u_{UW}为零,晶闸管VT$_1$关断,输出电压$u_d=0$。直到u_{g3}触发脉冲到来,VT$_3$被触发导通,同时VD$_4$导通,输出电压u_d为线电压u_{VU}。依此类推,每个周期输出电压为三个断续波头,电流断续。因为是电阻性负载,故负载电流的波形与电压波形相似。u_{T1}的波形分析如下:VT$_1$本身导通,$u_{T1}=0$;在$ωt_2$~$ωt_3$期间,三只晶闸管都不导通,而VD$_4$管处于导通状态,VT$_1$阳极和阴极同电位,$u_{T1}=0$;同组VT$_3$导通,VT$_1$承受反向电压$u_{T1}=u_{UV}$过了$ωt_4$时刻,三只晶闸管又不导通,而VD$_6$管处于导通状态,VT$_1$还是承受电压$u_{T1}=u_{UV}$;VT$_5$导通,VT$_1$承受的电压为$u_{T1}=u_{UV}$。U_{T1}波形还是三段电压,最大电压为$\sqrt{6}U_2$。

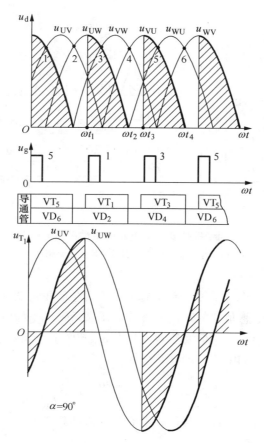

图3.27 α=90°三相半控桥电阻性负载波形图

输出电压随着控制角的增加而减小,当α=180°时,输出电压减小到零。可见三相半控桥电阻性负载的移相范围为0°~180°。以控制角α=60°为界,前后得到两种输出电压的波形,因此在计算电压平均值时,也分两段来计算。

(1)在0°≤α≤60°阶段,电压波形连续,由两段不同的线电压波形组成。

$$U_d = \frac{3}{2\pi}\int_{\frac{\pi}{3}+\alpha}^{\frac{2\pi}{3}} \sqrt{6}U_2 \sin\omega t \, d(\omega t) + \frac{3}{2\pi}\int_{\frac{2\pi}{3}}^{\pi+\alpha} \sqrt{6}U_2 \sin\left(\omega t - \frac{\pi}{3}\right) d(\omega t) = 2.34U_2 \frac{1+\cos\alpha}{2}$$

（2）在 $60°<\alpha\leqslant180°$ 阶段，电压波形断续。

$$U_d = \frac{3}{2\pi}\int_{\alpha}^{\pi} \sqrt{6}U_2 \sin\omega t \, d(\omega t) = 2.34U_2 \frac{1+\cos\alpha}{2}$$

由此看来，不论电压波形是否连续，电压平均值的计算公式都一样。

2. 电感性负载

三相半控桥式整流电路电感性负载的电路如图 3.28（a）所示。若不考虑续流二极管的存在，在电感的作用下，由于电路内部二极管的续流作用，输出的电压波形和电阻性负载时的输出电压波形相同。在正常工作过程中，当触发脉冲突然丢失或突然把控制角调到 $\alpha=180°$ 时，将出现导通着的晶闸管关不断，而三个整流二极管轮流导通的现象，使整流电路处于失控状态，如图 3.28（b）所示。

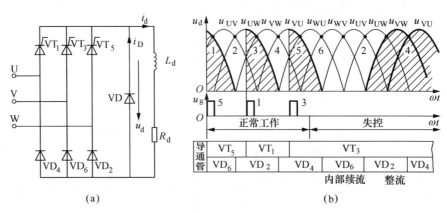

图 3.28 三相半控桥式整流电路电感性负载的电路与波形图
（a）电路图；（b）正常及失控的 u_d 波形图

为避免失控现象，防止管子过电流而损坏，必须在负载两端并接续流二极管。接续流二极管的三相半控桥大电感负载的输出电压波形及晶闸管承受的电压波形与电阻性负载时的波形相同，电流 i_d 波形平直。但要注意，只在 $\alpha>60°$ 时，续流二极管才有电流通过。

输出平均电压值和平均电流值的计算公式为

$$U_d = 2.34U_2 \frac{1+\cos\alpha}{2}, \quad I_d = \frac{U_d}{R_d}$$

晶闸管与续流二极管的电流平均值、电流有效值计算如下。

（1）在 $0°\leqslant\alpha\leqslant60°$ 时：

$$I_{dT} = \frac{1}{3}I_d, \quad I_T = \sqrt{\frac{1}{3}}I_d$$

（2）在 $60°<\alpha\leqslant180°$ 时：

$$I_{dT} = \frac{180°-\alpha}{360°}I_d, \quad I_T = \sqrt{\frac{180°-\alpha}{360°}}I_d$$

$$I_{dD} = \frac{\alpha - 60°}{120°} I_d, \quad I_D = \sqrt{\frac{\alpha - 60°}{120°}} I_d$$

晶闸管与续流二极管承受的最大电压为

$$u_{TM} = \sqrt{6} U_2, \quad u_{DM} = \sqrt{6} U_2$$

为了比较上面讨论的三种可控整流电路的参数，如表 3-2 所示。

表 3-2 常用三相可控整流电路的参数比较

整流可控主电路		三相半波	三相全控桥	三相半控桥
$\alpha = 0°$ 时，空载直流输出电压平均值 U_d		$1.17U_2$	$2.34U_2$	$2.34U_2$
$\alpha \neq 0°$ 时，空载直流输出电压平均值 U_d	电阻负载或电感负载有续流二极管的情况	当 $0 \leq \alpha \leq \pi/6$ 时 $U_{d0}\cos\alpha$ 当 $\pi/6 \leq \alpha \leq 5\pi/6$ $0.675U_2[1+\cos(\alpha+\pi/6)]$	当 $0 \leq \alpha \leq \frac{\pi}{3}$ 时 $U_{d0}\cos\alpha$ 当 $\pi/3 \leq \alpha \leq \frac{2\pi}{3}$ 时 U_{d0} $[1+\cos(\alpha+\frac{\pi}{3})]$	$U_{d0}\frac{1+\cos\alpha}{2}$
	电阻加大电感负载的情况	$U_{d0}\cos\alpha$	$U_{d0}\cos\alpha$	$U_{d0}\frac{1+\cos\alpha}{2}$
$\alpha = 0°$ 时的脉动电压	最低脉动频率	$3f$	$6f$	$6f$
	脉动系数	0.25	0.057	0.057
晶闸管承受的最大正反向电压		$\sqrt{6}U_2$	$\sqrt{6}U_2$	$\sqrt{6}U_2$
移相范围	电阻负载或电感负载有续流二极管情况	$0 \sim \frac{5\pi}{6}$	$0 \sim \frac{2\pi}{3}$	$0 \sim \pi$
	电阻加大电感负载的情况	$0 \sim \frac{\pi}{2}$	$0 \sim \frac{\pi}{2}$	不采用
晶闸管最大导通角		$\frac{2\pi}{3}$	$\frac{2\pi}{3}$	$\frac{2\pi}{3}$
特点与使用场合		电路简单，但元件承受电压高，对变压器或交流电源因存在直流分量，故较少采用或用在功率小的场合	各项指标好，用于电压控制要求高或要求逆变的场合，但晶闸管要六只触发，比较复杂	各项指标较好，适用于较大功率、高电压场合

3.4 对触发电路的要求

晶闸管由阻断转为导通,除在阳极和阴极间加正向电压外,还须在控制极和阴极间加合适的正向触发电压。提供正向触发电压的电路称为触发电路。触发电路的种类很多。本章主要介绍单结晶体管触发电路和锯齿波触发电路。

触发电路的工作方式不同,对触发电路的要求也不完全相同,归纳起来有以下几点。

(1) 触发信号常采用脉冲形式。晶闸管在触发导通后控制极就失去控制作用,虽然触发信号可以是交流、直流或脉冲形式,但为减少控制极损耗,故一般触发信号常采用脉冲形式。

(2) 触发脉冲应有足够的功率。触发脉冲的电压和电流应大于晶闸管要求的数值,并留有一定的裕量。晶闸管属于电流控制器件,为保证足够的触发电流,一般可取两倍左右所测触发电流大小(按电流大小决定电压)。

(3) 触发脉冲电压的前沿要陡,要求小于 10 μs,且要有足够的宽度。这是因为同系列晶闸管的触发电压不尽相同,如果触发脉冲不陡,就会造成晶闸管不能被同时触发导通,使整流输出电压波形不对称。触发脉冲宽度应要求触发脉冲消失前阳极电流已大于擎住电流,以保证晶闸管的导通。表 3-3 中列出了不同可控整流电路、不同性质负载常采用的触发脉冲宽度。

表 3-3 触发脉冲宽度与可控整流电路形式的关系

可控整流电路形式	单相可控整流电路		三相半波和三相半控桥		三相全控桥及双反星形	
	电阻负载	感性负载	电阻负载	感性负载	单宽脉冲	双窄脉冲
触发脉冲宽度 B	>1.8° (10 μs)	10°~20° (50~100 μs)	>1.8° (10 μs)	10°~20° (50~100 μs)	70°~80° (350~400 μs)	10°~20° (50~100 μs)

(4) 触发脉冲与晶闸管阳极电压必须同步。两者频率应该相同,而且要有固定的相位关系,使每一周期都能在相同的相位上触发。

(5) 满足主电路移相范围的要求。触发脉冲的移相范围与主电路形式、负载性质及变流装置的用途有关。

此外,还要求触发电路具有动态响应快、抗干扰能力强、温度稳定性好等性能。常见的触发电压波形如图 3.29 所示。

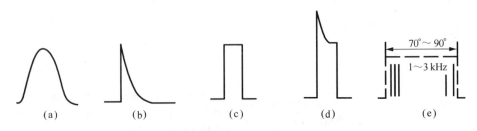

图 3.29 常见的晶闸管触发电压波形
(a) 正弦波;(b) 尖脉冲;(c) 方波或方脉冲;(d) 强触发脉冲;(e) 脉冲列

3.5 单结晶体管触发电路

单结晶体管触发电路具有结构简单、调试方便、脉冲前沿陡、抗干扰能力强等优点,广泛应用于 50 A 以下中、小容量晶闸管的单相可控整流装置中。

3.5.1 单结晶体管

1. 单结晶体管的结构

单结晶体管的结构、等效电路及符号如图 3.30 所示。单结晶体管又称双基极管,它有三个电极,但结构上只有一个 PN 结。它是在一块高电阻率的 N 型硅片上用镀金陶瓷片制作两个接触电阻很小的极,称为第一基极(b_1)和第二基极(b_2),在硅片的靠近 b_2 处掺入 P 型杂质,形成 PN 结,并引出一个铝质极,称为发射极 e。

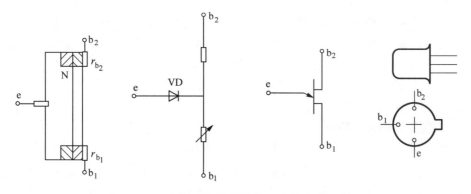

图 3.30 单结晶体管的结构、等效电路及符号

当 b_1 与 b_2 间加正向电压后,e 与 b_1 间呈高阻特性。但当 e 的电位达到 b_2 与 b_1 间电压的某一比值(例如 50%)时,e 与 b_1 间立刻变成低电阻,这是单结晶体管最基本的特点。

触发电路常用的单结晶体管型号有 BT33 和 BT35 两种。B 表示半导体,T 表示特种管,第一个数字 3 表示有三个电极,第二个数字 3(或 5)表示耗散功率 300 mW(或 500 mW)。单结晶体管的主要参数见表 3-4。

表 3-4 单结晶体管的主要参数

参数名称	分压比 η	基极电阻 $r_{bb}/k\Omega$	峰点电流 $I_P/\mu A$	谷点电流 I_V/mA	谷点电压 U_V/V	饱和电压 U_{on}/V	最大反压 U_{b2e}	发射极反漏电流 $I_{eo}/\mu A$	耗散功率 P_{max}/mW
测试条件	$U_{bb}=20$ V	$U_{bb}=3$ V $I_e=0$	$U_{bb}=0$	$U_{bb}=0$	$U_{bb}=0$	$U_{bb}=0$ I_e为最大值		U_{b2e}为最大值	

续表

参数名称		分压比 η	基极电阻 $r_{bb}/\text{k}\Omega$	峰点电流 $I_P/\mu\text{A}$	谷点电流 I_V/mA	谷点电压 U_V/V	饱和电压 U_{on}/V	最大反压 U_{b2e}	发射极反漏电流 $I_{eo}/\mu\text{A}$	耗散功率 P_{max}/mW
BT33	A	0.45~0.9	2~4.5	<4	>1.5	<3.5	<4	≥30	<2	300
	B							≥60		
	C	0.3~0.9	>4.5~12			<4	<4.5	≥30		
	D							≥60		
BT35	A	0.45~0.9	2~4.5	<4	>1.5	<3.5	<4	≥30	<2	500
	B					>3.5		≥60		
	C	0.3~0.9	>4.5~12			<4	<4.5	≥30		
	D							≥60		

利用万用表可以很方便地判别单结晶体管的极性和好坏。根据 PN 结原理，选用 $R\times 1\ \text{k}\Omega$ 电阻挡进行测量。单结晶体管 e 和 b_1 极或 e 和 b_2 极之间的正向电阻小于反向电阻，一般 $r_{b1}>r_{b2}$ 而 b_2 和 b_1 极之间的正反向电阻相等，为 3~10 $\text{k}\Omega$。只要发射极判断对了，即使 b_2 和 b_1 接反了，也不会烧坏管子，只是没有脉冲输出或输出的脉冲幅度很小，这时只需把 b_2 和 b_1 调换即可。

2. 单结晶体管的伏安特性

单结晶体管的伏安特性是指两个基极 b_2 和 b_1 间加某一固定直流电压 U_{bb} 时，发射极电流 I_e 与发射极正向电压 U_e 之间的关系曲线 $I_e=f(U_e)$。实验电路及伏安特性曲线如图 3.31 所示。

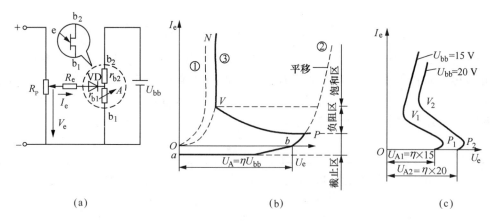

图 3.31 单结晶体管的实验电路及伏安特性曲线
(a) 实验电路；(b) 特性曲线；(c) 特性曲线簇

当 $U_{bb}=0$ 时，得到如图 3.31（b）中①所示的伏安特性曲线，它与二极管伏安特性曲线相似。

（1）截止区——aP 段。当 U_{bb} 不为零时，U_{bb} 通过单结晶体管等效电路中的 r_{b2} 和 r_{b1} 分压，得 A 点电位 U_A，其值为

$$U_A = \frac{r_{b1}}{r_{b1}+r_{b2}}U_{bb} = \eta U_{bb}$$

式中，η 为分压比，一般为 0.3～0.9。当 U_e 从零逐渐增加，但 $U_e < U_A$ 时，等效电路中二极管反偏，仅有很小的反向漏电流；当 $U_e = U_A$ 时，等效二极管零偏，$I_e = 0$，电路此时工作在特性曲线与横坐标交点 b 处；进一步增加 U_e，直到 U_e 增加到高出 ηU_{bb} 一个 PN 结正向压降 U_D 时，即 $U_e = U_P = \eta U_{bb} + U_D$ 时，单结晶体管才导通。这个电压称峰点电压 U_P，此时的电流称峰点电流 I_P。

(2) 负阻区——PV 段。等效二极管导通后大量的载流子注入 e-b_1 区，使 r_{b1} 迅速减小，分压比 η 下降，U_A 下降，因而 U_e 也下降 U_A 的下降，使 PN 结承受更大的正偏，引起更多的载流子注入 e-b_1 区，使 r_{b1} 进一步减小，I_e 更进一步增大，形成正反馈。当 I_e 增大到某一数值时，电压 U_e 下降到最低点。这个电压称为谷点电压 U_v，此时的电流称为谷点电流 I_v。此过程表明它已进入伏安特性的负阻区域。

(3) 饱和区——VN 段。谷点以后，当 I_e 增大到一定程度时，载流子的浓度注入遇到阻力，欲使 I_e 继续增大，必须增大电压 U_e，这一现象称为饱和。

谷点电压是维持单结晶体管导通的最小电压，一旦 $U_e < U_v$，单结晶体管将由导通转化为截止。改变电压 U_{bb}，等效电路中的 U_A 和特性曲线中 U_P 也随之改变，从而可获得一簇单结晶体管特性曲线，如图 3.31（c）所示。

3.5.2 单结晶体管弛张振荡电路

利用单结晶体管的负阻特性和 RC 电路的充、放电特性，可以组成弛张振荡电路，用以触发晶闸管，电路如图 3.32（a）所示。

设电源未接通时，电容 C 上的电压为零。电源 U_{bb} 接通后，电源电压通过 R_2 和 R_1，加在单结晶体管的 b_2 与 b_1 上，同时又通过 r 和 R 对电容 C 充电。当电容电压 U_C 达到单结晶体管的峰点电压 U_P 时，e-b_1 导通，单结晶体管进入负阻状态，电容 C 通过 r_{b1} 和 R_1 放电。因 R_1 很小，放电很快，放电电流在 R_1 上输出一个脉冲去触发晶闸管。

当电容放电，U_C 下降到 U_v 时，单结晶体管关断，输出电压 u_{R1} 下降到零，完成一次振荡。放电一结束，电容器重新开始充电，重复上述过程，电容 C 由于 $i_放 < i_充$ 而得到锯齿波电压，R_1 上得到一个周期性的尖脉冲输出电压，如图 3.32（b）所示。

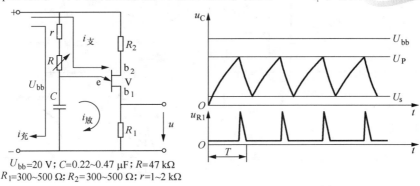

U_{bb}=20 V；C=0.22～0.47 μF；R=47 kΩ
R_1=300～500 Ω；R_2=300～500 Ω；r=1～2 kΩ

(a)   (b)

图 3.32　单结晶体管弛张振荡电路及波形图
(a) 电路图；(b) 波形图

应注意：$(r+R)$ 的值太大或太小时，电路不能振荡。

增加一个固定电阻 r 是为了防止 R 调节到零时，$i_充$ 过大而造成晶闸管一直导通无法关断而停振。$(r+R)$ 值选得太大时，电容 C 就无法充电到峰值电压 U_P，单结晶体管不能工作到负阻区。

欲使电路振荡，固定电阻 r 的值和可变电阻 R 的值应选择满足下式

$$r = \frac{U_{bb} - I_V}{I_V}$$

$$R = \frac{U_{bb} - U_p}{I_p} - r$$

如忽略电容的放电时间，上述弛张振荡电路的频率近似为

$$f = \frac{1}{T} = \frac{1}{(R+r) \; C\ln\left(\dfrac{1}{1-\eta}\right)}$$

3.5.3 单结晶体管的同步和移相触发电路

如采用前述单结晶体管弛张振荡电路输出的脉冲电压去触发可控整流电路中的晶闸管，负载上得到的电压 u_d 波形是不规则的，很难实现正常的控制。因为触发电路缺少与主电路晶闸管保持电压同步的环节。

图 3.33 是具有同步的单结晶体管触发电路，主电路为单相半波可控整流电路。图中触发变压器 TS 与主回路变压器 TR 接在同一电源上，同步变化。TS 二次电压 u_s 经半波整流、稳压斩波，得到梯形波，作为触发电路电源，也作为同步信号。这样，在梯形波过零点时，使电容 C 放电到零，保证了下一个周期电容 C 从零开始充电，并且过零后第一个脉冲产生的相位相同，也即是对主电路的每个周期的触发时间相同，起到了同步作用。从图 3.34（b）还可看到，每半周中电容充放电不止一次，晶闸管由第一个脉冲触发导通，后面的脉冲不起作用。

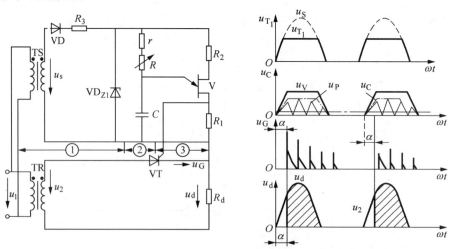

图 3.33 同步电压为梯形波的单结晶体管触发电路图
(a) 电路图；(b) 波形图

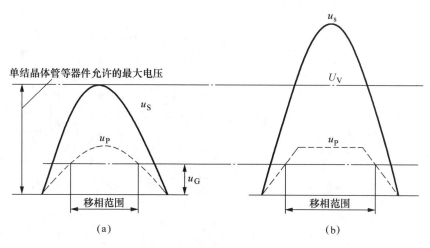

图 3.34 斩波的作用
（a）不加削波；（b）有削波

移相范围增大是通过斩波实现的。如整流不加斩波，如图 3.34（a）所示，那么加在单结晶体管 b_2 与 b_1 间的电压 u_{bb} 为正弦半波；而经电容充电使单结晶体管导通的峰值电压 u_P 也是正弦半波。达不到 u_P 的电压不能触发晶闸管，可见，保证晶闸管可靠触发的移相范围很小。要增大移相范围，只有提高正弦半波 u_s 的幅值，如图 3.34（b）所示，这样会使单结晶体管在 $\alpha=90°$ 附近承受很大的电压。如采用稳压管斩波（限幅），使 u_{bb} 在半波范围会平坦得多，同时 u_P 的波形是接近于方波的梯形波，可见增大了移相范围，同时也使触发脉冲幅度平衡，提高了晶闸管工作的稳定性。

3.6 同步电压为锯齿波的晶闸管触发电路

同步信号为锯齿波的触发电路由于受电网电压波动影响较小，故广泛应用于整流和逆变电路。图 3.35 为锯齿波同步触发电路，该电路由脉冲形成与放大、锯齿波形成及脉冲移相、同步、双脉冲形成和强触发电路五个基本环节组成。

3.6.1 触发脉冲的形成与放大

脉冲形成环节由晶体管 V_4、V_5、V_6 组成；复合功率放大由 V_7、V_8 组成；同步移相电压加在晶体管 V_4 的基极，触发脉冲由脉冲变压器二次侧输出。

当 $u_{b4}<0.7\text{ V}$ 时，V_4 管截止，电源经 R_{14} 与 R_{13} 分别向 V_5 和 V_6 提供足够的基极电流使之饱和导通。⑥点电位约为 -13.7 V，使 V_7 与 V_8 处于截止，无脉冲输出。此时电容 C_3 充电，充电回路为：$+15\text{ V}\to R_{11}\to C_3\to V_5$ 的发射结 $\to V_6\to VD_4\to -15\text{ V}$。稳定时，$C_3$ 充电电压为 28.3 V，极性为左正右负。

当 $u_{b4}\geqslant 0.7\text{ V}$ 时，V_4 管导通，④点电位从 $+15\text{ V}$ 迅速降低至 1 V，由于电容 C_3 两端电压不能突变，使⑤点电位从 -13.3 V 突降至 -27.3 V，导致 V_5 截止。⑥点电位从 -13.7 V 突升至 2.1 V，于是 V_7 和 V_8 导通，有脉冲输出。与此同时，电容 C_3 反向充电，充电回路为：$+15\to R_{14}\to C_3\to VD_3\to V_4\to -15\text{ V}$，使⑤点电位从 -27.3 V 逐渐上升，当

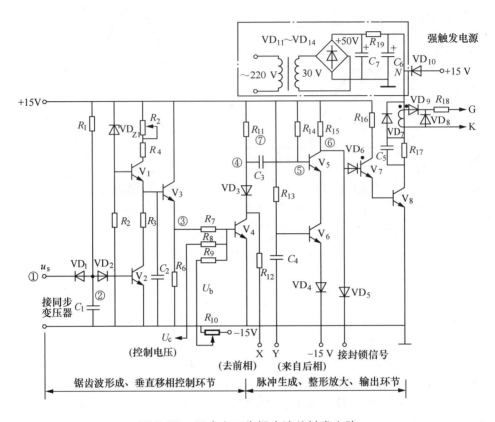

图 3.35 同步电压为锯齿波的触发电路

⑤点电位升到 -13.3 V 时，V_5 和 V_6 管又导通，使 V_7 与 V_8 截止，输出脉冲结束。可见输出脉冲的时刻和宽度决定于 V_4 的导通时间，并与时间常数 $R_{14}C_3$ 有关。

3.6.2 锯齿波的形成及脉冲移相

该电路由 V_1、V_2、V_3 和 C_2 等元件组成。其中 V_1、VD_{Z1}、R_3 和 R_4 为一恒流源电路。当 V_2 截止时，恒流源电流 I_{c1} 对 C_2 充电，电容 C_2 电压 u_{c2} 按线性增长，即 V_3 管基极电位 u_{b3} 按线性增长。调节电位器 R_3，可改变 R_{c1} 的大小，从而调节锯齿波斜率。

当 V_2 导通时因 R_5 很小，C_2 迅速放电，u_{b3} 迅速降为 0 V 左右，形成锯齿波的下降沿。当 V_2 周期性地导通与关断（受同步电压控制）时，u_{b3} 便形成一锯齿波，V_3 为射随器，所以③点电压也是一锯齿波。

移相控制电路由 V_4 等元件组成，V_4 基极电压由锯齿波电压 u_{e3}、直流控制电压 U_c、负直流偏移电压 U_b 分别经 R_7、R_8、R_9 的分压值（$u_{e3}{'}$，$U_c{'}$，$U_b{'}$）叠加而成，由三个电压比较而控制 V_4 的截止与导通。

根据叠加原理，分析 V_4 管基极电位时，可看成锯齿波电压 u_{e3}、直流控制电压 $U_c{'}$、负直流偏压 $U_b{'}$ 三者单独作用的叠加，三者单独作用的等效电路如图 3.36 所示。

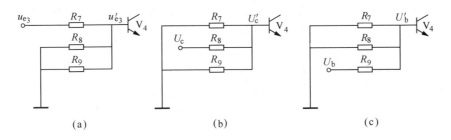

图 3.36 u_{e3}'、U_c' 和 U_b' 单独作用的等效电路

(a) u'_{e3} 单独作用的等效电路；(b) U'_c 单独作用的等效电路；(c) U'_b 单独作用的等效电路

以三相全控桥电路感性负载电流连续时为例，当 $\alpha = 0°$ 时，输出平均电压为最大正值 U_{dmax}；当 $\alpha = 90°$ 时，输出为 0；当 $\alpha = 180°$ 时，输出最大负值 $-U_{dmax}$。此时偏置电压 U_b' 应使 VT_4 从截止到导通的转折点对应于 $\alpha = 90°$，即在锯齿波中点。理论上锯齿波宽度 180° 可满足要求，考虑到锯齿波的非线性，给以适当裕量，故可取宽度为 240°。

3.6.3 锯齿波同步电压的形成

同步环节由同步变压器、V_2、VD_1、VD_2、R_1 及 C_1 等组成。所谓触发电路的同步，就是要求锯齿波与主电源频率相同。锯齿波是由开关管 V_2 控制的，V_2 由截止变导通期间产生锯齿波，V_2 截止持续的时间就是锯齿波的宽度，V_2 开关的频率就是锯齿波的频率。要使触发脉冲与主回路电源同步，必须使 V_2 开关的频率与主回路电源频率达到同步才行。同步变压器与整流变压器接在同一电源上，用同步变压器次级电压控制 V_2 的通断，就保证了触发脉冲与主回路电源的同步。

同步变压器次级电压 u_s 在负半周的下降段时，VD_1 导通，电容 C_1 被迅速充电，极性为上负下正，V_2 因反偏而截止，锯齿波即开始。在次级电压负半周的上升段，由于 C_1 已充电至负半周的最大值，所以 VD_1 截止，+15 V 通过 R_1 给 C_1 反向充电，当②点电位上升至 1.4 V 时，V_2 导通，②点电位被钳位在 1.4 V。此时锯齿波结束。直至下一个负半周到来时 VD_1 重新导通，C_1 迅速放电后又被反向充电，建立上负下正的电压使 V_2 截止，锯齿波再度开始。在一个正弦波周期内，V_2 包括截止与导通两个状态，对应锯齿波恰好是一周期，与主电路电源频率完全一致，达到同步的目的。锯齿波的宽度与 V_2 截止时间的长短有关，若调节时间常数 $R_1 C_1$，则可调节锯齿波斜率。

3.6.4 双窄脉冲形成环节

三相全控桥式电路要求双脉冲触发，相邻两个脉冲间隔为 60°，图 3.35 电路可达到此要求。V_5 和 V_6 两管构成或门，当 V_5 与 V_6 都导通时，V_7 和 V_8 都截止，没有脉冲输出，但不论 V_5 或 V_6 哪个截止，都会使⑥点变为正电压，V_7 和 V_8 导通，有脉冲输出。所以只要用适当的信号来控制 V_5 和 V_6 前后间隔 60° 截止，就可获得双窄触发脉冲。第一个主脉冲是由本相触发电路控制电压 U_c 发出的，而相隔 60° 的第二个辅助脉冲，则是由它的后相触发电路，通过 X 与 Y 相互连线使本相触发电路的 V_6 管截止而产生的。VD_3 与 R_{12} 的作用是为了防止双脉冲信号的相互干扰。

例如，三相全控桥电路电源的三相 U、V、W 为正相序时，晶闸管的触发顺序为

$VT_1 \rightarrow VT_2 \rightarrow VT_3 \rightarrow VT_4 \rightarrow VT_5 \rightarrow VT_6$ 彼此间隔 $60°$，六块触发板的 X 和 Y 按如图 3.37 所示方式连接（即后相的 X 端与前相的 Y 端相连），就可得到双脉冲。

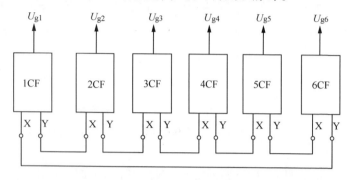

图 3.37 触发电路实现双脉冲的连接

3.6.5 强触发电路

采用强触发脉冲可以缩短晶闸管开通时间，提高承受较高的电流上升率的能力。强触发脉冲一般要求初始幅值约为通常情况的 5 倍，前沿为 $1\ A/\mu s$。

强触发环节如图 3.35 所示右上方点画线框内电路所示。变压器二次侧 30 V 电压经桥式整流使 C_7 两端获得 50 V 的强触发电源，在 V_8 导通前，经 R_{19} 对 C_6 充电，使 N 点电位达到 50 V。当 V_8 导通时，C_6 经脉冲变压器一次侧、R_{17} 和 V_8 快速放电。因放电回路电阻很小，C_6 两端电压衰减很快，N 点电位迅速下降。一旦 N 点电位低于 15 V 时，VD_{10} 二极管导通。脉冲变压器改由 +15V 稳压电源供电。这时虽然 50 V 电源也在向 C_6 再充电，但因充电时间常数太大，N 点电位只能被钳制在 14.3 V。当 V_8 截止时，50 V 电源又通过 R_{19} 向 C_6 充电，使 N 点电位再次达到 +50 V，为下次触发做准备。电容 C_5 是为提高 N 点触发脉冲前沿陡度而附加的。加强触发环节后，脉冲变压器一次侧电压 u_{TP} 波形如图 3.38 所示。

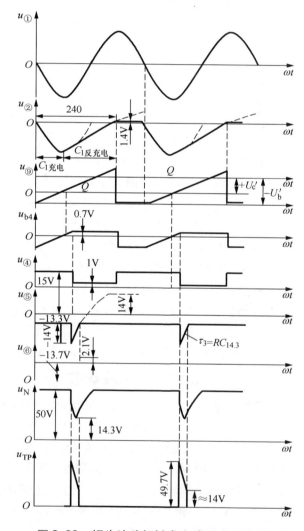

图 3.38 锯齿波移相触发电路的电压波形

3.7 集成化晶闸管移相触发电路

随着晶闸管技术的发展,对其触发电路的可靠性提出了更高的要求,集成触发电路具有体积小、温漂小、性能稳定可靠、移相线性度好等优点,近年来发展迅速,应用越来越多。本节介绍由集成元件 KC04、KC42 和 KC41 组成的六脉冲触发器。

3.7.1 KC04 移相触发电路

如图 3.39 所示为 KC04 型移相集成触发电路,它与分立元件的锯齿波移相触发电路相似,由同步、锯齿波形成、移相、脉冲形成和功率放大等几部分组成。它有 16 个引出端。16 端接 +15 V 电源,3 端通过 30 kΩ 电阻和 6.8 kΩ 电位器接 -15 V 电源,7 端接地。正弦同步电压经 15 kΩ 电阻接至 8 端,进入同步环节。3、4 端接 0.47 μF 电容,与集成电路内部三极管构成电容负反馈锯齿波发生器。9 端为锯齿波电压、负直流偏压和控制移相电压综合比较输入。11 和 12 端接 0.047 μF 电容后接 30 kΩ 电阻,再接 +15 V 电源与集成电路内部三极管构成脉冲形成环节,脉冲由时间常数 0.047 × 30 决定。13 和 14 端是提供脉冲列调制和脉冲封锁控制端。1 和 15 端输出相位相差 180°的两个窄脉冲。KC04 移相触发器各端的波形如图 3.40(a)所示。

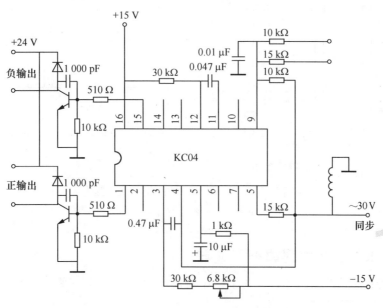

图 3.39 KC04 型移相集成触发电路

电力电子技术

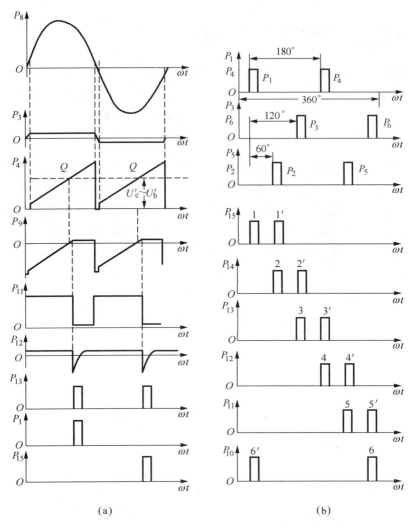

图 3.40 KC04 和 KC41 部分引脚波形
(a) KC04 部分引脚波形；(b) KC41 部分引脚波形

3.7.2 KC42 脉冲列调剂形成器

在需要宽触发脉冲输出场合，为了减小触发电源功率与脉冲变压器体积，提高脉冲前沿陡度，常采用脉冲列触发方式。

图 3.41 为 KC42 脉冲调制形成器电路，主要适用于三相全控桥整流电路、三相半控、单相全控、单相半控等线路中做脉冲调制源。

当脉冲列调制器用于三相全控桥整流电路时，来自三块 KC04 锯齿波触发器 13 端的脉冲信号分别送至 KC42 脉冲调制器的 2、4、12 端。V_1、V_2、V_3 构成"或非"门电路，V_5、V_6、V_8 组成环形振荡器，V_4 控制振荡器的起振与停振。V_6 集电极输出脉冲列时，V_7 倒相放大后由 8 端输出信号。

环形振荡器工作原理如下：当三个 KC04 中的任意一个有输出时，V_1、V_2、V_3

"或非"门电路中将有一管导通，V_4截止，V_5、V_6、V_8环形振荡器起振，V_6导通，10端为低电平，V_7、V_8截止，8、11端为高电平，8端有脉冲输出。此时电容C_2由11端→R_1→C_2→10端充电，6端电位随着充电逐渐升高，当升高到一定值时，V_5导通，V_6截止，10端为高电平，V_7、V_8导通，环形振荡器停振。8、11端为低电平，V_7输出一窄脉冲。同时，电容C_2再由$R_1//R_2$反向充电，6端电位降低，降低到一定值时，V_5截止，V_6导通，8端又输出高电位。以后重复上述过程，形成循环振荡。

调制脉冲的频率由外接电容C_2、R_1和R_2决定。

调制脉冲频率为

$$f = \frac{1}{T_1 + T_2}$$

导通半周时间为

$$T_1 = 0.693 R_1 C_2$$

截止半周时间为

$$T_2 = 0.693 \left(\frac{R_1 R_2}{R_1 + R_2} \right)$$

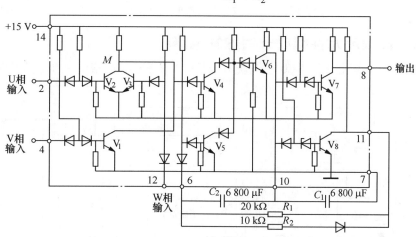

图3.41　KC42脉冲调制形成器电路图

3.7.3　KC41六路双脉冲形成器

KC41不仅具有双脉冲形成功能，它还具有电子开关控制封锁功能。如图3.42所示为KC41内部电路图。把3块KC04输出的脉冲接到KC41的1~6端时，集成内部二极管完成"或"功能，形成双窄脉冲。在10~15端可得六路放大了的双脉冲。有关各点波形如图3.40（b）所示。

V_7是电子开关，当控制端7接逻辑"0"时，V_7截止，各电路可输出触发脉冲。因此，使用两块KC41，两控制端分别作为正、反组控制输入端，即可组成正、反组可逆系统。

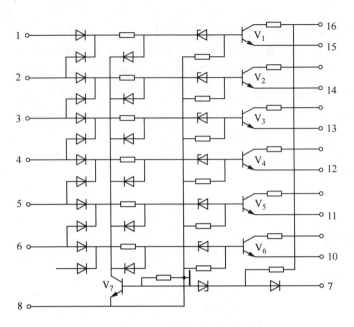

图 3.42 KC41 六路双窄脉冲形成器

3.7.4 由集成元件组成三相触发电路

如图 3.43 所示是由 3 块 KC04、1 块 KC41 与 1 块 KC42 组成的三相触发电路,组件体

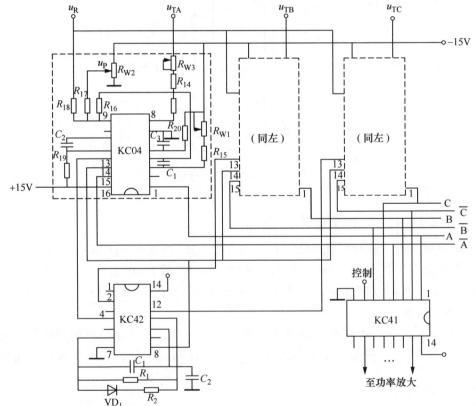

图 3.43 三相触发电路

积小,调整维修方便。同步电压 u_{TA}、u_{TB}、u_{TC} 分别加到 KC04 的 8 端上,每块 KC04 的 13 端输出相位差为 180°的脉冲,分别送到 KC42 的 2、4、12 端,由 KC42 的 8 端可获得相位差为 60°的脉冲列,将此脉冲列再送回到每块 KC04 的 14 端,经 KC04 鉴别后,由每块 KC04 的 1 和 15 端送至 KC41 组合成所需的双窄脉冲列,再经放大后输出到 6 只相应的晶闸管控制极。

以上触发电路均为模拟量的,其优点是结构简单、可靠;缺点是易受电网电压影响,触发脉冲不对称度较高。数字触发电路是为了克服上述缺点而设计的,如图 3.44 所示为微机控制数字触发系统框图。

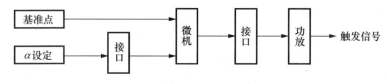

图 3.44 微机控制数字触发系统框图

控制角 α 设定值以数字形式通过接口送至微机,微机以基准点作为计时起点开始计数,当计数值与控制角要求一致时,微机就发出触发信号,该信号经输出脉冲放大、隔离电路送至晶闸管。对于三相全控桥整流电路,要求在每一电源周波产生六对触发脉冲,不断循环。用微机组成的数字触发电路变得简单、可靠,控制灵活,精确度高。

3.8 触发脉冲与主电路电压的同步及防止误触发的措施

3.8.1 触发电路同步电源电压的选择

在安装、调试晶闸管装置时,常会碰到一种故障:分别单独检查主电路和触发电路都正常,但连接起来工作就不正常,输出电压的波形也不规则。这种故障往往是由主电路电压与触发脉冲不同步造成的。

所谓同步是指触发电路工作频率与主电路交流电源的频率应当保持一致,且每个晶闸管的触发脉冲与施加于晶闸管的交流电压保持合适的相位关系。提供给触发器合适相位的电压称为同步电源电压,为保证触发电路和主电路频率一致,利用一个同步变压器,将其一次侧接入为主电路供电的电网,由其二次侧提供同步电压信号。由于触发电路不同,要求的同步电源电压的相位也不一样,可以根据变压器的不同连接方式来得到。

现以三相全控桥可逆电路中同步电压为锯齿波的触发电路为例,来说明如何选择同步电源电压。

三相全控桥电路六个晶闸管的触发脉冲依次相隔 60°,所以输入的同步电源电压相位也必须依次相隔 60°。这六个同步电压通常用一台具有两组二次绕组的三相变压器获得。因此只要一块触发板的同步电源电压相位符合要求,即可获得其他五个合适的同步电源电压。下面以某一相为例,分析如何确定同步电源电压。

采用锯齿波同步的触发电路,同步信号负半周的起点对应于锯齿波的起点,调节 R_1、C_1 的值可使同步信号电压锯齿波宽度为 240°。考虑锯齿波起始段的非线性,故留出 60°裕量,电路要求的移相范围是 30°~150°,可加直流偏置电压使锯齿波中点与横轴相交,作为触发脉冲的初始相位,对应于 $\alpha = 90°$,此时置控制电压 $U_c = 0$,输出电压 $U_o = 0$。$\alpha = 0°$ 是自然换相点,对应于主电源电压相角 $\omega t = 30°$,所以 $\alpha = 90°$ 的位置则为主电源电压 $\omega t = 120°$ 相角处。因此,由某相交流同步电压形成锯齿波的相位及移相范围刚好对应于与它相位相反的主电路电源,即主电路 +α 相晶闸管的触发电路应选择 -α 相作为交流同步电压。其他晶闸管触发电路的同步电压,可同理推之。由以上分析,当主电源变压器接法为丫,yo 时,同步变压器应采用丫,yo 接法获得 -u、-v、-w 各相同步电压,采用丫,yo 接法以获得 +u、+v、+w 各相同步。图 3.45 中画出了变压器及同步变压器的连接与电压向量图,以及对应关系。

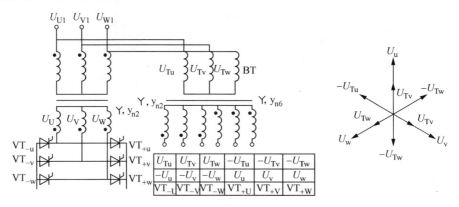

图 3.45 变压器及同步变压器的连接与电压向量图

各种系统同步电源与主电路的相位关系是不同的,应根据具体情况选取同步变压器的连接方法。三相变压器有 24 种接法,可得到 12 种不同相位的二次电压。

3.8.2 防止误触发的措施

周围环境的电磁干扰常会影响晶闸管触发电路工作的可靠性。交流电网正弦波质量不好,特别是电网同时供给其他晶闸管装置时,晶闸管的导通可能引起电网电压波形缺口。采用同步电压为锯齿波的触发电路,可以避免电网电压波动的影响。

造成晶闸管误导通,多数是由于干扰信号进入控制极电路而引起的。通常可采用如下措施。

(1)脉冲变压器初、次级间加静电隔离。
(2)应尽量避免电感元件靠近控制极电路。
(3)控制极回路导线采用金属屏蔽线,且金属屏蔽线应接"地"。
(4)选用触发电流较大的晶闸管。
(5)在控制极和阴极间并联一个 0.01~0.1 μF 电容器,可以有效地吸收高频干扰;
(6)在控制极和阴极间加反偏电压。

把稳压管接到控制极与阴极之间,也可用几个二极管反向串联,利用管压降代替反压作用。反向电压值一般取 3 V 左右。

【技能训练】

实验 2　单相半波可控整流电路的研究

一、实验目的
(1) 熟悉单结晶体管触发电路的工作原理、接线及电路中各元器件的作用。
(2) 熟悉各元器件及简易测试方法,增强实践操作能力。
(3) 观察单结晶体管触发电路各点的波形,掌握调试步骤和方法。
(4) 对单相半波可控整流电路在电阻负载及电阻电感负载时的工作情况作全面分析。
(5) 了解续流二极管的作用。
(6) 熟悉双踪示波器的使用方法。

二、实验电路
电路如图 3.46 所示。

三、实验设备
(1) 图 3.46 中各元件及焊接板。
(2) 同步变压器 220 V/60 V。
(3) 灯板。
(4) 滑线变阻器。
(5) 电抗器。
(6) 双踪示波器。
(7) 万用表。
(8) 单结晶体管分压比测试板（自制公用）。

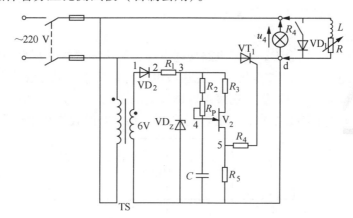

图 3.46　单结晶体管触发的单相半波可控整流电路

VT_1—KP10-8；VD_1—ZP10-8；VD_2—2CP14；VD_Z—2CW21k；V_2—BT33F；

$R_1 = 620\ \Omega/4\ W$；$R_2 = 2\ k\Omega$；$R_3 = 240\ \Omega$；$R_4 = 20\ \Omega$；$R_5 = 51\ \Omega$；$R_P = 100\ k\Omega$；$C = 0.1 \sim 0.22\ \mu F$

四、实验内容及步骤
1. 元器件测试

(1) 用万用表 $R \times 100\ \Omega$ 电阻挡粗测二极管、稳压管是否良好,电位器是否连续可调，用适当电阻挡检查各电阻阻值是否合适。

(2) 测定同步变压器 TS 的极性。

(3) 判断单结晶体管的好坏（常见单结晶体管的管脚排列见图 3.47）。首先用万用表 $R \times 10\ \Omega$ 电阻挡测试单结晶体管各极间电阻，再用单结晶体管分压比测试板来测定单结晶体管的 η 值，其测试电路见图 3.48，并将所测数据记录于表 3-5 中。

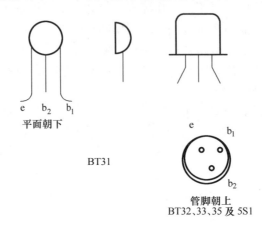

图 3.47 常用单结晶体管管脚排列

表 3-5 测试数据

测量项目	η	r_{eb1}	r_{b1e}	r_{eb2}	r_{b2e}	r_{b1b2}	r_{b2b1}	结论
测量值								

2. 连接电路

按图 3.46 将电路焊接好，负载暂不接。

3. 测试电路

检查电路无误后，闭合 Q，触发电路接通电源，用示波器逐一观察触发电路中同步电压 u_1、整流输出电压 u_2、削波电压 u_3、锯齿波电压 u_4 以及单结晶体管输出电压 u_5 的波形。

改变移相电位器 R_P 的阻值，观察 4 点锯齿波的变化及输出脉冲波形的移相范围，看能否满足要求，如不能满足要求，可通过调整 R_2、R_P、C 的数值来达到移相范围的要求。

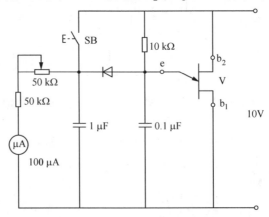

图 3.48 单结晶体管分压比测量电路

4. 波形

电路调好后,可用双踪示波器的两个探头分别观察波形间相位关系,验证是否与理论分析一致。

注意:使用双踪示波器时必须将两探头的地线端接在电路的同一点上,以防因两探头的地线造成被测量电路短路事故。

在有条件情况下可用四踪示波器同时观察四个波形的相位关系,熟悉四踪示波器的使用。

5. 电阻负载

触发电路调试正常后,断开 Q,接上电阻负载(灯泡)后,再闭合 Q,使电路接通电源。用示波器观察负载电压 u_d、晶闸管两端电压 u_T 的波形。调节移相电位器 R_P,观察 $\alpha = 60°$、$90°$、$120°$ 时 u_d、u_T 的波形,同时测量 U_d 及电源电压 U_2 的值,并将观察测量结果记录于表 3-6 中。

表 3-6 测量结果

$\alpha/(°)$	60	90	120
u_d 波形			
u_T 波形			
U_d/V			
U_2/V			

6. 电阻电感负载

(1) 断开 Q,换接上 L 和 R,接好后,再闭合 Q。

(2) 不接续流二极管,把 R 调到中间值观察 $\alpha = 60°$、$90°$、$120°$ 时 u_d、i_d(实际是 R 两端电压 u_R)、u_T 波形。把 R 调到最小及最大时,观察 i_d 波形,分析不同阻抗角对电流波形的影响。

(3) 闭合 S,接上续流二极管 VD_1,重复上述实验,观察续流二极管的作用。

(4) 把上述观察到的波形记录于表 3-7 中。

表 3-7 测量数据

类别	$\alpha/(°)$	u_d 波形	u_T 波形	i_d 波形		
				R 中	R 最小	R 最大
不接 VD_1	60					
	90				—	—
	120				—	—
接 VD_1	60					
	90				—	—
	120				—	—

五、实验报告要求

(1) 整理实验中记录的波形,回答实验中提出的问题。

(2) 画出两种负载当 $\alpha = 90°$ 时,触发电路的各点波形和 u_d、i_d、u_T 波形。

(3) 作出电阻负载 $U_d/U_2=f(\alpha)$ 曲线,并与 $U_d=0.45U_2\dfrac{1+\cos\alpha}{2}$ 进行比较。

(4) 总结分析实验中出现的现象。

实验 3　单相全控桥式整流电路的研究

一、实验目的

(1) 了解 KC04（或 KJ004）集成触发器的工作原理。

(2) 掌握各测试点的波形。

(3) 重点熟悉电感负载与反电动势负载工作情况。

二、实验电路

电路如图 3.49 所示。

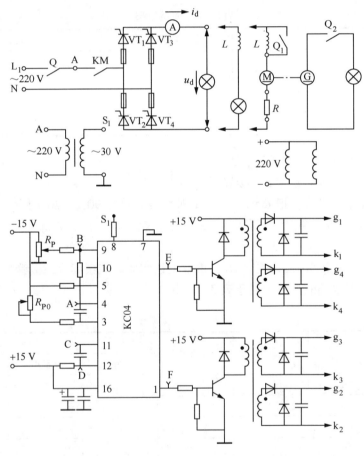

图 3.49　KC04 触发的单相全控桥式整流电路

三、实验设备

(1) BL－I 型电力电子技术试验装置。

(2) 电抗器。

(3) 灯箱。

(4) 2 Ω/10 W。
(5) 双踪示波器。
(6) 万用表。

四、实验原理

该电路采用了 KC04 触发器集成电路，KC04 可输出两路相位差 180°的脉冲，因此，可方便地控制单相全控桥式整流电路。

图 3.50 为 KC04 触发电路原理图，其中点画线框内为集成触发器内部电路，由同步、锯齿波形成、移相、脉冲形成、脉冲分选及功率放大几个环节组成。其中，$V_1 \sim V_4$ 组成同步环节。u_s 正半周，V_1 导通，u_s 负半周，V_2、V_3 导通。因此在正负半周期间，V_4 基极处于低电位，使 V_4 处于截止状态。只有在同步电压过零（$u_s < 0.7$ V）时，$V_1 \sim V_3$ 截止，V_4 导通。

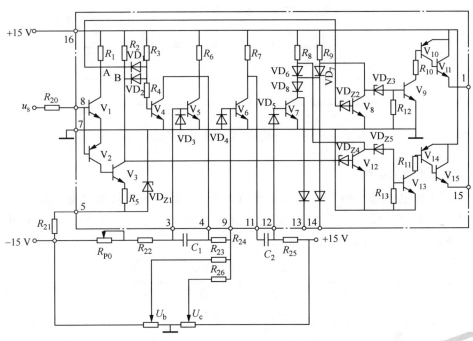

图 3.50　KC04 触发电路原理图

电容 C_1 接在 V_5 基极和发射极之间，组成了电容负反馈的锯齿波发生器。V_4 导通时，C_1 经 V_4、VD_3 迅速放电，V_4 截止时，电流经 +15 V→R_6→C_1→R_{22}→R_{P0}→（-15 V）对 C_1 充电，在 4 端形成线性增长的锯齿波，在 u_s 一个周期内，V_4 导通、截止两次，因此正、负半周均有相同锯齿波产生，如图 3.51 所示。

R_{23}、R_{24}、R_{26} 及 V_6 组成了移相环节，在 u_{c5}（4 脚）、U_b 确定后，调节 U_c 就改变了脉冲的相位，从而使输出电压得到调节。

V_6、C_2、V_7 等组成了脉冲形成环节。V_8、V_{12} 为脉冲分选环节，使得在同步电压一周内有两个相位上相差 180°的脉冲产生，即 u_s 正半周 1 端输出脉冲，负半周 15 端输出脉冲。VD_1、VD_2 及 $VD_6 \sim VD_8$ 为隔离二极管。

R_{P0} 可调节锯齿波斜率。在控制电压为零时，调节 R_{P0} 可使输出电压为零。

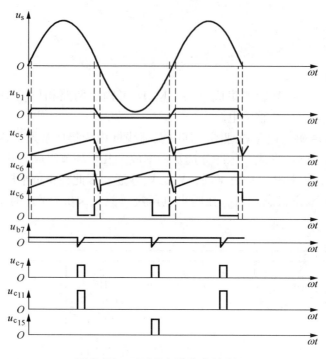

图 3.51 KC04 电路各点波形图

五、实验内容及步骤

（1）首先按电路图 3.49 将线接好，检查无误后，闭合 Q，接通触发电路电源，用示波器测量 u_s、A、B、C、D、E、F 及各输出脉冲波形，并记录于表 3-8 中。再用 X、Y 两个探头观察波形间的相位关系。

表 3-8 测量结果

A	B	C	D	E	F	u_{g1}	u_{g2}

（2）主电路接上电阻负载，按启动按钮，接通主电路电源。把控制电位器调节到零位，用示波器观察负载两端的电压是否为零。若不为零，则可调 R_{P0} 使其为零。调节控制电位器 R_P，观察负载波形的变化，记录 $\alpha = 0°$、$60°$、$90°$ 时 u_d 的波形及 U_2、U_d、I_d 数值于表 3-9 中。

表 3-9 测量结果

$\alpha/(°)$	0	60	90
U_d 波形			
U_2、U_d、I_d 值	$U_2 =$ $U_d =$ $I_d =$	$U_2 =$ $U_d =$ $I_d =$	$U_2 =$ $U_d =$ $I_d =$

（3）按停止按钮，断开主电路电源，接上电感负载做阻感负载实验，按启动按钮，接通主电路电源。调节控制电位器，观察输出电压 u_d 波形的变化，记录 $\alpha=0°$、$60°$、$90°$ 时 u_d、i_d 的波形及 U_2、U_d 的数值于表 3-10 中。将 α 固定在 $60°$，改变电阻的大小观察电流 i_d 波形的变化。

表 3-10 测量结果

$\alpha/(°)$	0	60	90
u_d			
i_d			
U_2、U_d 值	$U_d=$　　$U_2=$	$U_d=$　　$U_2=$	$U_d=$　　$U_2=$

（4）断开主电路电源，换接上直流电动机负载做反电动势负载实验。

①首先给直流电动机、直流发电机的励磁绕组接上直流电源，把控制电位器调到零位，Q_1、Q_2 处于断开位置。

②接通主电路电源，调节 R_{P0}，使 U_d 由零逐渐上升到最大值（如 190 V），观察电动机的运转情况，待运转正常后，闭合 Q_2，逐渐增加负载到规定值（约为额定值）。调节控制电位器 R_{P0} 使 $\alpha=0°$、$60°$、$90°$，并记录 u_d、i_d 波形及 U_d、I_d 值于表 3-11 中。

表 3-11 测量结果

波形及数据	u_d 波形	i_d 波形	U_d/V	I_d/A
$\alpha=0°$				
$\alpha=60°$				
$\alpha=90°$				

③调节 R_{P0}，使 $\alpha=60°$，闭合 Q_1，短接 L，观察并记录电流断续时 u_d、i_d 波形，记录 U_d 值于表 3-12 中，并与②比较有什么不同。

表 3-12 测量结果

u_d 波形	i_d 波形	U_d/V

④机械特性。调节控制电压旋钮及负载，使 U_d、I_d 均达到规定值，记录此时的转速 n 和电流 I_d 值。然后逐渐减小负载到最小（以不出现振荡为准），中间记录几点于表 3-13 中，作出机械特性曲线。

表 3-13 测量结果

条件	负载最大	1	2	3	负载最小
n/（r·min^{-1}）					
I_d/A					

六、说明及应注意的问题

交流电源电压为 220 V，$U_{dmax}=0.9U_2=198$ V，故实验时 U_d 电压不能达到电动机的额定值。

七、实验报告要求

（1）整理记录的触发电路波形，熟悉 KC04 集成触发器工作原理。

（2）整理电阻负载时记录的数据，验证 $U_d=0.9U_2\dfrac{1+\cos\alpha}{2}$ 的关系。

（3）整理电阻、电感负载时记录的数据，验证电流连续时 $U_d=0.9U_2\cos\alpha$ 关系。

（4）整理反电动势负载时记录的波形，画出电流断续时的波形。比较电流断续与连续时 u_d、i_d 波形有什么不同。为什么？

实验 4　三相全控桥式整流电路的研究

一、实验目的

（1）熟悉三相全控桥式整流电路的接线，观察电阻负载、电阻电感负载及电动机负载输出电压电流的波形。

（2）加深对触发器定相原理的理解，掌握调试晶闸管整流装置的步骤和方法。

二、实验电路

实验电路如图 3.52 所示。

三、实验设备

（1）BL-Ⅰ型电力电子技术实验装置。

（2）直流电动机-发电机组。

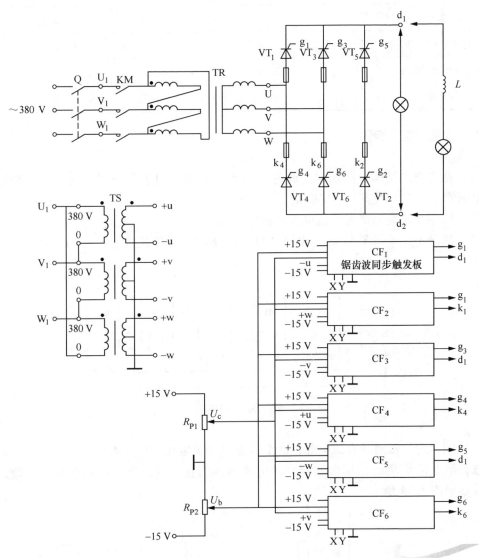

图 3.52 三相全控桥式整流电路

(3) 三相整流变压器。
(4) 电抗器。
(5) 灯箱。
(6) 双踪示波器。
(7) 万用表。

四、实验原理

由锯齿波同步触发电路可知,在同步电压负半周时形成锯齿波,因此要求同步电压 u_s 与被触发晶闸管阳极电压在相位上相差 180°。这样可以得出晶闸管元件触发电路的同步电压,见表 3-14。

表 3-14　测量结果

组别	共阴极组			共阳极组		
晶闸管元件号码	1	3	5	4	6	2
晶闸管元件所接的相	u	v	w	u	v	w
同步电压	u_{-u}	u_{-v}	u_{-w}	u_{+u}	u_{+v}	u_{+w}

五、实验内容及步骤

1. 准备

（1）熟悉电路结构，找出本实验使用的直流电源、同步变压器、锯齿波同步触发电路、晶闸管主电路，检查一下实验设备是否齐全。

（2）用相序鉴定器测定交流电源的相序。

（3）断开 Q，按图 3.52 将主电路、触发电路及电阻负载接好，X、Y 端按图 3.53 连接起来。

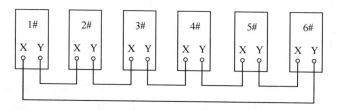

图 3.53　双脉冲电路接线

（4）闭合 Q，接通各直流电源，逐个检查每块触发板工作是否正常。调节每个触发板锯齿波斜率电位器 R_P，使锯齿波刚好不出现削顶为止，这样锯齿波斜率基本一致，双脉冲的波形如图 3.54 所示。

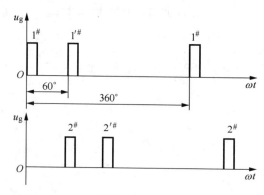

图 3.54　双脉冲波形

2. 电阻负载

（1）触发电路正常后，接上电阻负载，把控制电压旋钮调到零（即 $U_c=0$），U_b 偏置电压调到负最大值。仔细检查线路无误后，按启动按钮，主电路接通电源。调偏置电位器,使六个波头均在示波器显示屏上明显显示为止。这时分别调各斜率电位器使波形整齐,然后调偏置电位器旋钮使 U_d 刚好为零。

(2) 调控制旋钮,观察 u_d 波形,并将 $\alpha = 30°$、$60°$、$90°$ 时输出电压 u_d、晶闸管 VT_1 两端电压 u_{T1} 的波形及 U_d、U_c 的数值记录于表 3–15 中。

表 3–15 测量结果

$\alpha/(°)$	U_d/V	U_c/V	u_d 波形	u_{T1} 波形
30				
60				
90				
不触发的晶闸管				
正常触发的晶闸管				

(3) 去掉一只晶闸管的脉冲,观察输出电压 U_d 的波形及不触发的晶闸管两端的电压波形,比较不触发的晶闸管两端电压与正常触发的晶闸管两端电压有什么不同,记录分析这些波形。

(4) 人为颠倒三相电源的相序(即 U_1、V_1、W_1),观察输出电压波形是否正常,电源相序正常,单独对调主变压器二次侧相序,观察 u_d 波形是否正常。

3. 电阻电感负载

(1) 按停止按钮,切断主电路电源,在 d_1、d_2 端换接上电阻电感负载,按启动按钮,主电路接通电源,记录 $\alpha = 30°$、$60°$、$90°$ 时输出电压 u_d、电流 i_d、电抗器两端电压 u_L 的波形于表 3–16 中。

(2) 改变 R 的数值,观察输出电流 i_d 的脉动情况,并记录 R 阻值最大与最小时 i_d 波形。

表 3–16 测量结果

$\alpha/(°)$	u_d	i_d	u_L	i_d ($\alpha = 60°$)	
				$R_大$	$R_小$
30					
60					
90					

4. 反电动势负载

(1) 按停止按钮,切断电源,在 d_1、d_2 端换接上电动机负载。

注意:直流电动机和直流发电机的励磁绕组应先接通额定直流电源,闭合 Q_1,暂不接电抗器 L,同时将控制电压 U_c 调到零。

(2) 按启动按钮,主电路接通电源,闭合 Q_2,并带上一定负载,调控制电压旋钮,使 U_d 由零逐渐上升到额定值,用示波器观察并记录不同 α 角时输出电压 u_d、电流 i_d 及电动机电枢两端电压 u_M 的波形,记录 U_2 与 U_d 的数值于表 3–17 中。

（3）打开 Q_1，接入平波电抗器 L，重复上述实验，观察并记录不同 α 角时 u_d、i_d 及 u_M 的波形，记录 U_2 与 U_d 的数值于表 3–17 中。

表 3–17　测量结果

	α	u_d	i_d	u_M	U_d/V	U_2/V
不接 L						
接 L						

（4）直流电动机的机械特性。调节控制电位器旋钮及负载，使 U_d 及 I_d 均为额定值，记录此时的转速 n 与电流 I_d 值于表 3–18 中。然后逐渐减小负载到空载，中间记录几组 n 和 I_d 值于表 3–18 中，作出机械特性曲线。

表 3–18　测量结果

负载	额定负载	1	2	3	空载
$n/\ (\mathrm{r\cdot min^{-1}})$					
I_d/A					

六、实验报告要求

（1）整理实验中记录的波形。
（2）总结调试三相桥式整流电流的步骤和方法。
（3）画出电阻负载时输入、输出的特性 $U_d = f(U_c)$ 关系曲线。
（4）比较同一 α 角串接 L 的反电动势负载与电阻电感负载在电流连续时的 u_d、i_d 波形是否相同。
（5）比较同一 α 角串接 L 与不串接 L 时反电动势负载的电压、电流波形是否相同，为什么？
（6）绘出直流电动机的机械特性曲线。

实验 5　三相半控桥式整流电路的研究

一、实验目的

（1）熟悉三相半控桥式整流电路的接线。
（2）观察电阻负载及电阻电感负载输出电压和电流的波形。
（3）明确续流二极管的作用。

二、实验电路

电路如图 3.55 所示。

第3章 晶闸管可控整流电路与触发电路

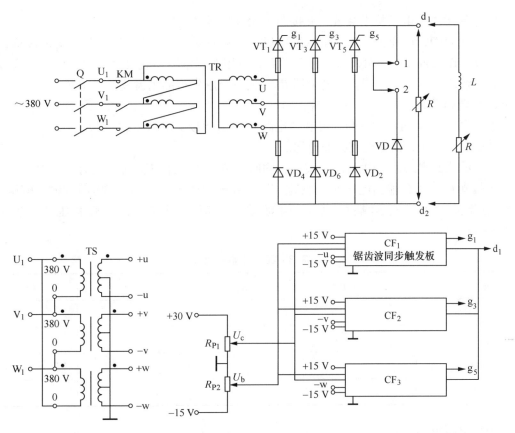

图 3.55 三相半控桥式整流电路

三、实验设备

（1）BL-I型电力电子技术实验装置。
（2）双踪示波器。
（3）三相变压器。
（4）电抗器。
（5）灯箱。
（6）万用表。

四、实验内容及步骤

（1）首先检查电源电压的相序、变压器的极性和联结组。
（2）确定各相触发电路的同步电压。根据锯齿波同步的触发电路的定相原理可知，同步电压 u_s 应与被触发晶闸管的阳极电压在相位上相差180°。因此 u 相晶闸管 VT_1，触发电路的同步电压采用 u_{-u} 可满足要求，这样可得三相触发电路的同步电压，见表 3-19。

表 3-19 测量结果

晶闸管元件	VT_1	VT_3	VT_5
晶闸管元件所接的相	u	v	w
同步电压 u_s/V	u_{-u}	u_{-v}	u_{-w}

(3) 熟悉电力电子技术装置,并按图 3.55 把电路接好。

(4) 闭合 Q,接通各电源。用示波器观察每块触发板 u_s、A ~ G 各点及 u_g 的波形,检查触发板工作是否正常。触发板工作正常后,可用双踪示波器观察每块触发板的锯齿波斜率是否一致,若不一致可调斜率电位器 R_P,使三个触发板的锯齿波斜率相同。

(5) 电阻负载。

①将 U_c 电压旋钮调到零位,并在主电路 d_1、d_2 间接上电阻负载。

②按启动按钮,使主电路接通电源。

③用示波器观察输出电压 u_d 的波形,同时调节 U_b 旋钮使 $U_d = 0$,此时应为 180°。

④调节 U_c,观察输出电压 u_d 的变化。记录 $\alpha = 120°$、90°、60°、30°时的输出电压 u_d、电流 i_d 及晶闸管 VT_1 两端的电压 u_{T1} 波形。同时记录 U_d 和电源电压 U_2 的数值于表 3 - 20 中。

表 3 - 20 测量结果

$\alpha/(°)$	u_d (i_d)	u_{T1}	U_d	U_2
120				
90				
60				
30				

(6) 电阻电感负载。

①断开主电路电源,按图 3.56 接上 L、R 及续流二极管。

②按启动按钮,使主电路接通电源。调节 U_c 用示波器观察并记录 $\alpha = 120°$、90°、60°、30°时 u_d、i_d 波形,记录 U_d、U_2 数值,并将波形和数值记录于表 3 - 21 中。

③调节 U_c 使 $\alpha = 60°$,改变 R 的数值,观察在不同阻抗角时电流的脉冲情况,并将 R 较大及较小时 i_d 的波形记录在表 3 - 21 中。

表 3 - 21 测量结果

类别	$\alpha/(°)$	U_d/V	U_2/V	i_d	u_d	i_d ($\alpha = 60°$)	
带 VD	120					R 大	R 小
	90						
	60					无 VD 失控时 u_d 波形	
	30						

④断开续流二极管,重复步骤②实验,观察 u_d、i_d 波形是否与不接二极管时相同。

⑤断开触发电路直流电源,观察脉冲突然消失时的失控现象,并记录失控时输出电压 u_d 的波形。

五、实验报告要求

(1) 整理实验中记录的波形。

(2) 作出电阻负载时 $U_d/U_2=f(\alpha)$ 曲线。验证 $U_d=2.34U_2\dfrac{1+\cos\alpha}{2}$。

(3) 电阻电感负载时若不加续流二极管会出现什么问题?

(4) 讨论分析其他实验结果。

三相半波可控整流电路如图 3.56 所示。

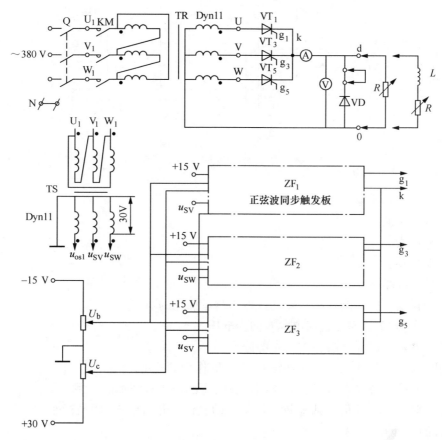

图 3.56 三相半波可控整流电路

实验 6 锯齿波同步触发电路的研究

一、实验目的

(1) 加深理解锯齿波同步触发电路的工作原理,弄清各主要点的波形及与电路参数的关系。

(2) 掌握锯齿波同步触发电路的测量与调试方法。

二、实验电路

实验电路如图 3.57 所示。

三、实验设备

(1) 锯齿波同步的触发电路板。

(2) 三相全控桥整流主电路板。

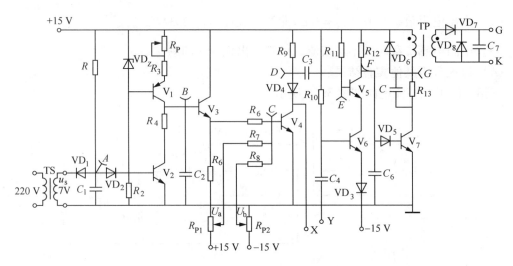

图 3.57　锯齿波同步触发电路

(3) 单双路稳压电源。
(4) 双踪示波器。
(5) 万用表。
(6) 变阻器。

四、实验内容及步骤

(1) 根据实验电路图找出主要测试点与测量插孔的对应关系。
(2) 按图 3.57 接通各直流电源及同步电压。
(3) 用双踪示波器观察各主要点的波形。

①同时测量 u_s 与 A 点波形,加深对 C_1、R_1 作用的理解。
②同时测量 A 与 B 点波形,观察锯齿波的宽度与 A 点波形的关系。
③调节斜率电位器 R_P,观察锯齿波斜率的变化,并指出 R_P 阻值减小时,锯齿波的斜率是上升还是下降。
④观察 $C \sim G$ 点及脉冲变压器输出电压 u_g 的波形,读出各波形的幅值与宽度,比较 C 点波形与输出脉冲 u_g 的对应关系。

(4) 调节脉冲的移相范围。

将控制电压 U_o 旋钮逆时针调到零,用示波器探头 Y_A 测量 V_4 的基极电压(即 C 点)的波形,探头 Y_B 测量输出脉冲电压 u_g 的波形,调节偏移电位器 R_{P2}(即 U_b)使 $\alpha = 180°$,如图 3.58 所示。增大 U_c,观察脉冲的移动情况,要求 $U_C = 0$ 时,$\alpha = 180°$,$U_C = U_{cm}$ 时,$\alpha = 0°$,以满足移相范围 $\alpha = 0° \sim 180°$ 的要求。

(5) 调节 U_c 使 $\alpha = 60°$,观察 u_s、$u_A \sim u_G$ 及 u_g 的波形并记录于表 3-22 中,同时标出各波形的幅值与宽度。

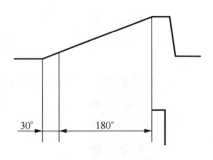

图 3.58　脉冲移相范围

表 3-22 测量结果

α/(°)	u_S	u_A	u_B	u_C	u_D	u_E	u_F	u_G	u_g
60									

五、实验说明及应注意的问题

（1）实验前应在 G、K 两端接上一只晶闸管（门极接 G，阴极接 K）或接上一只 200 Ω 左右的电阻。

（2）注意双踪示波器的使用，在同时使用两个探头时，应将两探头的地线端接在一起或分别接在变压器的一、二次侧，防止发生短路事故。

六、实验报告要求

（1）整理实验中记录的波形。

（2）KP 过大过小会出现什么问题？

（3）总结锯齿波同步触发电路移相范围的调试方法，其脉冲移相范围大小与哪些量有关？

（4）如要求 $U_C = 0$ 时 α = 90°，应如何调整？

（5）讨论分析其他实验现象。

本 章 小 结

在学习本章内容时，应重点研究和分析整流电路的工作原理。在分析与计算时，根据电路的结构形式和负载的特性，分析电路中整流器件什么时刻导通，又在什么时刻关断，绘制出整流输出负载上的波形，根据输出波形，应用电工基础中平均值和有效值的概念，推导出输出波形随控制角 α 变化的函数表达式。电路结构形式和负载的性质对整流电路的影响，负载不同，输出的电压和电流的差别很大。

晶闸管的导通控制信号由触发电路提供，触发电路的类型按组成器件分为：单结晶体管触发电路、晶体管触发电路、集成触发电路和计算机数字触发电路等。单结晶体管触发电路结构简单，调节方便，输出脉冲前沿陡，抗干扰能力强，对于控制精度要求不高的小功率系统，可采用单结晶体管触发电路来控制；对于大容量晶闸管一般采用晶体管或集成电路组成的触发电路。计算机数字触发电路常用于控制精度要求较高的复杂系统中。各类触发电路有其共同特点，他们一般由同步环节、移相环节、脉冲形成环节和功率放大输出环节组成。

思考题与习题

3-1 晶闸管整流电路中负载上的电压平均值与什么因素有关？

3-2 在可控整流电路中，若负载是纯电阻，试问电阻上的电压平均值与电流平均值的乘积是否等于负载消耗的功率？为什么？

3-3 单相半波可控整流电路中，试分析下面三种情况时，晶闸管两端 u_T 与负载两端 u_d 的电压波形。

(1) 晶闸管门极不加触发脉冲。
(2) 晶闸管内部短路。
(3) 晶闸管内部断开。

3-4 某单相可控整流电路给电阻性负载供电和给反电动势负载蓄电池充电，在流过负载电流平均值相同的条件下，哪一种负载的晶闸管额定电流应选大一点？为什么？

3-5 某电阻负载要求 0~24 V 直流电压，最大负载电流 $I_d = 30$ A，如用 220 V 交流直接供电与用变压器降压到 60 V 供电，都采用单相半波可控整流电路，是否都能满足要求？试比较两种供电方案的晶闸管的导通角、额定电压、电流值、电源与变压器二次侧的功率因数以及电源应具有的容量。

3-6 图 3.59 为一种简单的舞台调光线路，求：
(1) 根据 u_d 和 u_g 波形，分析电路调光工作原理。
(2) 说明电位器、VD 及开关 Q 的作用。

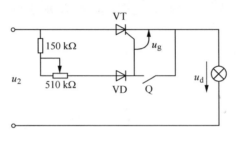

图 3.59 习题 3-6 图

3-7 如图 3.60 所示单相全控桥式整流电路，大电感负载，$u_2 = 220$ V（交流），$R_d = 4$ Ω，试计算当 $\alpha = 60°$ 时，输出电流电压的平均值。如负载端并接续流二极管，其 U_d 和 I_d 的值又为多少？并求流过晶闸管和续流二极管的电流平均值、有效值并画出两种情况时的电流、电压波形。

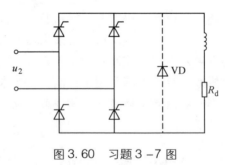

图 3.60 习题 3-7 图

3-8 在图 3.61 中画出单相半波可控整流电路在 $\alpha = 60°$ 时，带不同性质负载的电流 i_d 波形与晶闸管两端电压 u_T 的波形。

3-9 在三相半波可控整流电路中，如果有一相触发脉冲丢失，试绘出在电阻性负载下的整流电压波形。

3-10 三相半波可控整流电路共阴极接法和共阳极接法，U 与 V 两相的自然换相点是同一点吗？如果不是，它们在相位上差多少？

3-11 对三相半波可控整流电路电阻性负载，如果触发脉冲出现在自然换相点之前15°处，试画出触发脉冲分别为10°与20°时输出电压的波形，并判断电路是否正常工作。

3-12 三相全控桥式整流电路，电阻性负载，如果有一个晶闸管不能导通，此时整流波形如何？

3-13 三相半波可控整流电路，电阻性负载，已知：$u_2 = 200$ V（交流），$R_d = 20\Omega$，当 $\alpha = 90°$ 时，试画出 u_d、i_d、u_{T1} 波形，并计算 U_d 和 I_d 值。

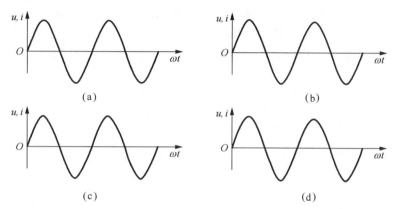

图 3.61 习题 3-8 图
(a) 电阻负载；(b) 大电感负载（不接续流管）；(c) 大电感负载（持续流管）；
(d) 反电动势负载（不串接 L_d）

3-14 大电感负载的三相半波可控整流电路，已知：$u_2 = 110$ V（交流）；$R_d = 0.5 \Omega$，当 $\alpha = 45°$ 时，试画出 u_d、i_d、u_{T1} 波形，并计算 U_d 和 I_d 值。如果并接续流二极管，试计算流过晶闸管的电流平均值 I_{dT} 值、有效值 I_T 值，续流二极管的电流平均值 I_{dD} 值、有效值 I_D 值。

3-15 三相半波可控整流电路，反电动势负载，串入足够电抗使电流连续平直，已知：$u_2 = 220$ V（交流），$R_d = 0.4\Omega$，$I_d = 30$ A，当 $\alpha = 45°$ 时，选择合适的晶闸管并求出反电动势 E。

3-16 三相全控桥式整流电路，电阻性负载，$u_2 = 220$ V（交流），$R_d = 2\Omega$，当 $\alpha = 30°$ 时，试画出 u_d、i_d、u_{T1} 波形，并计算 U_d 值。

3-17 三相全控桥带电感性负载，已知 $u_2 = 110$ V（交流），$R_d = 0.2 \Omega$，当 $\alpha = 45°$ 时，试画出 u_d、i_d、u_{T1}、i_{T1} 波形，并计算 U_d、I_d 值及流过晶闸管的电流平均值 I_{dT} 和有效值 I_T。

3-18 单结晶体管自激振荡电路是根据单结晶体管的什么特性而工作的？振荡频率的高低与什么因素有关？

3-19 单结晶体管的峰点电压和谷点电压分别与什么因素有关？

3-20 单结晶体管触发电路中，斩波稳压管两端并接一只大电容，可控整流电路还能工作吗？为什么？

3-21 用分压比为 0.6 的单结晶体管组成的振荡电路，若 $U_{bb} = 20$ V，则峰值电压 U_P 为多少？若管子 b_1 脚虚焊，则充电电容两端电压约为多少？若管子 b_2 脚虚焊，b_1 脚正常，则电容两端电压又为多少？

3-22 移相式触发电路通常由哪些基本环节组成？

3-23 同步电压为锯齿波的触发电路中，控制电压、偏移电压、同步电压的作用各是什么？各采用什么电压？如果缺少其中一个电压的作用，触发电路的工作状态会怎样？

3-24 锯齿波触发电路有什么优点？锯齿波的底宽由什么元件参数决定？输出脉宽如何调整？双窄脉冲与单窄脉冲相比有什么优点？

3-25 设三相全控桥式可逆整流电路，采用同步电压为锯齿波的触发器。若其主电源变压器接成 D、y11，同步变压器应如何接法？

3-26 什么叫同步？说明实现触发电路与主电路同步的步骤。

第 4 章

电力电子器件的保护及串、并联

【学习目标】

1. 知识目标
(1) 掌握晶闸管过电压保护的原理和方法。
(2) 掌握晶闸管过电流保护和电压、电流上升率的限制的原理和方法。
(3) 掌握晶闸管的串、并联的方式。
2. 能力目标
(1) 学会分析和设计电路的过电压保护和过电流保护。
(2) 学会分析晶闸管串、并联电路。

4.1 晶闸管的过电压保护

晶闸管的过载能力差,不论承受的是正向还是反向电压,很短时间的过电压都可能导其损坏。凡是超过晶闸管正常工作时承受的最大峰值电压都算过电压,虽然选择晶闸管时留安全裕量,但仍需针对晶闸管的工作条件采取适当的保护措施,确保整流装置正常运行。

4.1.1 晶闸管关断过电压及其保护

晶闸管电流从一个管子换流到另一个管子后,刚刚导通的晶闸管因承受正向阳极电压,电流逐渐增大。原来导通的晶闸管要关断,流过的电流相应减小。当减小到零时,因其内部还残存着载流子,管子还未恢复阻断能力,在反向电压的作用下将产生较大的反向电流,使载流子迅速消失,即反向电流迅速减小到接近零时,原导通的晶闸管关断,这时 di/dt 很大。即使电感很小,在变压器漏抗上也产生很大的感应电动势,其值可达工作电压峰值的 5~6 倍,通过已导通的晶闸管加在已恢复阻断的管子的两端,可能会使管子反向击穿。这种由于晶闸管换相关断时产生的过电压叫关断电压,如图 4.1 所示。

关断过电压保护最常用的方法是在晶闸管两端并接 RC 吸收电路,如图 4.2 所示。利用电容的充电作用,可降低晶闸管反向电流减小的速度,过电压数值下降。电阻可以减弱或消除晶闸管阻断时产生的过电压,R、L、C 与交流电源刚好组成的串联振荡电路,限制晶闸管开通时的电流上升率。因晶闸管承受正向电压时电容 C 被充电,极性如图 4.2 所示。当管子被触发导通时,电容 C 要通过晶闸管放电,如果没有 R 限制,这个放电电流很大,会造成元件损坏。

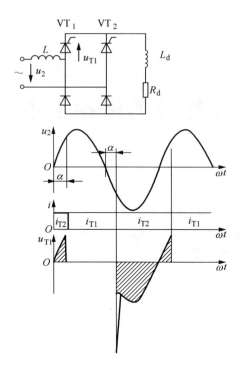

图 4.1　晶闸管关断过程过电压波形

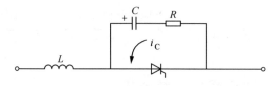

图 4.2　用阻容吸收抑制关断过电压

RC 吸收电路参数可按表 4-1 经验数据选取。电容的耐压一般选晶闸管额定电压的 1.1~1.5 倍。

表 4-1　晶闸管阻容电路经验数据

晶闸管额定电流 $I_{T(AV)}$/A	1 000	500	200	100	50	20	10
电容	2	1	0.5	0.25	0.2	0.15	0.1
电阻 R/Ω	2	5	10	20	40	80	100

4.1.2　交流侧过电压及其保护

交流侧过电压分交流侧操作过电压和交流侧浪涌过电压两种。

1. 交流侧操作过电压

由于接通和断开交流侧电源时使电感元件积聚的能量骤然释放引起的过电压叫做操作过电压。通常在下面几种情况下发生。

整流变压器一次、二次绕组之间存在分布电容,在一次侧电压峰值时合闸,将会使二次侧产生瞬间过电压。可在变压器二次侧并联适当的电容或在变压器星形和地之间加一电容器,也可采用变压器加屏蔽层,这在设计、制造变压器时就应考虑。

与整流装置相连的其他负载切断时,由于电流突然断开,在变压器漏感中产生感应电动势,造成过电压;变压器空载,电源电压过零时,一次拉闸造成二次绕组中感应出很高的瞬时过电压。这两种情况产生的过电压都是瞬时的尖峰电压,常用阻容吸收电路或整流式阻容保护。

阻容吸收电路的几种接线方式如图 4.3 所示。在变压器二次并联电阻和电容,可以把铁芯释放的磁场能量储存起来。由于电容两端的电压不能突变,所以可以有效地抑制过电压。串联电阻的目的是为了在能量转化过程中消耗一部分能量,并且抑制回路的振荡。对于大容量的变流装置,可采取如图 4.3(d)所示的整流式阻容吸收电路。虽然多了一个三相整流桥,但只用一个电容,可以减小体积。

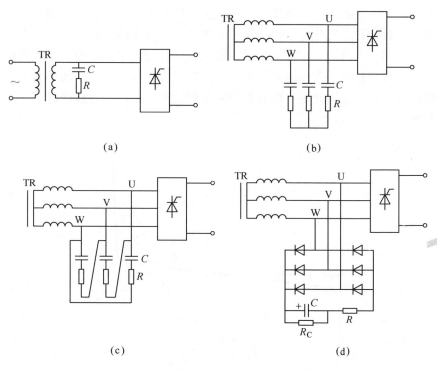

图 4.3 交流侧阻容吸收电路的几种接法
(a)单相连接;(b)三相Y连接;(c)三相△连接;(d)三相整流连接

2. 交流侧浪涌过电压

由于雷击或从电网侵入的高电压干扰而造成晶闸管过电压,称为浪涌过电压。浪涌过电压虽然具有偶然性,但它可能比操作过电压高得多,能量也特别大。因此无法用阻容吸收电路来抑制,只能采用类似稳压管稳压原理的压敏电阻或硒堆元件来保护。

硒堆由成组串联的硒整流片构成,其接线方式如图4.4所示。正常工作电压时,硒堆总有一组处于反向工作状态,漏电流很小。当浪涌电压来到时,硒堆被反向击穿,漏电流猛增以吸收浪涌能量,从而限制了过电压的数值。硒片击穿时,表面会烧出灼点,但浪涌电压过去之后,整个硒片自动恢复,所以可反复使用,继续起保护作用。

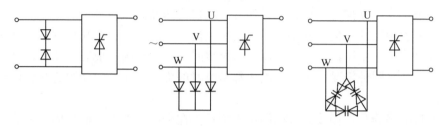

图4.4 硒堆保护的接法

采用硒堆保护的优点是它能吸收较大的浪涌能量;缺点是体积大,反向伏安特性不陡,长期放置不用会发生"储存老化",即正向电阻增大,反向电阻降低,因而失效。由此可见,硒堆不是理想的保护元件。

近年来发展了一种新型的非线性过电压保护元件,即金属氧化物压敏电阻。金属氧化物压敏电阻是由氧化锌、氧化铋等烧结制成的非线性电阻元件,具有正、反向相同的很陡的伏安特性,如图4.5所示。正常工作时,漏电流仅是微安级,故损耗小;当浪涌电压来到时,反应快,可通过数千安培的放电电流来抵制,因此抑制过电压的能力强。加上它体积小、价格便宜等优点,因此是一种较理想的保护元件,可以用它取代硒堆。保护接线方式如图4.6所示。

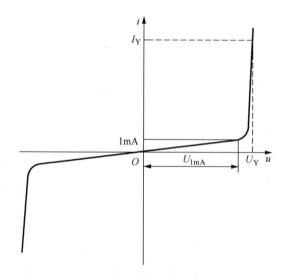

图4.5 压敏电阻的伏安特性

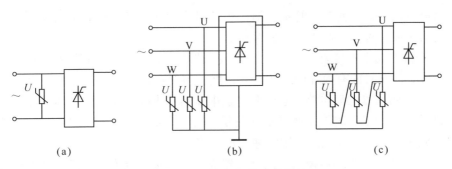

图 4.6　压敏电阻的几种接法

(a) 单相连接；(b) 三相Y连接；(c) 三相△连接

4.1.3　直流侧过电压及其保护

直流侧也可能发生过电压。当整流器上的快速熔断器突然熔断或晶闸管烧断时，因大电感释放能量而产生过电压，并通过负载加在关段的晶闸管上，有可能使管子硬开通而损坏，如图 4.7 所示。直流侧快速开关（或熔断器）断开过载电流时，变压器中的储能释放，也产生过电压。虽然交流侧保护装置能适当地抑制这种过电压，但因变压器过载时储能较大，过电压仍会通过导通着的晶闸管反映到直流侧。直流侧保护采用与交流侧保护同样的方法。对于容量较小的装置，可采用阻容保护抑制过电压；如果容量较大，可选择硒堆或压敏电阻保护抵制过电压。

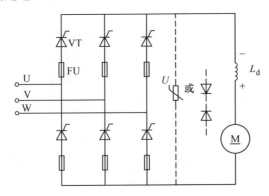

图 4.7　快速熔断器熔断的过电压保护

4.2　晶闸管的过电流保护与电压、电流上升率的限制

4.2.1　过电流保护

流过晶闸管的电流大大超过其正常工作电流时都叫做过电流。产生过电流的原因有：直流侧短路，生产机械过载，可逆系统中产生环流或逆变失败，电路中管子误导通及管子击穿短路等。

电流中有过电流产生时，如无保护措施，晶闸管会因过热而损坏，因此要采用过电流保护,把过电流消除掉,使晶闸管不会损坏。常用的过电流保护有下面几种,可根据需要选择其中的一种或几种对晶闸管装置做保护。

(1) 在交流进线中串接电抗器(无整流变压器时)或采用漏抗较大的变压器是限制短路电流、保护晶闸管的有效晶闸管的有效措施,但它在负载上有电压降。

(2) 在交流侧设置电流检测装置,利用过电流信号去控制触发器,使触发脉冲快速后移(即控制角增大)或瞬时停止使晶闸管关断,从而抑制了过电流。但在可逆系统中,停发脉冲会造成逆变失败,因此多采用脉冲快速后移的方法。

(3) 交流侧经电流互感器接入过流继电器或直流侧接入过流继电器,可以在过电流时动作,自动断开输入端。一般过电流继电器相电源开关的动作时间约为 0.2 s,对电流大、上升快、作用时间短的短路电流无保护作用,只有在短路电流不大的情况下才能起到保护晶闸管的作用。

(4) 对于大、中容量的设备及经常逆变的情况,可用直流快速开关做直流侧过载或短路保护,当出现严重过载或短路电流时,要求快速开关比快速熔断器先动作,尽量避免快速熔断器熔断。快速开关机构动作时间只有 2 ms,全部分断电弧的时间也只有 20～30 ms,是目前较好的直流侧过电流保护装置。

(5) 快速熔断器(简称快熔)是最简单有效的过电流保护元件。在产生短路过电流时,快速熔断器熔断时间小于 20 ms,能保证在晶闸管损坏之前切断短路故障。快速熔断器做过电流保护,接法有三种,以三相桥为例介绍如下。

①桥臂晶闸管串快熔,如图 4.8(a)所示,流过快速熔断器和晶闸管的电流相同,对晶闸管保护最好,是应用最广的一种接法。

②接在交流侧输入端,如图 4.8(b)所示,这种接法对元件短路和直流侧短路均能起到保护作用,但由于在正常工作时流过快熔的电流有效值大于流过晶闸管的电流有效值,故应用额定电流较大的快熔,这样对故障过电流时对晶闸管的保护就差了。

③接在直流侧的快熔,如图 4.8(c)所示,仅对负载短路和过载起保护作用。

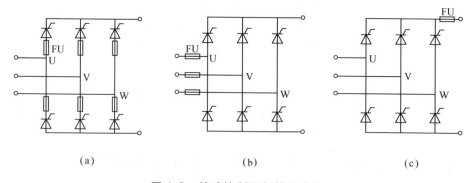

图 4.8 快速熔断器保护的接法
(a) 桥臂串快熔;(b) 交流侧快熔;(c) 直流侧快熔

在一般的系统中,常采用过流信号控制触发脉冲以抑制过电流,再配合采用快熔保护。由于快熔价格较高,更换也不方便,通常把它作为过流保护的最后一道保护。正常情况下,总是先让其他过电流保护措施动作,尽量避免直接烧断快熔。

4.2.2 电压与电流上升率的限制

1. 电压上升率的限制

晶闸管在阻断状态下,它的 J_3 结面存在着一个电容。当加在晶闸管上的正向电压上升率较大时,便会有较大的充电电流流过 J_3 结面,起到触发电流的作用,使晶闸管误导通。晶闸管误导通常会引起很大的浪涌电流,使快速熔断器熔断或使晶闸管损坏。因此,对晶闸管的正向电压上升率 du/dt 有一定的限制。

晶闸管侧的 RC 保护电路可以起到抑制电压上升率 du/dt 的作用。在每个桥臂串入桥臂抗器,通常取 20~30 H,也是防止电压上升率过大造成晶闸管误导通的常用办法,如图 4.9 所示。此外,对于小容量晶闸管,在其门极 G 和阴极 K 之间接一电容,使产生的充电电流不流过晶闸管的 J_3 结面,而通过电容流到阴极,也能防止因电压上升率 du/dt 过大而使晶闸管误导通。

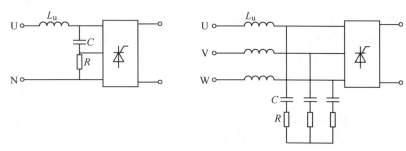

图 4.9 进线串 L 抑制电压上升率

2. 电流上升率的限制

晶闸管在导通瞬间,电流集中在门极附近,随着时间的推移,导通区才逐渐扩大,直到全部结面导通为止。在此过程中,电流上升率 di/dt 太大,则可能引起门极附近过热,造成晶闸管损坏。因此电流上升率应限制在通态电流临界上升率以内。

限制电流上升率的方法与限制电压上升率相同如下。

(1) 串接进线电感。

(2) 采用整流式阻容保护。

(3) 增大阻容保护中的电阻值可以减小电流上升率,但会降低阻容保护对晶闸管过电压保护的效果。

除此以外,还可以在每个晶闸管支路中串入一个很小的电感,来抑制晶闸管导通时的正向电流上升率。

4.3 晶闸管的串联和并联

在高电压或大电流的晶闸管电路中,如果要求的电压、电流额定值超过一个管子所能承受的额定值时,可以将管子串联或并联使用。

4.3.1 晶闸管

当要求晶闸管应有的电压值大于单个晶闸管的额定电压时,可以用两个以上同型号的晶闸管相串联。然而，晶闸管的特性不可能一致，这样会使晶闸管电压分配不均，严重时还会损坏管子。除导通状态外，正、反向阻断状态，开通过程与关断过程，都应保持各晶闸管的电压均衡。因此，串联的晶闸管除要选用特性比较一致的管子外，还要采取均压措施。

晶闸管在正、反向阻断状态下，外加一定电压，也有漏电流通过，同一型号的晶闸管串联时漏电流相等，由于反向特性不同，导致各管承受的电压不均。因此有效的办法是在串联的晶闸管上并联阻值相等的电阻 R_j，叫均压电阻。

均压电阻 R_j 只能使平稳的直流电压或变化缓慢的电压均匀分配在串联的各晶闸管上。在开通过程与关断过程中，瞬时电压的分配决定于各晶闸管的结电容、导通与关断时间以及不触发脉冲等。串联的晶闸管在开通时，后导通的管子将承受全部正向电压，易造成硬开通；关断时，先关断的晶闸管将承受全部反向电压，易造成反向击穿。因此要在串联的晶闸管上并联数值相等的电容 C，但为了限制管子开通时电容放电产生过大的电流上升率，并防止因接电容使电路产生振荡，通常在并接电容的支路中串入电阻 R，成为 RC 支路，如图 4.10 所示。实际线路中晶闸管的两端都并接吸收换相过电压的 RC 电路，在晶闸管串联均压时不必另接 RC 电路了。

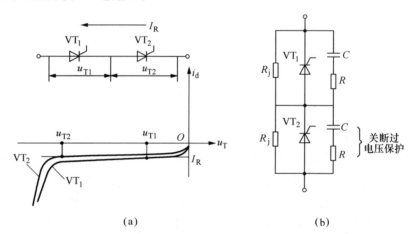

图 4.10　串联时反向电压分配和均压措施
（a）反向电压分配不均；（b）均压措施

虽然采取了均压措施，但仍然不可能完全均压，因此在选择每个管子的额定电压时，按下式计算：

$$U_{Tn} = \frac{(2 \sim 3) U_{TM}}{(0.8 \sim 0.9) n}$$

式中，n 为串联元件的个数；0.8~0.9 为考虑不均压因素的计算系数。

4.3.2　晶闸管的并联

当要求晶闸管应有的电流值大于单个晶闸管的额定电流时，就需要将同型号的晶闸管并联使用。由于晶闸管的正向特性不可能一样，使导通的晶闸管电流分配不均，正向压降小管子承受较大的电流，使通过电流小的管子不能充分利用，而流过电流大的管子可能烧坏。在晶闸管并联使用时，正、反向阻断状态和关断过程中电流分配不均不致影响工作，只在导通状态和导通过程中才会引起不良后果,因此,并联使用的晶闸管除了选用特性尽量一致的管子外,还要采取均流措施。

(1) 电阻均流。在并联的各晶闸管中串入电阻是最简便的均流方法。由于电阻功耗较大,所以这种方法只适用于小电流晶闸管。

(2) 电抗均流。用一个电抗器接在两个并联的晶闸管电路中,均流的原理是利用电抗器中感应电动势的作用,使管子的电压分配发生变化,原来大电流的管子管压降降下来,小电流的管子管压降升上去,达到均流。晶闸管并联后,尽管采取了均流措施,电流也不可能完全平均分配,因而选择晶闸管额定电流时可按下式计算

$$I_{T(AV)} = \frac{(1.5 \sim 2) I_{Tm}}{(0.8 \sim 0.9) 1.57n}$$

式中,n 为并联元件的个数。

晶闸管串、并联时,除了选用特性尽量一致的管子外,管子的开通时间也要尽量一致,因此要求触发脉冲前沿要陡,幅值要大,最好采用强触发脉冲。

晶闸管装置需要同时采用串联和并联晶闸管的时候,通常采用先串后并的方法。在大电流高电压变流装置中,还广泛采用如图 4.11 所示的变压器二次绕组分组分别对独立的整流装置供电,然后成组串联(适用于高电压),成组并联(适用于大电流),使整流指标更好。

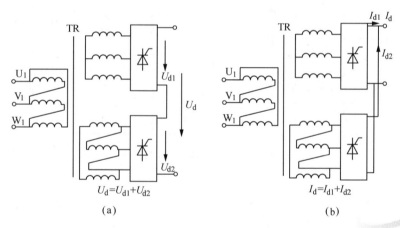

图 4.11 变流装置的成组串联和并联
(a) 成组串联;(b) 成组并联

本 章 小 结

本章简述了晶闸管的过电压保护、过电流保护以及晶闸管的串联和并联。晶闸管的过载能力差,关断过程中的过电压可能会使管子反向击穿,一般在晶闸管两端并联 RC 吸收电路加以保护。在晶闸管工作过程中,交流侧有操作过电压和浪涌过电压,常采用硒堆或压敏电阻保护晶闸管。晶闸管流过的电流大大超过其正常工作电流时叫过电流,常用的过电流保护有在交流侧进线中串接电抗器,控制触发脉冲,电路串接过流继电器;直流侧过

电流可用直流快速开关,快熔是最有效的过电流保护元器件。

在高电压或者大电流的晶闸管电路中,如果要求的电压、电流额定值超过一个管子所能承受的额定值时,可以将管子串联或者并联使用。晶闸管串联使用时应采取均压措施,通常在串联的晶闸管上并联阻值相等的均压电阻;晶闸管并联使用时应在并联的晶闸管中串入均流电阻或均流电抗器。

思考题与习题

4-1 产生过电压的原因是什么?在一般线路中常用的是哪几种保护措施?

4-2 产生过电流的原因是什么?常采用哪些保护措施?它们起保护作用的先后次序应怎样?

4-3 晶闸管两端并联阻容元件起哪些保护作用?

4-4 指出图4.12中①~⑦各保护元件的名称及作用。

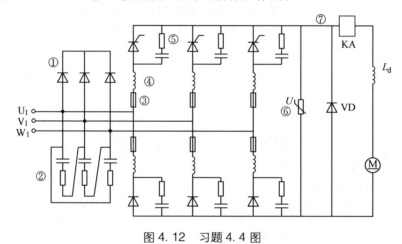

图4.12 习题4.4图

第 5 章

交流变换电路

【学习目标】

1. 知识目标
(1) 掌握双向晶闸管的基本结构和工作原理。
(2) 掌握双向晶闸管的触发电路。
(3) 掌握晶闸管交流开关。
(4) 熟悉交流调压电路。
(5) 了解交流调压电路在电阻负载、电阻电感负载时输出电压、电流的波形及移相特性。
(6) 了解交流调压电路应用。

2. 能力目标
(1) 学会分析双向晶闸管及其触发电路的工作原理。
(2) 学会分析晶闸管构成的交流开关的工作原理及应用。
(3) 学会分析单相和三相交流调压电路的工作原理。

5.1 双向晶闸管

晶闸管交流开关可以用两只普通晶闸管反并联组成，由于出现了双向晶闸管，可以用一只双向晶闸管代替二只反并联晶闸管，电路大大简化。因而用双向晶闸管组成的交流开关电路，在调速、调光、控温等方面得到了广泛应用。

5.1.1 基本结构

双向晶闸管和普通晶闸管一样，从外形上看也有塑料封装型、螺栓型和平板压接型等几种不同的结构。塑料封装型元件的电流容量一般只有几安培。目前台灯调光、家用风扇调速多用此种形式。螺栓型元件可做到几十安培。大功率双向晶闸管元件都是平板压接型结构。

双向晶闸管元件的核心部分，是集成在一块硅单晶片上，相当于具有公共门极的一对反并联普通晶闸管，其结构如图5.1所示。其中 N_4 区和 P_1 区的表面用金属膜连通，构成双向晶闸管的一个主电极。此电极的引出线称主端子，用 T_2 表示，N_2 区和 P_2 区也用金属膜连通后引出接线端子，也称主端子，用 T_1 表示。N_3 区和 P_2 区的一部分用金属膜连通后引出接线端子称为公共门极，用 G 表示。

从外部看双向晶闸管有三个引出端，应注意的是门极和 T_1 是从元件的同一侧引出的。元件的另一侧只有一个引出端即 T_2，其表示符号如图5.2所示。

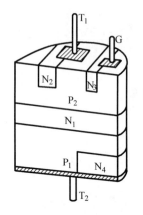
图 5.1 双向晶闸管结构原理图

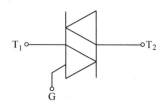
图 5.2 双向晶闸管图形符号

根据标准,对双向晶闸管的型号做如下规定。

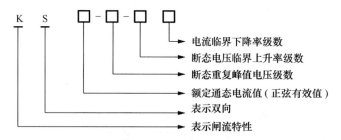

图 5.3 双向晶闸管型号的含义

例如,型号为 KS100 - 8 - 21 表示双向晶闸管。额定通态电流 100 A,断态重复峰值电压 8 级(800 V),断态电压临界上升率(du/dt)2 级(不小于 200 V/μs),换向电流临界下降率(di/dt)1 级(不小于 $I_{T(RMS)}$ = 1 A/μs)。有关 KS 型双向晶闸管元件的系列和级的划分如表 5 - 1、表 5 - 2、表 5 - 3 及表 5 - 4 所示。

表 5 - 1 系列与额定通态电流 $I_{T(RMS)}$(有效值)的规定

系列	KS1	KS10	KS20	KS50	KS100	KS200	KS400	KS500
$I_{T(RMS)}$/A	1	10	20	50	100	200	400	500

表 5 - 2 重复峰值电压 U_{DRM} 的分级规定

等级	1	2	3	4	5	6	7	8	9	10	12	14	16	18	20
U_{DRM}/V	100	200	300	400	500	600	700	800	900	1 000	1 200	1 400	1 600	1 800	2 000

表 5 - 3 断态电压临界上升率分级规定

等级	0.2	0.5	2	5
du/dt / (V·μs^{-1})	≥20	≥50	≥200	≥500

表 5-4 换向电流临界下降率的分级规定

等级	0.2	0.5	1
di/dt /(A·μs^{-1})	≥0.2% $I_{T(RMS)}$	≥0.5% $I_{T(RMS)}$	≥1% $I_{T(RMS)}$

由于双向晶闸管常用在交流电路中,故额定通态电流用交流有效值表示。以 100 A(有效值)的双向晶闸管为例,其峰值为 100 A × $\sqrt{2}$ = 114 A,而普通晶闸管的额定电流是以正弦半波平均值表示,一个峰值为 141 A 的正弦半波,它的平均值为 $\frac{141\text{ A}}{\pi}$ = 45 A。所以一个 100 A 的双向晶闸管与两个 45 A 的普通晶闸管反并联的电流容量相同。双向晶闸管的主要参数列于表 5-5 中。

表 5-5 KS 双向晶闸管元件主要参数

参数数值系列	额定通态电流(有效值) $I_{T(RMS)}$ /A	断态重复峰值电压(额定电压) U_{DRM} /V	断态重复峰值电流 I_{DRM} /mA	额定结温 T_{jM} /℃	断态电压临界上升率 du/dt /(V·μs^{-1})	通态电流临界上升率 di/dt /(A·μs^{-1})	换向电流临界下降率(di/dt)c /(A·μs^{-1})	门极触发电流 I_{GT} /mA	门极触发电压 U_{GT} /V	门极峰值电流 I_{GM} /A	门极峰值电压 U_{GM} /V	维持电流 I_H /mA	通态平均电压 $U_{T(AV)}$ /V
KS1	1		<1	115	≥20	—		3~100	≤2	0.3	10		
KS10	10		<10	115	≥20			5~100	≤3	2	10		
KS20	20		<10	115	≥20			5~200	≤3	2	10		上限值各厂由浪涌电流和结温的合格型实验决定并满足
KS50	50		<15	115	≥20	10	≥0.2% $I_{T(RMS)}$	8~200	≤4	3	10	实测值	
KS100	100	100~200	<20	115	≥50	10		10~300	≤4	4	12		
KS200	200		<20	115	≥50	15		10~400	≤4	4	12		
KS400	400		<25	115	≥50	30		20~400	≤4	4	12		
KS500	500		<25	115	≥50	30		20~400	≤4	4	12		

5.1.2 伏安特性

双向晶闸管的伏安特性与普通晶闸管伏安特性的不同点在于,双向晶闸管具有正、反向对称的伏安曲线。正向部分定义为第Ⅰ象限特性，反向部分定义为第Ⅲ象限特性，如图5.4所示。

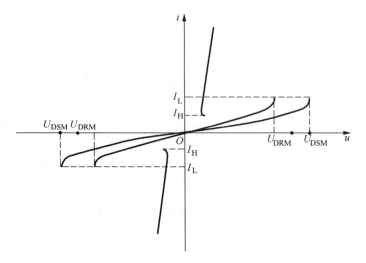

图5.4 双向晶闸管伏安特性

5.1.3 双向晶闸管的触发方式

双向晶闸管主端子在不同极性下都具有导通和阻断的能力。门极电压相对于主端子T_1无论是正是负都有可能控制双向晶闸管导通，因而按门极极性和主端子的极性的组合可能有以下四种触发方式。

Ⅰ$_+$触发方式：主端子T_2为正，T_1为负。门极电压G为正，T_1为负，特性曲线在第Ⅰ象限。

Ⅰ$_-$触发方式：主端子电压T_2为正，T_1为负。门极电压G为负，T_1为正，特性曲线在第Ⅰ象限。

Ⅲ$_+$触发方式：主端子电压T_2为负，T_1为正。门极电压G为正，T_1为负，特性曲线在第Ⅲ象限。

Ⅲ$_-$触发方式：主端子电压T_2为负，T_1为正。门极电压G为负，T_1为正，特性曲线在第Ⅲ象限。

下面举例分析双向晶闸管的触发方式。

图5.5为一单相交流调压电路。当开关Q置于位置1，双向晶闸管得不到触发信号，不能导通，负载R_L上得不到电压。当将开关置于2位置时，电源正半周（图中上正下负），双向晶闸管T_2端子正，T_1负。门极G通过$R_L-Q-VD-R$得到触发电压，相对于T_1为正，双向晶闸管VT导通。在负半周（下正上负），由于二极管VD反偏，VT得不到触发电压，不能导通，R_L上得到半波整流电压，这是Ⅰ$_+$触发方式。

当开关置于3位置时，电源正半周，门极得到相对于T_1为正触发电压，VT导通，电压过零关断，正半周为Ⅰ$_+$触发。负半周门极得到相对于T_1为负的触发电压，VT导通。因为负半周T_1接电源正，T_2接电源负，故在第Ⅲ象限，这是Ⅲ$_-$触发方式。此时负载R_L上得到近似单相交流电压。

由于双向晶闸管内部结构的原因,四种触发方式的灵敏度各不相同,其中Ⅲ₊触发方式所需门极功率相当大,即触发灵敏度很低。在实际应用中,只能选Ⅰ₊、Ⅰ₋、Ⅲ₋的两个组合,即Ⅰ₊、Ⅲ₋或Ⅰ₋、Ⅲ₋。下面对双向晶闸管的工作原理做一简述,能帮助我们了解触发灵敏度不同的原因,以便正确地选用触发方式和触发电路。

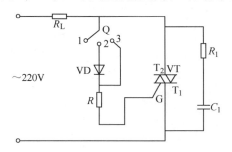

图5.5 单相交流调压电路

5.1.4 双向晶闸管的工作原理

双向晶闸管的工作原理可以用图5.6所示的原理图来分析。将一只双向晶闸管等效看成由 $P_1-N_1-P_2-N_2$ 和 $P_2-N_1-P_1-N_4$ 构成一对反并联的晶闸管。图中用Ⅰ、Ⅱ表示主晶闸管Ⅰ和主晶闸管Ⅱ。$P_1-N_1-P_2-N_3$ 和 $N_1-P_2-N_3$ 构成门极晶闸管和门极晶体管。下面利用这样一种等效结构,研究以下四种触发方式的工作情况。

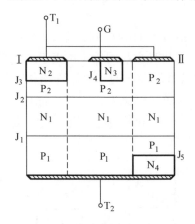

图5.6 双向晶闸管的工作原理

1. Ⅰ₊触发方式

这种触发方式,主端子 T_2 相对于 T_1 为正偏,即 T_2(+)、T_1(-),门极G相对于 T_1 为正偏,即G(+)、T_1(-)。在上述这种偏置的情况下,主晶闸管Ⅱ反偏,无论门极如何偏置均不会导通。由于门极电压相对于 J_3 结为正偏,将产生门极电流,对于主晶闸管Ⅰ来说这和前面研究的普通晶闸管的触发原理是一样的,它是一种常规触发,因而灵敏度较高。

2. Ⅰ₋触发方式

这种触发方式,主端子 T_2 相对于 T_1 仍为正偏,即 T_2(+)、T_1(-),门极G相对于

T_1 为反偏,即 G (-), T_1 (+)。此时主晶闸管 II 仍然相当于一个承受反偏压的普通晶闸管,是不能导通的。由于 T_1 端的电位高于 G 端,所以 T_1 端下的 P_2 区成为门极晶闸管 $P_1 - N_1 - P_2 - N_3$ 的门极,如图 5.7 所示。由 T_1 流向 G 的电流(I_{g2})是门极晶闸管的触发电流,故当此电流足够大时,门极晶闸管便导通。

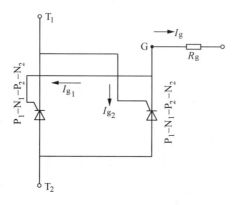

图 5.7　I₋触发方式等效原理图

门极晶闸管一旦导通,门极电位将迅速上升至接近 T_2 端电位。因为通过门极的电流受门极外电阻 R_g 的限制,所以注入 P_1 区的空穴将在 N_3 下面的 P_2 区堆积起来,并向 N_2 方向横向移动形成主晶闸管 I 的门极电流(I_{g1})。若此电流足够大,就能触发主晶闸管 I 导通。

3. III₋触发方式

这种触发方式,主端子 T_2 相对于 T_1 为反偏,即 T_2 (-), T_1 (+),门极 G 相对于 T_1 为反偏,即 G (-), T_1 (+)。此时主晶闸管 I 相当于一个承受反偏压的普通晶闸管,不能被触发导通。主晶闸管 II 的被触发导通的等效原理图如图 5.8 所示。

由于门极反偏,在 P_2 区产生横向电流 I_b,因而由晶体管 $N_3 - P_2 - N_1$ 注入的载流子集中在 N_1 区,导致 $N_1 - P_1$ 击穿,使主晶闸管 $P_2 - N_1 - P_1 - N_4$ 触发导通。

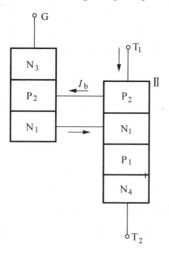

图 5.8　III₋触发方式等效原理图

4. Ⅲ₊触发方式

这种触发方式，晶闸管 T_2 端相对于 T_1 端为反偏，门极 G 相对于 T_1 端为正偏。主晶闸管Ⅰ（见图 5.6）承受反偏压，因而不会触发导通。此时如果主晶闸管Ⅱ的 T_2 端的 N_4 区设计得足够宽，则可形成一个以 G 和 T_2 为主端子的晶闸管 $P_2-N_1-P_1-N_4$，而且 G 端的电位高于 T_1 端。N_3-P_2 的 J_4 结处于反偏不起作用，J_3 结处于正偏，门极电流将成为 $N_2-P_2-N_1$ 的基极电流。$N_2-P_2-N_1$ 晶体管取代了在Ⅲ₋触发方式中的 $N_3-P_2-N_1$ 的作用。整个触发过程和采用Ⅲ₋方式相似，如图 5.9 所示。

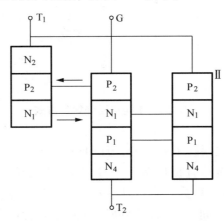

图 5.9　Ⅲ₊触发方式等效原理图

由上述分析可见，Ⅲ₊触发方式是由晶体管 $N_2-P_2-N_1$ 触发门极晶闸管 $P_2-N_1-P_1-N_4$ 导通，再触发主晶闸管Ⅱ导通。所需触发功率较前面几种方式大，因而触发灵敏度低。

对双向晶闸管的工作原理，四种触发方式及有关特性如表 5-6 所示。

表 5-6　四种触发方式的特性

触发方式		被触发的主晶闸管	T_2 端极性	门极极性	触发灵敏性（相对于 I₊触发方式）
第Ⅰ象限	I₊	$P_1-N_1-P_2-N_2$	+	+	1
	I₋	$P_1-N_1-P_2-N_2$	+	−	近似 1/3
第Ⅱ象限	Ⅱ₊	$P_2-N_1-P_1-N_4$	−	+	近似 1/4
	Ⅱ₋	$P_2-N_1-P_1-N_4$	−	−	近似 1/3

5.1.5　双向晶闸管的触发电路

双向晶闸管的控制方式常用的有两种，第一种是移相触发，它和普通晶闸管一样，是通过控制触发脉冲的相位来达到调压的目的。第二种是过零触发，适用于调功电路及无触点开关电路。

对触发电路的基本要求是触发脉冲与主回路电压同步，能在设定时刻提供幅度、宽度和前沿陡度适当的脉冲。原则上用于普通晶闸管电路的各种触发电路均可用于双向晶闸管电路。

为了简化和改善触发电路的工作性能,双向晶闸管往往使用某些特殊的触发器件。下面对比较常用的双向晶闸管触发电路分别做简单介绍。

1. 本相电压强触发电路

这种触发方式主要用于双向晶闸管组成的交流开关。电路简单、工作可靠。电路如图 5.10 所示。

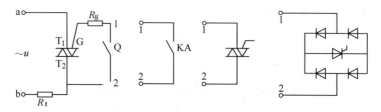

图 5.10　本相电压强触发方式

双向晶闸管的 T_2 和 G 之间接上开关 Q,且串进一电阻 R_g。接通交流电源,开关 Q 闭合后 T_1、T_2 之间的瞬时电压直接加至 T_1、G 之间。T_1、G 之间的电压将随电源电压上升而增高,触发电流也随之增大。一旦到达双向晶闸管的触发电流,双向晶闸管便导通。元件导通后,T_1 与 T_2 之间的电压即刻降至双向晶闸管的通态压降,1~2 V,从而使控制极不会受到主电压的威胁,具有自适应作用。当电源 b 端正,a 端负,双向晶闸管属 I_+ 触发方式;当 a 端正,b 端负,则属 III_- 触发方式。因而本相电压强触发属于 I_+、III_- 触发方式。

为限制触发电流,在控制极回路中往往串一限流电阻 R_g,其阻值可近似选为

$$R_g = \frac{U_{GM}}{I_{GM}} \tag{5-1}$$

式中,U_{GM} 表示双向晶闸管的 T_2 与 G 之间的峰值电压;I_{GM} 表示双向晶闸管控制极的允许峰值电流。

R_g 不能选得过大,因为限流电阻选得过大时,需要有较大的本相触发电压才能使元件导通,因而元件的导通将滞后,负载波形"缺角"显著增加。试验表明,R_g 以取 20~150 Ω 为宜。对于一般双向交流开关,当外加电源电压较小时,R_g 可取偏小值。在电动机控制电路中为了使元件导通快,往往取消 R_g。

在实际应用中,开关 Q 可根据不同情况和需要换接为继电器常开触点 KA 及小双向晶闸管和小晶闸管交流开关,以实现远距离控制和自动控制。

2. 双向触发二极管组成的触发电路

双向触发二极管是三层结构的元件,如图 5.11(a)所示。这种元件的两个 P-N 结是对称的,因而具有对称的击穿特性。元件的击穿电压为 20~40 V,制造厂家在工艺上严格控制在 30 V 左右,或控制在某一要求值上。目前双向触发二极管已广泛应用于双向晶闸管的触发电路。有的双向触发二极管和双向晶闸管联在一起,成为一个元件。双向触发二极管的符号及伏安特性如图 5.11(b)、(c)所示。

用双向触发二极管组成的触发电路如图 5.12 所示。

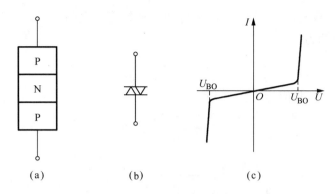

图 5.11 双向触发二极管及特性
(a) 结构图；(b) 符号；(c) 伏安特性

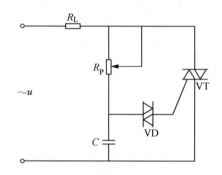

图 5.12 双向触发二极管组成的触发电路

当晶闸管阻断时，电容 C 由电源经负载及电位器 R_P 充电。当电容电压 u_C 达到一定值时，双向二极管 VD 转折导通，触发双向晶闸管 VT。VT 导通后将触发电路短路，待交流电压（电流）过零反向时，VT 自行关断。电源反向时，C 反向充电，充电到一定值时，触发二极管 VD 反向击穿，再次触发 VT 导通，属于 I_+、III_- 触发方式。改变 R_P 阻值即可改变正负半周控制角，从而在负载上即可得到不同的电压。

3. 单结晶体管（UJT）组成的触发电路

单结晶体管的原理在前面已经介绍，用单结晶体管可以组成双向晶闸管的触发电路，图 5.13 即为一单结晶体管组成的触发电路，不难看出这是 I_-、III_- 触发方式。

4. 用程控单结晶体管组成的触发电路

程控单结晶体管（Programmable Unijunction Transistor，PUT）具有 P-N-P-N 的四层三端结构，如同普通晶闸管。两者的不同点在于普通晶闸管的门极是从 P_2 区引出，而程控单结晶体管的门极则是从 N_1 区引出，如图 5.14（a）所示，其符号如图 5.14（b）所示。PUT 的三个引出端分别称为阳极（A），阴极（C）和门极（G）。

图 5.14（c）是 PUT 的典型工作电路，若 R_1 和 R_2 的阻值已经确定，那么门极电位也就确定了。PUT 导通与否就决定于 A 点电位。若 $V_A < V_D + V_G$，PUT 不导通（V_D 为 P_1-N_1 结的压降）。若 $V_A > V_D + V_G$，PUT 就被触发导通。PUT 一旦导通，门极 G 即失去控制，电容 C 放电，在 R_b 上有 u_{Rb} 输出。当放电电流小于 PUT 的维持电流时，PUT 关断。电容 C

再通过 $E-R_P-C-O$ 充电，到 $V_A > V_D + V_G$ 再导通，形成振荡。

PUT 的振荡周期为

$$T = RC\ln\frac{1}{1-\eta} \tag{5-2}$$

式中，η 表示分压比，其值为

$$\eta = \frac{R_1}{R_1 + R_2} \tag{5-3}$$

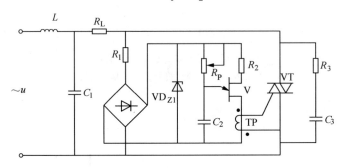

图 5.13　用单结晶体管组成的触发电路

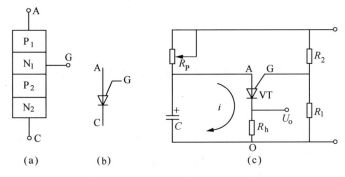

图 5.14　程控单结晶体管及工作原理
(a) 结构图；(b) 符号；(c) 工作电路

由于电阻 R_1 和 R_2 是外接的，因而可以通过改变 R_1 和 R_2 的阻值来改变分压比，从而达到改变输出电压的振荡周期，改变输出脉冲幅值的目的。

与单结晶体管 UJT 相比，PUT 的输出脉冲电压上升快，导通电阻小，所以能够输出频率和幅值都高的脉冲。此脉冲可以直接用来触发大功率晶闸管或大功率双向晶闸管。

图 5.15 为用 PUT 组成的电池充电电路。

本充电电路有两个特点，其一是当电池接到 1、2 端上时，电路即工作，给电池充电；其二是不接电池时，充电器无输出电压，比较安全。

当电池接到 1、2 端子上时，利用电池的剩余电荷，PUT 组成的振荡器工作，驱动晶体管 V_1 触发双向晶闸管 VT_1，电路便给电池充电。当电池接反时，电路不工作，也无其他危险。

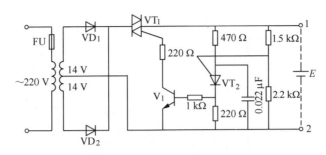

图 5.15　PUT 组成的电池充电电路原理图

5. 用集成触发器组成的触发电路

随着电子工业的发展，集成电路在各种电子应用场合都得到越来越多的应用。双向晶闸管的触发电路也出现了用集成触发器组成的触发电路。

（1）KC06 触发器件组成的晶闸管移相触发电路。该器件组成的触发电路主要适用于交流电直接供电的双向晶闸管电路的交流移相控制。由交流电网直接供电，而不需要外加同步信号、输出脉冲变压器和外接直流工作电源，并且能直接与晶闸管门极耦合触发。它是交流调光、调压的理想电路。图 5.16 是其应用实例。用 R_{P1} 调节触发电路锯齿波的斜率，R_5、C_2 调节脉冲的宽度，R_{P2} 是移相控制电位器。

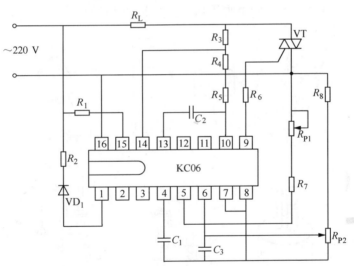

图 5.16　KC06 组成的触发电路

（2）KC08 触发器件组成的过零触发电路。KC08 触发器件组成的触发电路能使双向晶闸管在电源电压为零或电流为零的瞬间进行触发，适用于温度控制，单相或三相交流电动机和电器的无触点开关，以及交流灯光闪烁器等场合。器件内部有自生直流稳压电源，可以直接接交流电网电压使用。该电路具有零电压触发、零电流触发、输出电流大等功能特点，图 5.17 为零电压触发应用实例。同步电压加到 1 和 14 端之间，KC08 内部设过零检测电路。4 端接内部的基准电压，当来自传感器（接 2 端）的电压小于基准电压时，输出级在同步电源过零时由 5 端发出脉冲。当 2 端的电压大于基准电压时，输出级截止，没有触发脉冲输出。

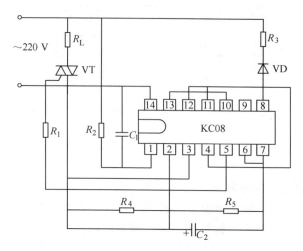

图 5.17　KC08 组成的零电压触发电路

5.1.6　双向晶闸管简易测试

1. 双向晶闸管电极的判定

一般可先从元器件外形识别引脚排列，如图 5.18 所示。

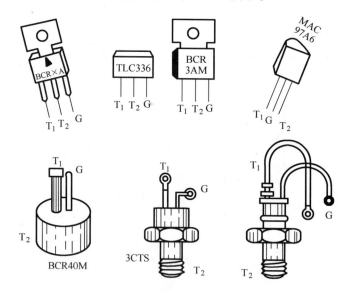

图 5.18　常见双向晶闸管引脚排列

多数的小型塑封双向晶闸管，面对印字面，引脚朝下，则从左向右的排列顺序依次为主电极 1、主电极 2、控制极（门极）。但是也有例外，所以有疑问时应通过检测作出判别。

用万用表的 $R \times 100\ \Omega$ 挡或 $R \times 1\ \mathrm{k}\Omega$ 挡测量双向晶闸管的两个主电极之间的电阻，如图 5.19 所示。无论表笔的极性如何，读数均应近似无穷大（∞）。而控制极（门极）G 与

主电极 T_1 之间的正、反向电阻只有几十欧至 100 Ω。根据这一特性,很容易通过测量电极之间的电阻大小的方法,识别出双向晶闸管的主电极 T_2,同时黑表笔接主电极 T_1,红表笔接控制极(门极)G 所测得的正向电阻总是要比反向电阻小一些,据此也很容易通过测量电阻大小来识别主电极 T_1 和控制极 G。

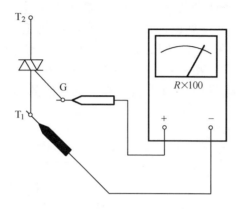

图 5.19　测量 G、T_1 极间的正向电阻

2. 判定双向晶闸管的好坏

(1)将万用表置于 $R×100$ Ω 挡或 $R×1$ kΩ 挡,测量双向晶闸管的主电极 T_1、主电极 T_2 之间的正、反向电阻应近似无穷大(∞),测量主电极 T_2 与控制极(门极)G 之间的正、反向电阻也应近似无穷大(∞)。如果测得的电阻都很小,则说明被测双向晶闸管的极间已击穿或漏电短路,性能不良,不宜使用。

(2)将万用表置于 $R×1$ Ω 挡或 $R×10$ Ω 挡,测量双向晶闸管主电极 T_1 与控制极(门板)G 之间的正、反向电阻,若读数在几十欧至 100 Ω,则为正常,且测量 G、T_1 极间正向电阻时的读数要比反向电阻稍微小一些。如果测得 G、T_1 极间的正、反向电阻均为无穷大(∞),则说明被测晶闸管已开路损坏。

3. 双向晶闸管触发特性测试

(1)简易测试方法。对于工作电流为 8 A 以下的小功率双向晶闸管,也可以用更简单的方法测量其触发特性。具体操作如下:

①将万用表置于 $R×1$ Ω 挡。将红表笔接主电极 T_1,黑表笔接主电极 T_2。然后用金属镊子将 T_2 极与 G 极短路一下,给 G 极输入正极性触发脉冲,如果此时万用表的指示值由 ∞(无穷大)变为 10 Ω 左右,说明晶闸管被触发导通,导通方向为 $T_1→T_2$。

②万用表仍用 $R×1$ Ω 挡。将黑表笔接主电极 T_1,红表笔接主电极 T_2,然后用金属镊子将 T_2 极与 G 极短路一下,即给 G 极输入负极性触发脉冲,这时万用表指示值应由 ∞(无穷大)变为 10 Ω 左右,说明晶闸管被触发导通,导通方向为 $T_1→T_2$。

③在晶闸管被触发导通后即使 G 极不再输入触发脉冲(如 G 极悬空),应仍能维持导通,这时导通方向为 $T_1→T_2$。

④因为在正常情况下,万用表低阻测量挡的输出电流大于小功率晶闸管维持电流,所以晶闸管被触发导通后如果不能维持低阻导通状态,不是由于万用表输出电流太小,而是说明被测的双向晶闸管性能不良或已经损坏。

⑤如果给双向晶闸管的 G 极一直加上适当的触发电压后仍不能导通,说明该双向晶闸管已损坏,无触发导通特性。

(2)交流测试法。对于耐压 400 V 以上的双向晶闸管,可以在 220 V 工频交流条件下进行测试,测试电路如图 5.20 所示。

在正常情况下,开关 S 闭合时晶闸管 VT 即被触发导通,白炽灯 EL 正常发光;S 断开时 VT 关断,EL 熄灭。具体点说,在 220 V 交流电的正半周时,T_2 极为正,T_1 极为负,S 闭合时 G 极通过电阻 R 受到相对 T_1 的正触发,则 VT 沿 $T_2 \rightarrow T_1$ 方向导通。在 220 V 交流电的负半周时,T_1 极为正,T_2 极为负,S 闭合时 G 极通过 R 受到相对 T_1 的负触发,则 VT 沿 $T_1 \rightarrow T_2$ 方向导通。VT 如此交换方向导通的结果,使白炽灯 EL 有交流电流通过过而发光。

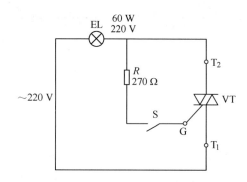

图 5.20 双向晶闸管交流测试电路

交流测试法具体操作说明如下:

①按图 5.20 所示在不通电的情况下正确连接好线路,置于断开位置(开关耐压不小于 250 V,绝缘良好)。

②接入 220 V 交流电源,这时双向晶闸管 VT 处于关断状态,白炽灯 EL 应不亮。如果 EL 轻微发光,说明主电极 T_2、T_1 之间漏电流大,器件性能不好。如果 EL 正常发光,说明主电极 T_2、T_1 之间已经击穿短路,该器件已彻底损坏。

③接入 220 V 交流电源后,如果白炽灯 EL 不亮,则可继续做以下实验:将开关 S 闭合,这时双向晶闸管 VT 应立即导通,白炽灯 EL 正常发光。如果 S 闭合后 EL 不发光,说明被测双向晶闸管内部受损而断路,无触发导通能力。

5.2 交流调压电路

交流调压电路采用两单向晶闸管反并联或双向晶闸管,实现对交流电正、负半周的对称控制,达到方便地调节输出交流电压大小的目的,或实现交流电路的通、断控制,如图 5.21 所示。因此,交流调压电路可用于异步电动机的调压调速、横流软启动,交流负载的功率调节,灯光调节,供电系统无功调节,用作交流无触点开关、固态继电器等,应用领域十分广泛。

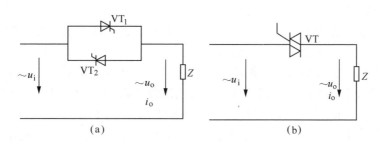

图5.21 交流调压电路

交流调压电路一般有3种控制方式,其原理如图5.21所示。

1. 通断控制

通断控制是在交流电压过零时刻导通或关断晶闸管,使负载电路与交流电源接通几个周波,然后再断开几个周波,通过改变导通周波数与关断周波数的比例,实现调节交流电压大小的目的,如图5.22(a)所示。

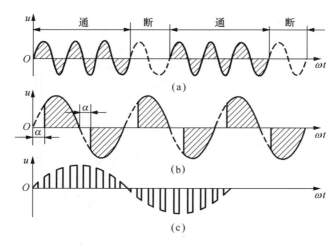

图5.22 交流调压电路控制方式
(a)通断控制;(b)相位控制;(c)斩波控制

通断控制时输出电压波基本为正弦,无低次谐波,但由于输出电压时有时无,电压调节不连续。如用于异步电机调压调速,会因电机经常处于重合闸过程而出现大电流冲击,因此很少采用。一般用于电炉调温等交流功率调节的场合。这种通断控制方式也被称为交流调功。

2. 相位控制

与可控整流的移相触发控制相似,在交流的正半周时触发导通正向晶闸管、负半周时触发导通反向晶闸管,且保持两晶闸管的移相角相同,以保证向负载输出正、负半周对称的交流电压波形,如图5.22(b)所示。

相位控制方法简单,能连续调节输出电压大小。但输出电压波形非正弦,含有丰富的低次谐波,在异步电机调压调速应用中会引起附加谐波损耗、产生脉动转矩等。

3. 斩波控制

斩波控制利用脉宽调制技术将交流电压波形分割成脉冲列，改变脉冲的占空比即可调节输出电压大小，如图 5.22（c）所示。

斩波控制输出电压大小可连续调节，谐波含量小，基本上克服了相位及通断控制的缺点。由于实现斩波控制的调压电路半周内需要实现较高频率的通、断，不能采用普通晶闸管，须采用高频自关断器件，如 GTR、GTO、MOSFET、IGBT 等。

实际应用中，采取相位控制的晶闸管型交流调压电路应用最广，这里将先讨论单相及三相交流调压电路。

5.2.1 单相交流调压电路

1. 阻性负载

单相交流调流阻性负载电路如图 5.23（a）所示，单相交流调压阻性负载电路输出电压 u_o、输出电流 i_o，波形如图 5.23（b）所示。电路工作过程如下。

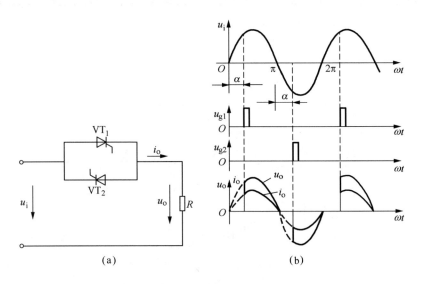

图 5.23　单相交流调压电阻负载时波形
(a) 电路图；(b) 波形图

$\omega t = 0 \sim \alpha$：VT_1、VT_2 处于截止状态，输出电压 $u_o = 0$，$i_o = 0$。

$\omega t = \alpha$ 时，触发 VT_1 导通，输出电压 $u_o = u_i$，$i_o = u_i/R$。

$\omega t = \alpha \sim \pi$：$VT_1$ 继续导通，输出电压 $u_o = u_i$，$i_o = u_i/R$。

$\omega t = \pi$ 时，$u_0 = 0$，$i_0 = 0$，VT_1 截止，输出电压 $u_o = 0$，$i_o = 0$。

$\omega t = \pi \sim (\pi + \alpha)$：$VT_1$、$VT_2$ 处于截止状态，输出电压 $u_o = 0$，$i_o = 0$。

$\omega t = \pi + \alpha$ 时，触发 VT_2 导通，输出电压 $u_o = u_i$，$i_o = u_i/R$。

$\omega t = (\pi + \alpha) \sim 2\pi$ 时，VT_2 继续导通，输出电压 $u_o = u_i$，$i_o = u_i/R$。

$\omega t = 2\pi$ 时，$u_0 = 0$，$i_0 = 0$，VT_2 截止，输出电压 $u_o = 0$，$i_o = 0$。

交流输出电压 u_o 有效值 U_o 与控制角 α 的关系为

$$U_o = \sqrt{\frac{1}{\pi}\int_\alpha^\pi (\sqrt{2}U_i\sin\omega t)^2 d\omega t} = U_i\sqrt{\frac{1}{2\pi}\sin2\alpha + \frac{\pi-\alpha}{\pi}} \qquad (5-4)$$

式中，U_i 为输入交流电压 u_i 的有效值。

负载电流 i_o 有效值为 $I_o = U_o/R$，则交流调压电路输入功率因数为

$$\cos\varphi = \frac{P}{S} = \frac{U_o I_o}{U_i I_i} = \frac{U_o}{U_i} = \sqrt{\frac{1}{2\pi}\sin2\alpha + \frac{\pi-\alpha}{\pi}} \qquad (5-5)$$

综上所述，单相交流调压电路带电阻性负载时，控制角 α 移相范围为 $0 \leqslant \alpha \leqslant \pi$，晶闸管导通角 $\varphi = \pi - \alpha$，输出电压有效值调节范围为 $(0 \sim U_i)$。该电路通过调节 α 的大小，可以达到调节输出电压有效值的目的。

但这种电路的缺点是：随着 α 的增大，电路的功率因数也随之降低。

2. 感性负载

单相交流调压电路感性负载电路如图 5.24 所示。

设感性负载的负载阻抗角为 $\varphi = \arctan(\omega L/R)$。

为了分析方便，把 $\alpha = 0$ 的时刻仍然定为电源电压过零的时刻。

为了感性负载电路稳定工作，α 的移相范围为 $\varphi \leqslant \alpha \leqslant \pi$，并且采用宽度大于 $\pi/3$ 的宽脉冲或后沿固定、前沿可调、最大宽度可达 π 的脉冲触发。

单相交流调压电路感性负载波形如图 5.25 所示，设导通角为 φ。

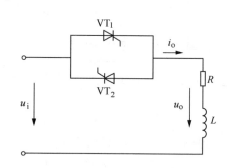

图 5.24 单相交流调压电路感性负载电路

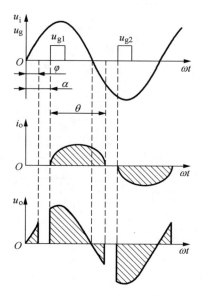

图 5.25 单相交流调压电路感性负载波形

$\omega t = \alpha$ 时，触发 VT_1 导通，VT_2 截止，输出电压 $u_0 = u_i$，输出电流 i_o 从零开始上升。

$\omega t = \alpha \sim \pi$ 时，VT_1 继续导通，输出电压 $u_o = u_i$。

$\omega t = \pi$ 时，虽然配 $u_i = 0$ 但 $i_0 \neq 0$，VT_1 继续导通，输出电压 $u_o = u_i$。

$\omega t = \alpha + \theta$ 时，$i_o = 0$，VT_1 截止，输出电压 $u_o = 0$。

$\omega t = \pi + \alpha$ 时，触发 VT_2 导通，VT_1 继续截止，输出电压 $u_o = u_i$，输出电流从零开始上升。

$\omega t = (\pi + \alpha) \sim 2\pi$，$VT_2$ 继续导通，输出电压 $u_o = u_i$。

$\omega t = \pi + \alpha + \theta$ 时，$i_o = 0$，VT_2 截止，输出电压 $u_o = 0$。

由上述的分析可以看出，当 $\alpha \leq a \leq \pi'$ 时，电流不连续。

$$L\frac{di_o}{dt} + Ri_o = \sqrt{2}U_i \sin\omega t \tag{5-6}$$

交流输出电压 u_o 的有效值 U_o 与触发角 α 的关系为

$$U_o = \sqrt{\frac{1}{\pi}\int_\alpha^{\alpha+\theta}(\sqrt{2}U_i\sin\varpi t)^2 d(\varpi t)} = U_i\sqrt{\frac{\theta}{\pi} + \frac{\sin 2\alpha - \sin(2\alpha + 2\theta)}{2}} \tag{5-7}$$

负载电流 i_o 的有效值 I_o 为

$$I_o = \sqrt{\frac{1}{\pi}\int_\alpha^{\alpha+\theta}i_o^2 d(\varpi t)} = \frac{\sqrt{2}U_i}{\sqrt{R^2 + (\varpi L)^2}}\sqrt{\frac{\theta}{\pi} - \frac{\sin\theta\cos(2\alpha + \varphi + \theta)}{\pi\cos\varphi}} = \sqrt{2}I_{omax}I_T^* \tag{5-8}$$

晶闸管电流的有效值 I_T 为

$$I_T = \frac{1}{\sqrt{2}}I_o = \frac{\sqrt{2}U_i}{\sqrt{R^2 + (\omega L)^2}}\sqrt{\frac{\theta}{\pi} - \frac{\sin\theta\cos(2\alpha + \varphi + \theta)}{\pi\cos\varphi}} = \sqrt{2}I_{omax}I_T^* \tag{5-9}$$

晶闸管电流的最大值，I_{omax}（$\alpha = 0°$ 时）为

$$I_{omax} = \frac{U_i}{\sqrt{R^2 + (\omega L)^2}} \tag{5-10}$$

为分析方便，设晶闸管电流的有效值 I_T 的标幺值为 I_T^*

$$I_T^* = \frac{I_T}{\sqrt{2}I_{omax}} \tag{5-11}$$

则

$$I_T^* = \sqrt{\frac{\theta}{2\pi} - \frac{\sin\theta\cos(2\alpha + \varphi + \theta)}{2\pi\cos\varphi}} \tag{5-12}$$

由式（5-12）可以看出，晶闸管电流有效值的标幺值 I_T^* 与角 α 和阻抗角 φ 有关。当触发角 α 和阻抗角 φ 已知，可从图 5.26 中查得晶闸管电流有效值的标幺值 I_T^*，进而求出电流有效值 I_o 和晶闸管电流有效值 I_T。

【例 5-1】 一个交流单相晶闸管调压电路，用以控制送至电阻 $R = 0.23\ \Omega$、电抗 $\omega L = 0.23\ \Omega$ 的电感性负载上的功率。

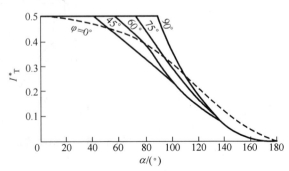

图 5.26 电流标幺值与控制角的关系

设电源电压有效值 $U_1 = 230$ V。试求：

（1）移相控制范围。

（2）负载电流最大有效值。

（3）最大功率和功率因数。

解：（1）移相控制范围。当输出电压为零时，$\theta = 0°$，$\alpha = \alpha_{\max} = \pi$。

当输出最大电压时，$\theta = 180°$，$\alpha = \alpha_{\min} = \varphi_L = \arctan\left(\dfrac{0.23}{0.23}\right) = \dfrac{\pi}{4}$，故 $\dfrac{\pi}{4} \leqslant \alpha \leqslant \pi$。

（2）负载电流最大有效值 I_{omax}。当 $\alpha = \varphi_L$ 时，电流连续，为正弦波，则

$$\dfrac{I_{\text{omax}}}{A} = \dfrac{U_1}{\sqrt{R^2 + (\omega L)^2}} = \dfrac{230}{\sqrt{(0.23)^2 + (0.23)^2}} = 707 \text{（A）}$$

（3）最大功率和功率因数。$\dfrac{P_{\text{omax}}}{W} = I_{\text{omax}}^2 R = (707)^2 \times 0.23 = 115 \times 10^3 \text{（W）}$

$$(\cos\varphi)_{\max} = \dfrac{P_{\text{omax}}}{U_1 I_{\text{omax}}} = \dfrac{115 \times 10^3}{230 \times 707} = 0.707$$

5.2.2 三相交流调压电路

工业中交流电源多为三相系统，交流电机也多为三相电机，应采用三相交流调压器实现调压。三相交流调压电路与三相负载之间有多种连接方式，其中以三相丫（星形）形调压方式最为普遍。

1. 丫形三相交流调压电路

图 5.27 所示为丫形三相交流调压电路，这是一种最典型、最常用的三相交流调压电路，它的正常工作必须满足：

（1）三相中至少有两相导通才能构成通路，且其中一相为正向晶闸管导通，另一相为反向晶闸管导通。

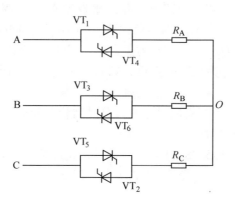

图 5.27 丫形三相交流调压电路

（2）为保证任何情况下的两个晶闸管同时导通，应采用宽度大于 π/3 的宽脉冲（列）或双窄脉冲来触发。

（3）从 $VT_1 \sim VT_6$ 相邻触发脉冲相位应互差 π/3。

为简单起见，仅分析该三相调压电路接电阻性负载（负载功率因数角 $\varphi = 0°$）时，不

同触发控制角 α 下负载上的相电压、相电流波形如图 5.28 所示。

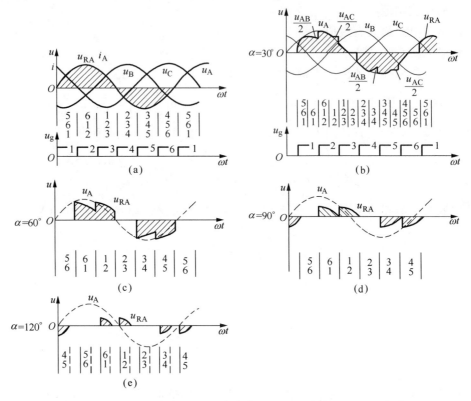

图 5.28 Y形三相交流调压电路输出电压、电流波形（电阻负载）

（1）α = 0°时的波形如图 5.28（a）所示。

$\omega t = 0$ 时触发导通 VT_1，以后每隔 $\pi/3$ 依次触发导通 VT_2、VT_3、VT_4、VT_5、VT_6。

$\omega t = 0 \sim \pi/3$ 时，u_A、u_C 为正，U_B 为负，VT_5、VT_6、VT_1 同时导通。

$\omega t = \pi/3 \sim 2\pi/3$ 时 u_A 为正，u_B、u_C 为负，VT_6、VT_1、VT_2 同时导通。

$\omega t = 2\pi/3 \sim \pi$ 时 u_A、u_B 为正，u_C 为负，VT_1、VT_2、VT_3 同时导通。

……

由于任何时刻均有 3 只晶闸管同时导通，且晶闸管全开放，负载上获得全电压。各相电压、电流波形正弦、三相平衡。

（2）α = π/6 时波形如图 5.28（b）所示。此时情况复杂，须分子区间分析。

$\omega t = 0 \sim \pi/6$ 时 $\omega t = 0$ 时，u_A 变正，VT_4 关断，但 u_{g1} 未到位，VT_1 无法导通，A 相负载电压 $u_A = 0$ V。

$\omega t = \pi/6 \sim \pi/3$：$\omega t = \pi/6$ 时，触发导通 VT_1；B 相 VT_6、C 相 VT_5 均仍承受正向阳极电压保持导通。由于 VT_5、VT_6、VT_1 同时导通，三相均有电流，此子区间内 A 相负载电压 $u_{R_A} = u_A$。（电源相电压）。

$\omega t = \pi/3 \sim \pi/2$：$\omega t = \pi/3$ 时，$u_C = 0$，VT_5 关断；VT_2 无触发脉冲不导通，三相中仅 VT_6、VT_1 导通。此时线电压 U_{AB} 施加在 R_A、R_B 上，故此子区间内 A 相负载电压 $U_{RA} = u_{AB}/2$。

$\omega t = \pi/2 \sim 2\pi/3$：$\omega t = \pi/2$ 时，VT_2 触发导通，此时 VT_6、VT_1、VT_2 同时导通，此子区间内 A 相负载电压 $U_{RA} = U_A$。

$\omega t = 2\pi/3 \sim 5\pi/6$：$\omega t = 2\pi/3$ 时，$u_A = 0$，VT_6 关断；仅 VT_1、VT_2 导通，此子区间内 A 相电压 $u_{RA} = u_{AC}/2$。

$\omega t = 5\pi/6 \sim \pi$：$\omega t = 5\pi/6$ 时，VT_3 触发导通，此时 VT_1、VT_2、VT_3 同时导通，此子区间内 A 相电压 $u_{RA} = u_A$。

负半周可按相同方式分子区间作出分析，从而可得如图 5.28（b）所示中阴影区所示一个周波的 A 相负载电压 U_{RA} 波形。A 相电流波形与电压波形成比例。

（3）用同样分析法可得 $\alpha = \pi/3$、$\pi/2$、$2\pi/3$ 时 A 相电压波形，如图 5.28（c）、图 5.28（d）、图 5.28（e）所示。$\alpha > 5\pi/6$ 时，因 $u_{AB} < 0$，虽 VT_6、VT_1 有触发脉冲但仍无法导通，交流调压器不工作，故控制角移相范围为 $0 \sim 5\pi/6$。

当三相调压电路接电感负载时，波形分析很复杂。由于输出电压与电流间存在相位差，电压过零瞬间电流不为零，晶闸管仍导通，其导通角 θ 不仅与控制角 α 有关，还和负载功率因数角 φ 有关。如果负载是异步电动机，其功率因数角还随运行工况而变化。

2. 其他形式三相交流调压电路

表 5-7 以列表形式集中地描述了几种典型三相交流调压电路形式及其特征。

表 5-7 几种典型三相交流调压电路形式及其特征

电路名称	电路图	晶闸管工作电压（峰值）/V	晶闸管工作电流（峰值）/A	移向范围/（°）	线路性能特点
星形带中性线的三相交流电压	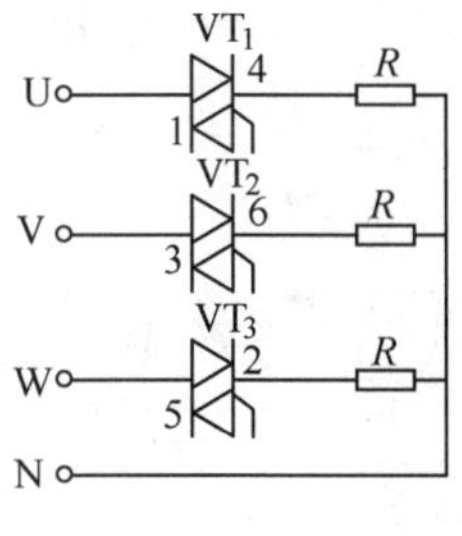	$\sqrt{\dfrac{2}{3}}U_1$	$0.45I_1$	$0 \sim 180$	1. 3 个单相电路的组合； 2. 输出电压、电流波形对称； 3. 因有中性线可流过谐波电流，特别是 3 次谐波电流； 4. 适用于中、小容量可接中性线的各种负载
晶闸管与负载连接成内三角形的三相交流调压	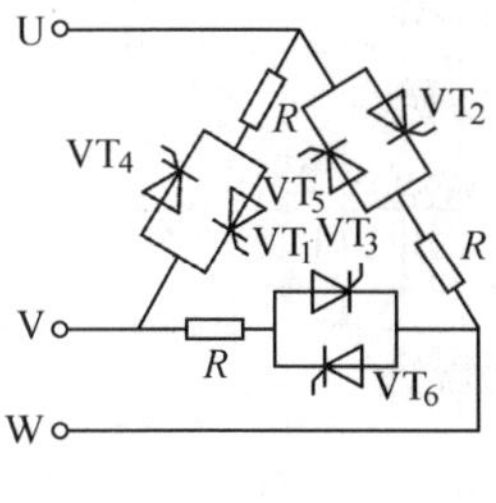	$\sqrt{2}U_1$	$0.26I_1$	$0 \sim 150$	1. 3 个单相电路的组合； 2. 输出电压、电流波形对称； 3. 与 Y 连接比较，在同容量时，此电路可选电流小、耐压高的晶闸管； 4. 此种接法实际应用较少

续表

电路名称	电路图	晶闸管工作电压（峰值）/V	晶闸管工作电流（峰值）/A	移向范围/(°)	线路性能特点
三相三线交流调压		$\sqrt{2}U_1$	$0.45I_1$	0~150	1. 负载对称，且三相皆有电流时，如同3个单相组合； 2. 应采用双窄脉冲或大于60°的宽脉冲触发； 3. 不存在3次谐波电流； 4. 适用于各种负载
控制负载中性点的三相交流调压		$\sqrt{2}U_1$	$0.68I_1$	0~210	1. 线路简单，成本低； 2. 适用于三相负载Y连接，且中性点能拆开的场合； 3. 因线间只有一个晶闸管，属于不对称控制

5.2.3 交流斩波调压电路

随着直流斩波器的广泛应用，出现了交流斩波器，交流斩波调压电路的基本原理同直流斩波器，它是将交流开关同负载串联和并联构成，图5.29（a）所示为串联斩波电路。利用S_1交流开关的斩波作用，在负载上获得交流可调的交流电压u。图中开关S_2是续流器件，负载提供续流回路。

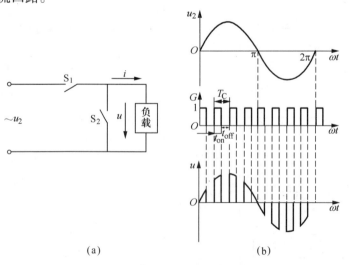

图 5.29 交流斩波调压电路原理及其波形
（a）串联斩波电路；（b）输出电压波形

交流斩波调压电路的输出电压波形如图 5.29（b）所示。由图可得，输出电压 u 为

$$u = Gu_2 = GU_{2m}\sin\omega t$$

式中，G 定义为：$G=1$ 时 S_1 闭合，S_2 打开；$G=0$ 时 S_1 打开，S_2 闭合；U_{2m} 为输出电压峰值；ω 为输出电压角频率。

G 随时间变化的波形如图 5.29（b）所示，开关 S_1 闭合时间为 t_{on}，其关断时间为 t_{off}，则交流斩波器的导通比 α 为

$$\alpha = \frac{t_{on}}{t_{on}+t_{off}} = \frac{t_{off}}{T_c}$$

改变脉冲宽度 t_{on} 或者改变斩波周期 T_C 就可改变导通比，实现交流调压。

5.3 交流调压电路的应用

5.3.1 晶闸管交流开关

晶闸管交流开关是一种比较理想的快速的交流开关，与传统的接触器－继电器系统相比，其主回路甚至包括控制回路都没有触头及可动的机械机构，所以不存在电弧、触头磨损和熔焊等问题。由于晶闸管总是在电流过零时关断，所以关断时不会因负载或线路中电感储能而造成暂态电压的现象。晶闸管交流开关特别适用于操作频繁、可逆运行及有易燃易爆气体的场合。

1. 简单交流开关及应用

晶闸管交流开关的基本形式如图 5.30 所示。触发电路的毫安级电流通断，可以控制晶闸管阳极大电流的通断。交流开关的工作特点是晶闸管在承受正半周电压时触发导通。而它的关断则利用电源负半周在管子上加反压来实现，在电流过零时自然关断。

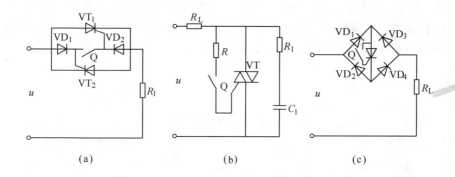

图 5.30 晶闸管交流开关的基本形式
（a）普通晶闸管反并联的交流开关；（b）双向晶闸管的交流开关；（c）一只普通晶闸管的电路

图 5.30（a）为普通晶闸管反并联的交流开关。当 Q 合上时，靠管子本身的阳极电压作为触发电源，具有强触发性质，即使触发电流比较大的管子也能可靠触发。负载上得到的基本上是正弦电压。图 5.30（b）为采用双向晶闸管的交流开关，其线路简单，但工作频率比反并联电路低（小于 400 Hz）。图 5.30（c）为只用一只普通晶闸管的电路，管子

只承受正压,但由于串联元件多,其压降损耗较大。

作为晶闸管交流开关的应用实例,图 5.31 为采用光耦合器的交流开关电路。

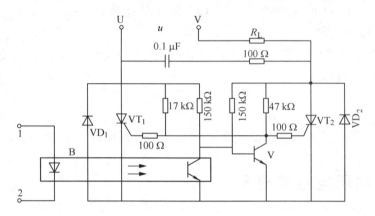

图 5.31 采用光耦合器的交流开关电路

主电路由两只晶闸管 VT₁、VT₂ 和两只二极管 VD₁、VD₂ 组成。当控制信号未接通,即不需要主电路工作时,1、2 端没有信号。B 光耦合器中的光敏管截止,晶体管 V 处于导通状态,晶闸管门极电路被晶体管 V 旁路,因而 VT₁、VT₂ 晶闸管处于截止状态,负载未接通。当 1、2 端接入控制信号,B 光耦合器中的光敏管导通,晶体管 V 截止,VT₁、VT₂ 晶闸管控制极得到触发电压而导通,主回路被接通。电源正半波时(例如 U₊、V₋),通路为 U₊—VT₁—VD₂—R_L—V₋,电源负半波时(U₋、V₊),通路为 V₊—R_L—VT₂—VD₁—U₋,负载上得到交流电压。因而只要控制光电耦合器的通断就能方便地控制主电路的通断。

图 5.32 为双向晶闸管控制三相自动控温电热炉的典型电路。当开关 Q 拨到"自动"位置时,炉温就能自动保持在给定温度。若炉温低于给定温度,温控仪 KT(调节式毫伏温度计)使常开触点 KT 闭合,小双向晶闸管 VT₄ 触发导通。继电器 KA 得电,使主电路

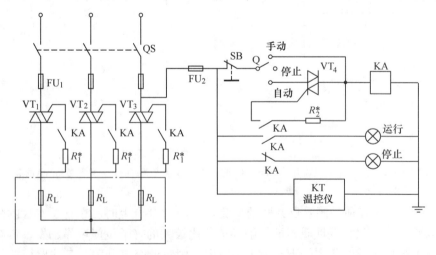

图 5.32 双向晶闸管控制三相自动控温电热炉的电路图

中 $VT_1 \sim VT_3$ 管导通，负载电阻 R_L 接入交流电源，炉子升温。若炉温到达给定温度，温控仪的常开触点 KT 断开，VT 关断，继电器 KA 失电，双向晶闸管 $VT_1 \sim VT_2$ 关断，电阻 R_L 与电源断开，炉子降温。因此电炉在给定温度附近的小范围内波动。

双向晶闸管仅用一只电阻（主电路为 R_1^*、控制电路为 R_2^*）构成本相强触发电路，其阻值可由试验决定。用电位器代替 R_1^* 或 R_2^*，调节电位器阻值，使双向晶闸管两端电压（用交流电压表测量）减到 $2 \sim 5$ V，此时电位器阻随即为触发电阻值。通常为 75 Ω ~ 3 kΩ，功率小于 2 W。

2. 由过零触发开关电路组成的单相交流调功器

前面已经讲过，在电压过零时给晶闸管以触发脉冲，使晶闸管工作状态始终处于全导通或全阻断，这称为过零触发。交流零触发开关电路就是利用零触发方式来控制晶闸管导通与关断的。在设定的周期范围内，将电路接通几个周波，然后断开几个周波，通过改变晶闸管在设定周期内通断时间的比例，达到调节负载两端交流平均电压即负载功率的目的。因而这种装置也称调功器或周波控制器。

调功器是在电源电压过零时触发晶闸管导通的（实际上是离零点 3°~5°），所以负载上得到的是完整的正弦波，调节的只是在设定周期 T_c 内导通的电压周波数。图 5.33 为全周波过零触发输出电压波形的两种工作方式。如在设定周期 T_c 内导通的周波数为 n，每个周波的周期为 T（50 Hz，$T' = 20$ ms），则调功器的输出功率

$$P = \frac{nT}{T_c} P_n \tag{5-13}$$

调功器输出电压有效值为

$$U = \sqrt{\frac{nT}{T_c}} U_n \tag{5-14}$$

式中，P_n、U_n 为设定周期 T_c 内全导通时，装置的输出功率与电压有效值。因此，改变导通周波数 n，即可改变电压或功率。

调功器可以用双向晶闸管，也可以用二只普通晶闸管反并联连接，其触发电路可以采用集成过零触发器，也可利用分立元件组成的过零触发电路。图 5.34 为全波连续式的过零触发电路。电路由锯齿波发生、信号综合、直流开关、同步电压与过零脉冲输出五个环节组成，工作原理如下。

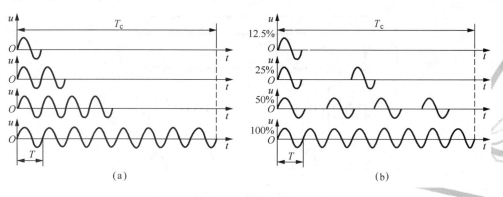

图 5.33　全周波过零触发输出电压波形

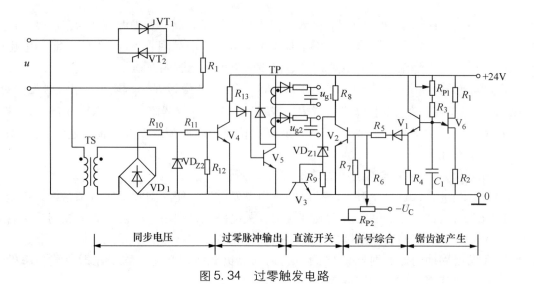

图 5.34　过零触发电路

（1）锯齿波是由单结晶体管 V_6 和 R_1、R_2、R_3、R_{P1} 和 C_1 组成弛张振荡器产生的，经射极跟随器（V_1、R_4）输出。其波形如图 5.35（a）所示。锯齿波的底宽对应着一定的时间间隔（T_c）。调节电位器 R_{P1} 即可改变锯齿波的斜率。由于单结晶体管的分压比一定，故电容 C_1 放电电压为一定，斜率的减小，就意味着锯齿波底宽增大（T_c 增大），反之底宽减小（T_c 减小）。

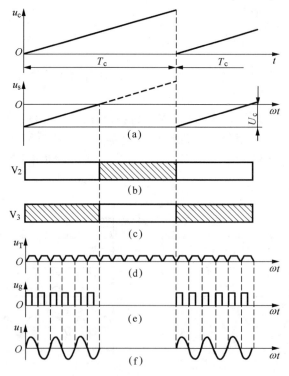

图 5.35　过零触发电路的电压波形

(a) 锯齿波波形；(b) V_2 通断；(c) V_3 通断；(d) 过零脉冲；(e) 触发脉冲；(f) 正弦波

(2) 控制电压（U_c）与锯齿波电压进行电流叠加后送至 V_2 基极，合成电压为 u_s。当 $u_s > 0$（0.7V），则 V_2 导通；$u_s < 0$，则 V_2 截止，如图 5.35（b）所示。

(3) 由 V_2、V_3 及 R_8、R_9、VD_{Z1} 组成一直流开关。当 V_2 基极电压 $U_{be} > 0$（0.7V）时，V_2 管导通；U_{be3} 接近零电位，V_3 管截止，直流开关阻断。

当 $U_{be2} < 0$ 时，V_2 截止，由 R_8、VD_{Z1} 和 R_9 组成的分压电路使 V_3 导通，直流开关导通，输出 24 V 直流电压，V_3 通断时刻如图 5.35（c）所示。VD_{Z1} 为 V_3 基极提供一阈值电压，使 VT_2 导通时，V_3 更可靠地截止。

(4) 过零脉冲输出。由同步变压器 TS，整流桥 VD_1 及 R_{10}、R_{11}、VD_{Z2} 组成一削波同步电源，如图 5.35（d）所示。它与直流开关输出电压共同去控制 V_4 和 V_5，只有当直流开关导通期间，V_4、V_5 集电极和发射极之间才有工作电压，才能进行工作。在这期间，同步电压每次过零时，V_4 截止其集电极输出一正电压，使 V_5 由截止变为导通，经脉冲变压器输出触发脉冲。此脉冲使晶闸管导通，如图 5.35（e）所示。于是在直流开关导通期间，便输出连续的正弦波，如图 5.35（f）所示。增大控制电压，便可加长开关导通的时间，也就增多了导通的周波数，从而增加了输出的平均功率。

过零触发虽然没有移相触发时高频干扰的问题，但其通断频率比电源频率低，特别是当通断比太小时，会出现低频干扰，使照明出现人眼能觉察到的闪烁，电表指针的摇摆等。所以调功器通常用于热惯性较大的电热负载。

3. 固态开关

近几年来发展的一种固态开关（固态继电器与固态接触器）是一种以双向晶闸管为基础构成的无触点通断组件。

图 5.36（a）为采用光电三极管耦合器的"0"压固态开关内部电路。1、2 为输入端，相当于继电器或接触器的线圈；3、4 为输出端，相当于继电器或接触器的一对触点，与负载串联后接到交流电源上。

输入端接上控制电压，使发光二极管 VD_2 发光。紧靠着的光敏管 V_1 阻值减小，使原来导通的晶体管 V_2 截止，原来阻断的晶闸管 VT_1 通过 R_4 被触发导通。输出端交流电源通过负载，二极管 $VD_3 \sim VD_6$、VT_1 以及 R_5 构成通路，在电阻 R_5 上产生电压降作为双向晶闸管 VT_2 的触发信号，使 VT_2 导通，负载得电。由于 VT_2 的导通区域处于电源电压的"0"点附近，因而具有"0"电压开关功能。

图 5.36（b）为光电晶闸管耦合器的"0"电压开关。由输入端 1、2 输入信号，光电晶闸管耦合器 B 中的光控晶闸管导通；电流经 3 - VD_4 - B - VD_1 - R_4 - 4 构成回路；借助 R_4 上的电压降向双向晶闸管 VT 的控制极提供分流，使 VT 导通。由 R_3、R_2 与 V_1 组成"0"电压开关功能电路。即当电源电压过"0"并升至一定幅值时，V_1 导通，光控晶闸管则被关断。

图 5.36（c）为光电双向晶闸管耦合器非"0"电压开关。由输入端 1、2 输入信号时，光电双向晶闸管耦合器 B 导通；3 - R_2 - B - R_3 - 4 回路有电流通过，R_3 提供双向晶闸管 VT 的触发信号。这种电路相对于输入信号的任意相位交流电源均可同步接通，因而称为非"0"电压开关。

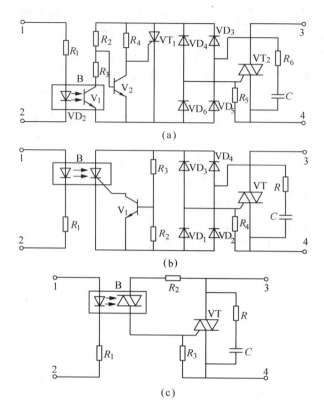

图 5.36 固态开关
(a) 内部电路；(b) "0" 电压开关；(c) 非 "0" 电压开关

5.3.2 异步电动机的软启动

交流调压电路用于异步电动机的平滑调压调速，但由于其调速范围很小，要用转子内阻较大的专用调速电机；为了使特性较硬，还必须采用速度反馈；再加之调压电路移相控制，电压波形不是正弦波，出现高次谐波电流，对电机和电网均有害，因此现在已很少使用。

但是三相调压电路用于异步电动机的启动已越来越普遍。这是因为依据异步电动机的特性，如突加全压启动，启动电流将是额定电流的4～7倍，对电网及生产机械会造成冲击。另外，电动机的转矩与所加电压平方成正比，而电动机拖动的负载有轻有重，不区别情况施加电压，则不是电能浪费就是电动机启动不了，而采用交流调压电路对电动机供电则可避免这种情况，便称为软启动，其控制框图如图 5.37 所示，三相调压电路采用电流、电压反馈组成闭环系统，启动性能由控制器实现。

最常用的软启动方式电压上升曲线如图 5.38 所示，U_S 为电动机启动需要的最小转矩所对应的电压值，启动时电压按一定斜率上升，使传统的有级降压启动变为三相调压的无级调节，初始电压及电压上升率可根据负载特性调整。此外，还可实现其他启动、停止等控制方式，用软启动方式达到额定电压时，开关 S 接通，电动机 M 转入全压运行。

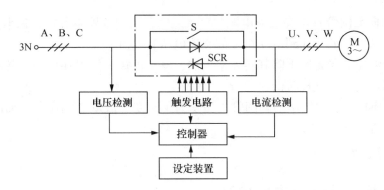

图 5.37 异步电动机软启动控制框图

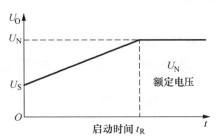

图 5.38 软启动电压上升曲线

5.3.3 交流电动机的调压调速

由交流电动机的分析可知,交流电动机定子与转子回路的参数为恒定时,在一定的转差率下,电动机的电磁转矩 T 与加在电动机定子绕组上电压 U 的平方成正比,即

$$T \propto U^2 \tag{5-15}$$

因此,改变电动机的定子电压,可以改变电动机在一定输出转矩(T)下的转速(n)。图 5.39(a)所示为交流异步电动机不同电压时的机械特性。由图可见,在一定负载下,降低加到电动机定子上的交流电压,可得到一定程度的速度调节。图 5.39(b)所示为交流电动机调压调速主电路。晶闸管 1~6 工作在交流开关状态构成交流电压控制器。由于交流电压是正弦交变的,为使负载端能得到对称的电压波形,每相采用两个晶闸管反

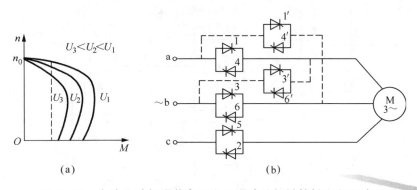

图 5.39 交流电动机调节定子电压调速的机械特性和主电路
(a) 机械特性;(b) 主电路

并联（或用双向晶闸管）串在交流电源与负载之间，用相位控制方式，每半波截去交流电源的一部分，从而降低了加到电动机上的交流电压有效值。

交流调压调速随着转速下降其转差率增加，电动机转子的损耗增加，效率将下降。因此，交流调压调速不适宜长时低速运行。

图 5.39（b）中虚线所示的晶闸管电路是为了改变交流电源相序，从而改变速度的方向，实现电动机反转。

【技能训练】

实验 7　三相交流调压电路的研究

一、实验目的

（1）熟悉三相交流调压电路的工作原理。

（2）了解三相三线制和三相四线制交流调压电路在电阻负载、电阻电感负载时输出电压、电流的波形及移相特性。

二、实验电路

电路如图 5.40 所示。

三、实验设备

（1）变阻器。

（2）电抗器。

（3）双踪示波器。

（4）万用表。

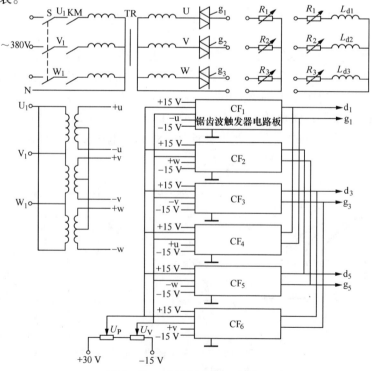

图 5.40　三相交流调压电路

四、实验原理

星形带中线的三相交流调压电路实际上就是三个单相交流调压电路的组合,其工作原理和波形均与单相交流调压电路相同。

对于三相三线制交流调压电路,由于没有中线,每相电流必须与另一相构成回路。与三相全控桥一样,三相三线制调压电路应采用宽脉冲或双窄脉冲触发。与三相整流电路不同的是,控制角 $\alpha=0°$ 为相应相电压过零点,而不是自然换相点。在采用锯齿波同步触发电路时,为满足 α 角时的移相要求,同步电压应超前相应的主电路电源电压 $30°$。

由图 5.40 看出,主电路整流变压器采用 YN,yn(y)接法与同步变压器采用 D,yn-yn 接法即可满足上述两种调压电路的需要。

五、实验内容及步骤

(1) 按图 5.40 把电路接好(暂不接负载),闭合 S,按启动按钮,主电路接通电源。用示波器检查同步电压是否对应超前主电路电源电压 $30°$,即 $u_{+\alpha}$ 超前 u_v $30°$。

(2) 切断主电路电源,在星形带中线的三相交流调压电路中接上电阻负载,并按启动按钮接通主电路,用示波器观察 $\alpha=0°$、$30°$、$60°$、$90°$、$120°$、$150°$ 时的波形,并把波形和输出电压有效值记录于表 5-8 中。

表 5-8 电阻负载时三相交流调压电路实验记录

接法	α	0°	30°	60°	90°	120°	150°
yn	U						
	u 波形						
y	U						
	u 波形						

(3) 切断主电路电源,在星形带中线的三相交流调压电路中换接上电阻电感负载,再接通主电路。调变阻器(三相一起调),使阻抗角 $\varphi=60°$,用示波器观察 $\alpha=0°$、$30°$、$60°$、$90°$、$120°$ 时的波形,并将输出电压 u、电流 i 的波形和输出电压有效值记录于表 5-9 中。

表 5-9 电阻电感负载时三相交流调压电路实验记录

接法	α	0°	30°	60°	90°	120°
yn	U					
	u 波形					
	i 波形					
y	U					
	u 波形					
	i 波形					

(4) 按停止按钮,切断主电路,断开负载中线,做三相三线制交流调压实验,其步骤与 1、2、3 相同并将波形和数值分别记录于表 5-8 和表 5-9 中。

六、实验报告要求

(1) 讨论分析三相三线制交流调压电路中如何确定触发电路的同步电压。

(2) 整理记录波形作不同接线方法、不同负载时 $U=f(\alpha)$ 曲线。
(3) 将两种接线方式的输出电压、电流波形进行分析比较。

本 章 小 结

本章主要介绍了双向晶闸管的基本结构、工作原理、触发电路和双向晶闸管简易测试，晶闸管交流开关，交流调压电路和交流调压电路应用。

思考题与习题

5-1　双向晶闸管有哪几种触发方式？一般选用哪几种？

5-2　双向晶闸管额定电流的定义和普通晶闸管额定电流的定义有何不同？额定电流为 100 A 的两只晶闸管反并联可以用额定电流多少安的双向晶闸管代替？

5-3　交流调压开关通断控制与相位控制的优缺点是什么？

5-4　如图 5.41 所示电路为单相晶闸管交流调功电路，$U_2=220$ V，$L=5\,516$ mH，$R=1\,\Omega$。试求：
（1）控制角的移相范围；
（2）负载电流的最大有效值；
（3）最大输出功率和功率因数；
（4）画出负载电压与电流的波形。

5-5　一台 220 V、10 kW 的电炉。采用晶闸管单相交流调压，现使其工作在 5 kW。试求电路的控制角 α、工作电流及电源侧功率因数。

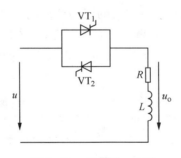

图 5.41　习题 5-4 图

5-6　某单相反并联调功电路采用过零触发，$U_2=220$ V，负载电阻 $R=1\,\Omega$。在设定的周期 T 内，控制晶闸管导通 0.3 s，断开 0.2 s。试计算送到电阻负载上的功率与晶闸管一直导通时所发出的功率。

5-7　采用双向晶闸管的交流调压器接三相电阻负载，电源线电压为 220 V，负载功率为 10 kW。试计算流过双向晶闸管的最大电流。如使用反并联连接的普通晶闸管代替双向晶闸管，则流过普通晶闸管的最大有效电流是多少？

第 6 章 有源逆变电路

【学习目标】

1. 知识目标
(1) 理解有源逆变的基本概念。
(2) 理解有源逆变产生的基本条件。
(3) 理解逆变失败与最小逆变角限制的基本概念。
(4) 掌握有源逆变电路的分析方法。
(5) 了解有源逆变电路的应用。

2. 能力目标
(1) 学会分析有源逆变电路。
(2) 掌握防止有源逆变失败的措施。

在生产实际中,除了将交流电转变为大小可调的直流电外,常还需将直流电转变为交流电。这种对应于整流的逆过程称为逆变,能够实现直流电逆变成交流电的电路称为逆变电路。在许多场合,同一晶闸管电路既可用作整流又能用于逆变。这两种工作状态可依照不同的工作条件相互转化。故此类电路称为变流电路或变流器。

逆变电路可分为有源逆变与无源逆变两类,如电路的交流侧接在交流电网。直流电逆变成与电网,同频率的交流电返送至电网,此类逆变称为有源逆变。有源逆变的主要应用有:晶闸管整流供电的电力机车下坡行驶和电梯、卷扬机重物下放时,直流电动机工作在发电状态实现制动,变流电路将直流电逆变成交流电送回电网;电动机快速正反转时,为使电动机迅速制动再反向加速。制动时使电路工作在有源逆变状态;交流绕线式电动机的串级调速;高压直流输电。

6.1 有源逆变的工作原理

6.1.1 逆变过程的能量转换

图 6.1 直流发电机 – 电动机系统,M 为他励直流电动机,G 为他励直流发电机,电动机励磁回路均未画出。控制发电动机 G 电动势的大小和极性可实现直流电动机 M 的四象限的运行。现就以下几种情况分析电路中的能量关系。

图 6.1 (a) 中,电动机 M 运行,发电动机向电动机供电,$E_G > E_M$,电流 I_d 从 G 流向 M,电流 $I_d = (E_G - E_M)/R_\Sigma$。发电动机输出的电功率为 $P_G = E_G I_d$,电动机吸收的电功率为 $P_M = E_M I_d$,电能由发电机流向电动机,转变为电动机轴上输出的机械能。

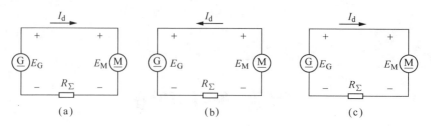

图 6.1 直流发电动机－电动机之间能量转换
(a) $E_G > E_M$; (b) $E_M > E_G$; (c) E_G 与 E_M 方向一致

图 6.1 (b) 中，电动机 M 运行在发电制动状态，此时 $E_M > E_G$，电流反向，从 M 流向 G，故电动机输出电功率，发电动机则吸收电功率，电动机轴上的机械能转变为电能返送给发电机。

图 6.1 (c) 中，改变电动机励磁电流方向使 E_M 的方向与 E_G 一致，这时两个电动势顺向串联起来，向电阻 R_Σ 供电，发电机和电动机都输出功率，由于 R_Σ 的阻值一般都很小，实际上形成短路，产生很大的短路电流，这是不允许的。

从以上分析可以看出有两点需要注意：

（1）两个电动势同极性相接时，电流总是从高电动势流向低电动势，电流数值取决于两个电动势之差和回路总电阻；当两电动势反极性相接，且回路电阻很小时，即形成电源短路，在工作中必须严防这类事故发生。

（2）电流从电源正极流出，则该电源输出功率，若从电源正极流入，则该电源吸收功率。由于电功率为电流与电动势的乘积，随着电动势或电流方向的改变，电功率的流向也改变。

6.1.2 有源逆变的工作原理

现以卷扬机械为例，由单相全波相控整流供电直流电动机作为动力，分析重物提升与下降两种工作情况。

（1）重物提升，变流器工作于整流状态。大电感负载时，整流电压 $U_d = 0.9U_2\cos\alpha$，电路状态与波形如图 6.2（a）所示。图中 U_d 与 E 的箭头方向为规定正方向，两端正负号表示实际正负端。提升重物时电路输出功率。电动机工作在电动状态，电流 I_d 为

$$I_d = \frac{U_d - E}{R_a}$$

如减小晶闸管的控制角 α，则 U_d 增大瞬时引起 I_d 增大，电动机产生的电磁转矩也增大，导致转速提升加快。随着转速升高，电动机反电动势 E 也增大，使电流 I_d 恢复到原来值，此时电动机稳定运行在较高转速；反之，α 增大则电动机转速减小。所以改变 α 可以方便地改变提升速度。

（2）重物下降，变流器工作于逆变状态。在整流状态，电流 I_d 由直流电压 U_d 产生，整流电压 U_d 的波形必须是正面积大于负面积。当重物下放时，电动机转速反向，产生的电动势 E 也反向，对 I_d 来说，反电动势变成正电动势。当控制角大于 90°时，尽管 U_d 波形中出现负面积大于正面积，U_d 变为负值，但由于 E 的作用，晶闸管仍能承受正压而导通。为了维持电流 I_d 流通，E 在数值上必须大于反向的 U_d 值，电路状态与波形如图 6.2（b）

所示，电流值为

$$I_\mathrm{d} = \frac{E - U_\mathrm{d}}{R_\mathrm{a}}$$

此时电动机由重物下降带动，运行于发电状态，产生的直流电功率通过变流电路，将直流电功率逆变为 50 Hz，交流功率返送电网，这就是有源逆变工作状态。

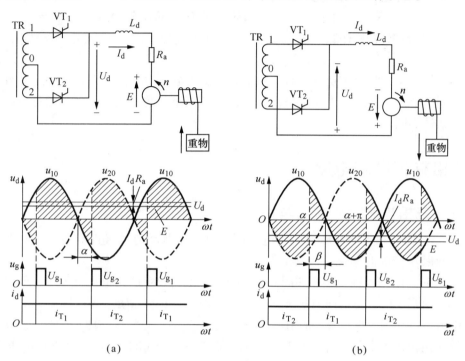

图 6.2 全波相控整流与有源逆变
（a）$\alpha = 45°$；（b）$\beta = 45°$

逆变时 I_d 方向未变（也不可能变），电动机产生的电磁转矩的方向也不变，但电动机转向反了，故此电磁转矩变成制动转矩，防止重物下落加速。因此卷扬机下放重物时，可调节 α 到大于 90°，同时电磁抱闸通电松开，电动机在重物下降的带动下反转并逐渐加速，产生的电动势也逐渐增大。当 $E > U_\mathrm{d}$ 时，有 I_d 流过，电动机产生制动转矩。当制动转矩增大到与重物产生的机械转矩相等时，重物保持匀速下降，电动机工作在发电制动状态。在 90°～180°调节 α 值，就可以方便地改变重物匀速下降的速度。

由图 6.2（b）中的波形可见，电路工作在逆变时的直流电压可由积分求得

$$U_\mathrm{d} = \frac{1}{\pi} \int_\alpha^{\alpha+\pi} \sqrt{2} U_2 \sin \omega t \, \mathrm{d}(\omega t) = 0.9 U_2 \cos\alpha = U_\mathrm{d0} \cos\alpha$$

公式与整流时一样，由于逆变运行时 $\alpha > 90°$，$\cos\alpha$ 计算不方便，所以引入逆变角 β。令 $\alpha = 180° - \beta$，故

$$U_\mathrm{d} = U_\mathrm{d0} \cos\alpha = U_\mathrm{d0} \cos(180° - \beta) = -U_\mathrm{d0} \cos\beta$$

逆变角为 β 时的触发脉冲位置可从 $\alpha = 180°$（π）时刻前移（左移）β 角来确定。

通过上述分析，实现有源逆变必须同时满足以下两个基本条件。

（1）外部条件：要有一个能提供逆变能量的直流电源，且极性必须与晶闸管导通方向一致，其电压值要大于U_d。

（2）内部条件：变流电路必须工作在$\beta<90°$区域，使直流端电压U_d的极性与整流状态时相反，才能把直流功率逆变为交流功率返送电网。

这两个条件缺一不可。由于半控桥式和接续流管的晶闸管电路，在直流端不可能出现负电压，故不能实现有源逆变。为了保证电流连续，逆变电路中一定要串接大电感。

从上面分析可见，整流和逆变、直流和交流在变流电路中相互联系并在一定条件下可相互转换。同一个变流器既可工作在整流状态，又可工作在逆变状态，其关键是电路的内部与外部的条件不同。

6.2 三相有源逆变电路

6.2.1 三相半波有源逆变电路

图6.3（a）为三相半波有源逆变主电路图，电动机电动势的极性具备实现有源逆变的条件。下面以$\beta=30°$时为例分析其工作过程。

当$\beta=30°$时，给VT_1触发脉冲如图6.3（b）所示，此时U相电压$u_U=0$，但是在整个电路中，晶闸管VT_1承受正向电压E，晶闸管导通条件得到满足，VT_1导通。由E提供能量，有电流流过晶闸管VT_1，同时有$u_d=u_U$的电压输出。与整流一样，按照三相交流电源的相序依次换相，每个晶闸管导通120°。u_d波形如图6.3（b）所示。其平均电压U_d在横轴下面为负值，数值比电动机电动势E略小。由于接有大电感L_d，电流为一平直连续电流I_d，如图6.3（d）所示。

在整流电路中晶闸管的关断是靠承受反压或电压过零来实现的。在逆变电路中晶闸管是怎样关断换相的呢？如图6.3（b）所示中，当$\beta=30°$时触发VT_1，因此时VT_3已导通，VT_1承受u_{UW}正向电压，故晶闸管具备了导通条件。一旦VT_1导通后，若不考虑换相重叠角的影响，则VT_3承受反向电压u_{WU}而被迫关断，完成了由VT_3向VT_1的换相过程。其他晶闸管的换相同上所述。总的换相规律还是同整流时情况一样，依照一定的换相顺序，相对于中点而言，使阳极处于高电位的晶闸管导通，形成反向电压去关断处于低电位的晶闸管。

逆变时晶闸管两端电压波形分析方法同整流时完全相同。图6.3（c）画出了$\beta=30°$时，VT_1承受的电压波形，在一个周期内导通120°，紧接着后面的120°内VT_2导通，VT_1关断，VT_1承受u_{UV}电压，最后120°内VT_3导通，VT_1承受u_{UW}电压。晶闸管承受的最大正反向电压为$\sqrt{6}U_2$。

三相半波有源逆变时各电量的计算归纳如下。

输出电压平均值

$$U_d = -1.17U_2\cos\beta \tag{6-1}$$

输出电流平均值

$$I_d = \frac{E - U_d}{R_\Sigma} \quad (6-2)$$

流过晶闸管电流的平均值

$$I_{dT} = \frac{1}{3}I_d \quad (6-3)$$

流过晶闸管电流的有效值

$$I_T = \frac{I_d}{\sqrt{3}} = 0.577 I_d \quad (6-4)$$

流过变压器二次侧电流有效值

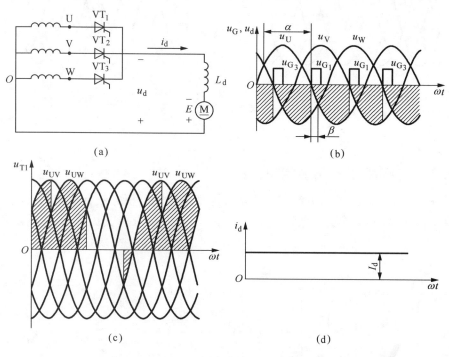

图 6.3　三相半波有源逆变电路

(a) 主电路；(b) $\beta = 30°$时，VT_1 的触发脉冲；
(c) $\beta = 30°$时，VT_1 的电压波形；(d) 平直电流

$$I_2 = \sqrt{\frac{1}{3}} I_d = 0.577 I_d \quad (6-5)$$

由于晶闸管的单向导电性，电流的方向仍和整流时一样。由电流的方向和电源的极性可以明显地看出 E 供出能量，而变流器吸收大部分直流能量变成和电源同频率的交流能量送到电网中去，另一部分消耗在回路电阻上。

图 6.4 画出了 $\beta = 90°$、$\beta = 60°$时的逆变电压波形和晶闸管 VT_1 承受的电压波形。

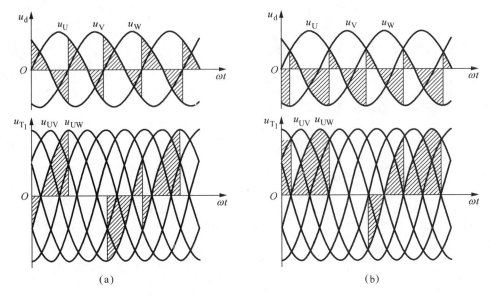

图 6.4 三相半波有源逆变电路电压波形图
(a) $\beta=90°$; (b) $\beta=60°$

6.2.2 三相桥式有源逆变电路

三相桥式逆变电路的分析方法与三相半波逆变电路的分析方法基本相同,电动机电动势的极性具备实现有源逆变的条件。下面以 $\beta=30°$ 为例分析其工作过程(如图 6.5 所示)。

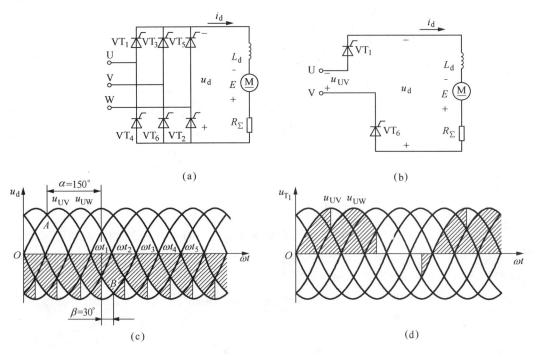

图 6.5 三相桥式有源逆变电路及电压波形

在图 6.5 中，在 ωt_1 处触发晶闸管 VT_1 与 VT_6，此时电压 u_{UV} 为负半波，给 VT_1 与 VT_6 以反向电压。但是 $|E|>|u_{UV}|$，而 E 给 VT_1、VT_6 以正向电压，因而 VT_1、VT_6 两管导通，有电流流过回路，如图 6.5（b）所示。由于 VT_1、VT_6 导通，所以 ωt_1 以后的期间 $u_d = u_{UV}$，如图 6.5（c）所示。显然是电压 u_{UV} 的负半波，经 $60°$ 后，到达 ωt_2 时刻，若触发脉冲为双窄脉冲，VT_1 仍然处于导通状态。VT_2 在触发之前，由于 VT_6 导通而承受正向电压 u_{VW}，所以一旦触发，即可以导通。若不考虑换相重叠角，当 VT_2 导通之后，VT_6 因承受反向电压 u_{VW} 而关断，完成了由 VT_6 到 VT_2 的换相。

在 ωt_2 以后到 ωt_3 期间，$u_d = u_{UW}$，由 ωt_2 经 $60°$ 到 ωt_3 处，触发 VT_2 和 VT_3，VT_2 仍旧导通，而 VT_1 此时却因承受反向电压 u_{UV} 而关断，又进行了一次由 VT_1 到 VT_3 的换相。按照 $VT_1 \sim VT_6$ 换相顺序不断循环下去，晶闸管 VT_1、VT_2、VT_3、VT_4、VT_5、VT_6 依次导通，每个瞬时保持两个晶闸管导通，电动机直流能量经三相桥式逆变电路转换成交流能量送到电网中去，从而实现了有源逆变。

晶闸管承受的电压波形如图 6.5（d）所示，和三相半波一样，承受正向电压的时间多于反向电压的时间，最大值为 $\sqrt{6}U_2$。

图 6.6 画出了 $\beta = 60°$、$90°$ 时，输出电压和晶闸管承受的电压波形图。

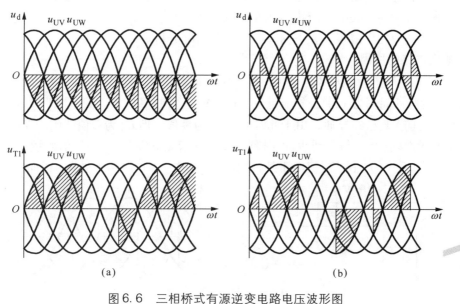

图 6.6 三相桥式有源逆变电路电压波形图
(a) $\beta = 60°$；(b) $\beta = 90°$

三相桥式有源逆变时各电量的计算归纳如下。
输出电压平均值

$$U_d = -2.34 U_2 \cos\beta \tag{6-6}$$

输出电流平均值

$$I_d = \frac{E - U_d}{R_\Sigma} \tag{6-7}$$

流过晶闸管电流的平均值

$$I_{dT} = \frac{1}{3}I_d \qquad (6-8)$$

流过晶闸管电流的有效值

$$I_T = \frac{I_d}{\sqrt{3}} = 0.577 I_d \qquad (6-9)$$

流过变压器二次侧线电流有效值

$$I_2 = \sqrt{\frac{2}{3}} I_d = 0.816 I_d \qquad (6-10)$$

6.3 逆变失败及最小逆变角的确定

6.3.1 逆变失败的原因

变流器在逆变运行时，晶闸管大部分时间或全部时间导通在电压负半波，当某种原因使晶闸管换相失败时，本来在负半波导通的晶闸管会一直导通到正半波，使输出电压 u_d 极性反过来，u_d 和直流电动势顺极性串联，由于逆变电路电阻很小，会形成很大的短路电流，这种情况称为逆变失败，或称为逆变颠覆。

造成逆变失败的原因很多，下面分三种主要情况分析。

1. 触发电路的原因

(1) 触发脉冲丢失：图 6.7（a）为三相半波逆变电路。在正常工作条件下，u_{G1}、u_{G2}、u_{G3} 触发脉冲间隔为 120°，轮流触发 VT_1、VT_2、VT_3 晶闸管。ωt_1 时刻 u_{G1} 触发 VT_1 晶闸管，在此之前 VT_3 已经导通，由于此时的 u_U 虽为零值，但 u_W 为负值，因而 VT_1 承受 u_{UW} 正向电压而导通，VT_3 关断。到达 ωt_2 时刻，在正常情况下应有 u_{G2} 触发信号触发 VT_2 导通，VT_1 关断。图 6.7（b）中，假定由于某种原因 u_{G2} 丢失，VT_2 虽然承受 u_{VU} 正向电压，但因

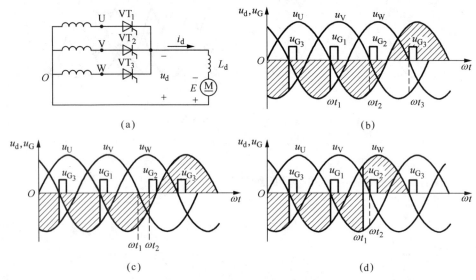

图 6.7 三相半波逆变失败波形
(a) 电路；(b) 逆变失败波形；(c), (d) 触发脉冲分布不均匀

无触发信号无法导通,因而 VT$_1$ 就无法关断,继续导通到正半波。到 ωt_3 时刻 u_{G3} 触发 VT$_3$,由于 VT$_1$ 此时仍然导通,VT$_3$ 承受 u_{WU} 反向电压,不能满足导通条件,因而 VT$_3$ 不能导通,而 VT$_1$ 仍然继续导通,输出电压 u_d 变成上正下负,和 E 反极性相连,造成短路事故,逆变失败。

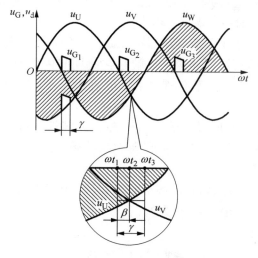

图 6.8 逆变角 β 太小换相失败波形

(2) 触发脉冲分布不均匀(延迟):如图 6.7(c)所示,本应在 ωt_1 时刻触发 VT$_2$ 管,关断 VT$_1$ 管,逆变正常运行,但是由于脉冲延迟至 ωt_2 时刻出现,或触发电路三相调试间隔 120°不对称,使 u_{G1} 和 u_{G2} 之间大于 120°,u_{G2} 出现滞后。此时 VT$_2$ 承受反向电压,因而不满足导通条件。VT$_2$ 不导通,VT$_1$ 继续导通,直到导通至正半波,形成短路,造成逆变失败。

(3) 逆变角 β 太小:如果触发电路没有保护措施,在移相控制时 β 角太小也可能造成逆变失败。由以前讲过的知识可知,由于整流变压器存在漏抗,从而产生换相重叠角 γ,当 $\beta < \gamma$ 时(如图 6.8 中放大部分所示),在正常工作情况下,ωt_1 时刻触发 VT$_2$,VT$_1$ 关断,VT$_2$ 导通,完成 VT$_1$ 到 VT$_2$ 的换相。由于 β 角太小,在过 ωt_2 时刻(对应 $\beta = 0°$),换流尚未结束,即 VT$_1$ 没关断。过 ωt_2 时刻 U 相电压 u_U 大于 V 相电压 u_V,VT$_1$ 管承受正向电压而继续导通。VT$_2$ 管导通很短时间后又受反向电压而关断,和触发脉冲 u_{G2} 丢失一样,造成逆变失败。

2. 晶闸管本身的原因

无论是整流还是逆变,晶闸管都在按一定规律关断或导通,电路处于正常工作状态。若晶闸管发生故障,在应该阻断期间,器件失去阻断能力,或在应该导通期间,器件不能导通都会造成逆变失败。另外,晶闸管连接线的松脱、保护器件的误动作等原因也能引起逆变失败。

3. 交流电源方面的原因

交流电源发生缺相或突然消失,由于直流电动势的存在,晶闸管仍可导通,此时逆变器的交流侧由于失去了同直流电动势极性相反的交流电压,因此直流电动势将通过晶闸管使电路短路。

6.3.2 最小逆变角的确定及限制

由前面所讲的各种逆变失败原因中,可以总结出这样一条规律:对于三相半波逆变电路而言,晶闸管的换相必须在电压负半波换相点之前完成,否则逆变就有可能失败。那么要保证在电压换相点之前完成换相,触发脉冲应该超前多大角度给出,即最小逆变角 β 应多大?确定最小逆变角 β 时应考虑以下因素。

(1) 换相重叠角 γ:由于整流变压器存在漏抗,因而晶闸管在换相时存在换相重叠角 γ。在换相期间,两晶闸管都导通,也就是在此期间内晶闸管换相尚未成功。如果 $\beta < \gamma$,则逆变失败。γ 随变流装置不同和工作电流大小不同而不同,一般需考虑 $15°\sim 25°$ 电角度。

(2) 晶闸管关断时间 t_G 所对应的电角度 δ_0:晶闸管本身由通态到关断也需要一定的时间,这由晶闸管的参数决定,一般为 $200\sim 300~\mu s$。此段时间对应的电角度为 $4°\sim 5°$。

(3) 安全裕量角 θ_a:考虑到脉冲调整时不对称、电网波动、畸变与温度等影响,还必须留一个安全裕量角,一般取 θ_a 约为 $1°$。

综上所述,最小逆变角为

$$\beta_{\min} \geqslant \gamma + \delta_0 + \theta_a \approx 30°\sim 35°$$

为了可靠防止 β 进入 $\beta_{\min}$ 内,在要求较高的场合,可在触发电路中加一套保护线路,使 β 在减小时,移不到 $\beta_{\min}$ 内,或者在 $\beta_{\min}$ 处设置产生附加安全脉冲的装置,此脉冲不移动,一旦工作脉冲移入 $\beta_{\min}$ 内,则安全脉冲保证在 $\beta_{\min}$ 处触发晶闸管,以防止逆变失败。

6.4 有源逆变电路的应用

6.4.1 用接触器控制直流电动机正反转的电路

图 6.9 为采用一组晶闸管组成的变流器给电动机电枢供电、用接触器控制直流电动机正反转的电路,电动机励磁由另一组整流电源供电,图中未画出。当晶闸管桥路工作在整流状态,接触器 KM_1 触点闭合时电动机正转;KM_1 断开 KM_2 闭合时则电动机反转。当电动机从正转到反转时,为了实现快速制动与反转、缩短过渡过程时间以及限制过大的反接制动电流,可将桥路触发脉冲移到 $\alpha > 90°$,即工作在逆变状态。在初始阶段 KM_1 尚未断开,在电抗器中的感应电动势作用下,电路进入有源逆变状态,将电抗器中的能量逆变为交流能量返送电网。此时电流 I_d 快速下降,当 I_d 下降到接近零时,断开 KM_1 合上 KM_2,此时由于电动机反电动势的作用仍满足实现有源逆变的条件,将电枢旋转的机械能逆变为电能返送电网,同时产生制动转矩。随着转速 n 的下降,电动势 E 减小,可相应增大 β 值,使桥路逆变电压 U_d 随 E 同步下降,则流过电动机的制动电流 $I_d = (E - U_d)/R_a$,在整个制动过程维持最大,因此电动机转速迅速下降到零,脉冲相应移到 $\alpha < 90°$ 区。反转启动时桥路由逆变状态进入整流状态,α 从 $90°$ 逐渐减小,使电动机反转加速,电流维持在最大允许值,以最短的时间达到反向稳定转速。

第6章 有源逆变电路

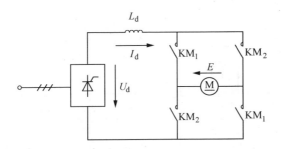

图6.9 用接触器控制直流电动机正反转电路

当控制角 $\alpha > 90°$，直流端电动势方向符合逆变要求，但 $|E| \leq |U_d|$ 时，直流电流 $I_d = 0$，无法将直流功率逆变为交流功率，这时桥路处于待逆变状态，只要改变 β 使 $|U_d| < |E|$，桥路就立即进入逆变状态。

采用接触器的可逆电路投资少、设备简单，但在动作频繁、电流较大的场合，由于控制角变化不可能完全配合合拍，接触器触头断流电弧严重，维修麻烦，加上接触器本身的动作时间较长，故这种线路只用于对快速性要求不高、容量不大的场合。

根据同样原理，可用接触器或继电器控制电动机励磁电流方向来实现电动机的正反转。

6.4.2 采用两组晶闸管反并联的可逆电路

对于不同于卷扬机的位能负载，若电动机由电动状态转为发电制动，相应的变流器由整流转为逆变，则电流必须改变方向，这是不能在同一组变流桥内实现的。因此必须采用两组变流桥，将其按极性相反连接，一组工作在电动机正转，另一组工作在电动机反转，两组变流桥反极性连接有两种供电方式，一种是两组变流桥由一个交流电源或通过变压器供电，称为反并联连接，常用的反并联电路如图6.10所示。另一种称交叉连接，两组变流桥分别由一个整流变压器的两组二次绕组供电，也可用两台整流变压器供电。两种连接的工作情况是相似的，下面以反并联电路为例进行分析。反并联可逆电路常用的有：逻辑无环流、有环流以及错位无环流三种工作方式。现分别叙述如下。

1. 逻辑控制无环流可逆电路的基本原理

当电动机磁场方向不变时，正转时由Ⅰ组桥供电；反转时由Ⅱ组桥供电，采用反并联供电可使直流电动机在四个象限内运行，如图6.11所示。

反并联供电时，如两组桥路同时工作在整流状态会产生很大的环流，即不流经电动机的两组变流桥之间的电流。一般来说，环流是一种有害电流，它不做有用功而占有变流装置的容量，产生损耗使元件发热，严重时会造成短路事故损坏元件。因此必须用逻辑控制的方法，在任何时间内只允许一组桥路工作，另一组桥路阻断，这样才不会产生环流，这种电路称为逻辑无环流可逆电路。工作情况分析如下。

电动机正转：在图6.11中第一象限工作，Ⅰ组桥投入触发脉冲，$\alpha_1 < 90°$，Ⅱ组桥封锁阻断，Ⅰ组桥处于整流状态，电动机正向运转。

电力电子技术

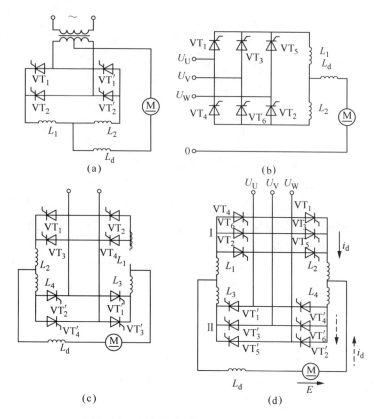

图 6.10 两组晶闸管反并联的可逆电路

电动机由正转到反转：将 I 组触发脉冲后移到 $\alpha_1 > 90°$（$\beta_1 < 90°$），由于机械惯性，电动机的转速 n 与反电动势 E 暂时未变。I 组桥的晶闸管在 E 的作用下本应关断，由于 i_d 迅速减小，在电抗器 L_d 中产生下正上负的感应电动势 e_L 且其值大于 E，故电路进入有源逆变状态，将 i_d 中的能量逆变返送至电网。由于此时逆变发生在原工作桥，故称为"本桥逆变"，电动机仍处于电动工作状态。当 i_d 下降到零时，将 I 组桥脉冲封锁，待电动机惯性运转 3～10 ms 后，II 组桥进入有源逆变状态（图中第二象限），且使 $U_{d\beta}$ 值随电动势 E 减小而同步减小，以保持电动机运行在发电制动状态快速减速，将电动机惯性能量逆变返送至电网。由于此逆变发生在原来封锁的桥路，故称"他桥逆变"。当转速下降到零时将 II 组桥触发脉冲继续移至 $\alpha_{II} < 90°$ 即 $\beta_{II} > 90°$，II 组桥进入整流状态电动机反转稳定运行在第三象限。同理，电动机从反转到正转是由第三象限经第四象限到第一象限。由于任何时刻两组变流器不同时工作，故不存在环流。

具体实现方法是根据给定信号，判断电动机的电磁转矩方向即电流方向，以决定开放哪一组桥，封锁哪一组桥，判断转矩方向的环节称为极性检测。当实际的转矩方向与给定信号的要求不一致时，要进行两组桥触发脉冲间的切换。但是在切换时，把原工作着的一组桥脉冲封锁后，不能立刻将原封锁的一组桥触发导通。因为已导通的晶闸管不能在脉冲封锁的那一瞬间立即关断，必须等到阳极电压降到零以后主回路电流小于维持电流才开始关断。因此，切换过程第一步，应使原工作桥的电感能量通过本桥逆变返送至电网，待电流下降到零时标志"本桥逆变"结束。系统中应装设检测电流是否接近零的装置,称零电流检测。零电流信号发出后延时 2~3 ms,封锁原工作桥的触发脉冲,再经过 6~8 ms,确保原工作桥的晶闸管恢复了阻断能力后,再开放原封锁的那一组桥的触发脉冲。为了确保不产生环流,在发出零电流信号后,必须延时 10 ms 左右才能开放原封锁的那一组桥,这 10 ms 称为控制死区。

逻辑无环流电路虽有死区,但不需要笨重与昂贵的均衡电抗来限制环流,也没有换流损耗。因此在工业生产中得到了广泛应用。

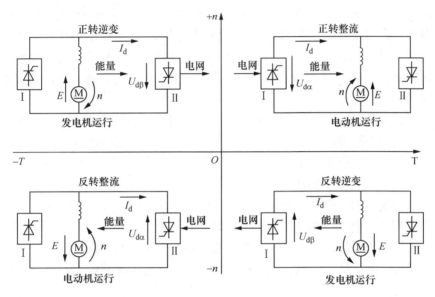

图 6.11 反并联可逆系统四象限运行图

2. 有环流反并联可逆电路的基本原理

逻辑无环流系统切换控制比较复杂并且动态性能较差,故在中小容量的可逆拖动中有时采用有环流反并联可逆系统。这种电路的特点是反并联的两组变流器同时都有触发脉冲,两组桥在工作中都能保持连续导通状态。因此这种工作方式负载电流的反向完全是连续变化的过程,不需要检测负载电流的方向或者阻断与导通相应的变流器,动态性能比无环流好。由于两组变流器都参与工作,为了防止在两组变流器之间出现环流,当一组工作在整流状态时,另一组必须工作在逆变状态,并且保持 $\alpha = \beta$,也就是两组变流器的控制角之和必须保持 180°,才能使两组的输出电压大小相等、方向相反。我们称这种运行方式为"$\alpha = \beta$"工作制。

$\alpha = \beta$ 工作制的触发脉冲是这样安排的:当控制电压 $U_c = 0$ 时,使Ⅰ、Ⅱ两组变流器的控制角均为 90°,即 $\alpha_Ⅰ = \beta_Ⅱ = 90°$,则电动机转速为零。当 U_c 增大时,使Ⅰ组变流器触发脉冲左移即 $\alpha_Ⅰ < 90°$,进入整流状态,而Ⅱ组变流器脉冲右移相同角度使 $\beta_Ⅱ < 90°$,进入待逆变状态。由于交流能量通过Ⅰ组变流器向电动机供电,故使电动机正转。要使电动机反转,只要使 U_c 减小,Ⅰ组的控制角 $\alpha_Ⅰ$ 与Ⅱ组的逆变角 $\beta_Ⅱ$ 同时逐渐增大,则两组变流器的直流电压 $U_{dⅠ}$、$U_{dⅡ}$ 立即减小。由于电动机机械惯性的作用,反电动势 E 还来不及变化,出现 $E > U_{dⅠ} = U_{dⅡ}$,E 给Ⅰ组变流器以反向电压,给Ⅱ组变流器以正向电压,使Ⅱ组变流器满足有源逆变条件而导通,从待逆变状态转为逆变状态,电动机电流反向,产生制动转矩。继续增大 $\alpha_{\rm I}$、$\beta_{\rm II}$,使 E 保持大于 $U_{\rm d}$,电动机在减速过程中一直产生制动转矩,以达到快速制动的目的。在此期间,Ⅰ组变流器虽给出正向电压 $U_{\rm dI}$,但 $U_{\rm dI} < E$,没有直流电流输出,处在待整流状态。继续增大Ⅰ组的控制角使 $\alpha_{\rm I} > 90°$ 即 $\beta_{\rm I} < 90°$,则Ⅰ组变流器转入待逆变状态;Ⅱ组变流器因 $\alpha_{\rm II} < 90°$ 进入整流状态,直流电压改变极性,电动机反转。所以在 $\alpha = \beta$ 制中改变Ⅱ组变流器的控制角可以实现四象限运行。

在实际运行中如能严格保持 $\alpha = \beta$,两组反并联的变流器之间是不会产生直流环流的。但是由于两组变流器的直流输出端瞬时电压值 $U_{\rm dI}$ 与 $U_{\rm dII}$ 不相等,因此会出现瞬时电压差,称为均衡电压 $u_{\rm c}$ 也称环流电压,在 $u_{\rm c}$ 作用下产生不流经负载的环流电流,为限制环流电流必须串接均衡电抗器 $L_{\rm C}$(图 6.10 中 $L_1 \sim L_4$),在可逆系统中通常限制最大环流为额定电流的 5% ~ 10%。

以上对环流的分析都是在 $\alpha = \beta$ 条件下作出的,若 $\alpha < \beta$,均衡电压 $u_{\rm c}$ 正半部增大,负半部减小,环流会很严重,实质上是整流电压大于逆变电压,出现直流环流。若 $\alpha > \beta$ 则均衡电压正半部减小,负半部增大,环流会受到抑制。为了减小环流或为了防止出现 $\alpha < \beta$ 的情况,可采用 α 稍大于 β 的工作方式。

目前在实际应用中,尚有一种可控环流的可逆系统,即工作中按需要对环流的大小进行控制。当负载电流小时,调节两组变流器的控制角使 $\alpha < \beta$,产生一定大小的直流环流,以保持电流连续,从而使控制系统反应快,克服因电流断续而引起系统静态特性与动态品质的恶化。当负载电流足够大时,使 $\alpha < \beta$ 环流减小,这样既减少了损耗,又可减小均衡电感量。

3. 错位无环流可逆电路的基本原理

错位无环流是两组变流器都输入触发脉冲,只是适当错开彼此间触发脉冲的位置,即当控制电压 $U_{\rm c} = 0$ 时,使Ⅰ、Ⅱ两组变流器的控制角均为 $\alpha = \beta = 150°$。当 $U_{\rm c}$ 增大时,使Ⅰ组变流器触发脉冲角 α 减小,而不工作的那一组晶闸管在受到脉冲时,阳极电压恰好为负值,使之不能导通,从而消除环流。

6.4.3 绕线转子异步电动机的串级调速

绕线转子异步电动机用转子串接电阻、分段切换可进行调速,此法调速与节能性能都很差。采用转子回路引入附加电动势,从而实现电动机调速的方法称为串级调速。晶闸管串级调速是异步电动机节能控制广泛采用的一项技术,目前国内外许多著名电气公司均生产串级调速系列产品。它的工作原理是利用三相整流将电动机转子电动势变换为直流,经滤波通过有源逆变电路再变换为三相工频交流返送至电网。

串级调速主电路原理图如图 6.12 所示,逆变电压 $U_{\rm d\beta}$ 为引入转子电路的反电动势,改变逆变角 β 即可改变反电动势大小,达到改变转速的目的。$U_{\rm d}$ 是转子整流后的直流电压,其值为

$$U_{\rm d} = 1.35 s E_{20}$$

式中,E_{20} 为转子开路线电动势($n = 0$);s 为电动机转差率。

当电动机转速稳定,忽略直流回路电阻时,则整流电压 $U_{\rm d}$ 与逆变电压 $U_{\rm d\beta}$ 大小相等、

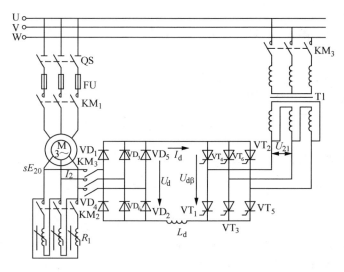

图 6.12 串级调速主电路原理图

方向相反。当逆变变压器 T1 二次线电压为 U_{21} 时，则

$$U_{d\beta} = 1.35 U_{21} \cos \beta = U_d = 1.35 s E_{20}$$

所以

$$s = \frac{U_{21}}{E_{20}} \cos \beta$$

上式说明，改变逆变角 β 的大小即可改变电动机的转差率，实现调速。其调速过程大致如下。

启动：接通 KM_1、KM_2 接触器，利用频敏变阻器启动电动机。对于水泵、风机等负载用频敏变阻器启动，对矿井提升、传输带、交流轧钢等可直接启动。当电动机启动后，断开 KM_2，接通 KM_3，装置转入串级调速。

调速：电动机稳定运行在某转速，此时 $U_d = U_{d\beta}$，如 β 角增大，则 $U_{d\beta}$ 减小，使转子电流瞬时增大，致使电动机转矩增大，转速提高，使转差率 s 减小，当 U_d 减小到与 $U_{d\beta}$ 相等时，电动机稳定运行在较高的转速上；反之，若减小 β 值，则电动机转速下降。

停车：先断开 KM_1，延时断开 KM_3，电动机停车。

通常电动机转速越低返回电网的能量越大，节能越显著，但调速范围过大将使装置的功率因数变差，逆变变压器和变流装置的容量增大，一次投资增高，故串级调速比例定在 2:1 以下。

【技能训练】

实验8 三相有源逆变电路的应用

一、实验目的

（1）研究三相桥式整流电路由整流转换到逆变状态的全过程，验证有源逆变条件。
（2）观察逆变颠覆现象，总结防止逆变颠覆的措施。

二、实验电路

电路如图 6.13、图 6.14 所示。

三、实验设备

(1) BL-Ⅰ型电力电子技术实验装置。

(2) 直流电动机-发电动机组。

(3) 三相整流变压器。

(4) 电抗器。

(5) 灯箱（或变阻器）。

(6) 双踪示波器。

(7) 万用表。

(8) 转速表。

(9) 单相双投刀开关。

(10) 单相刀开关。

(11) 三相刀开关。

(12) 三相自耦调压器。

四、实验原理

在直流电动机可逆系统中，要求 α 在 0°~180°范围内变化，而 α 在 0°~90°时，电路工作在整流状态，$U_d > 0$，并且 $U_d > E_M$（E_M 为直流电动机电枢电动势），d_1 极性为正，d_2 极性为负，电动机正转；α 在 90°~180°（$\beta = 90°~0°$）时，电路工作在有源逆变状态，$U_d < 0$，并且 $U_d < E_M$，d_1 极性为负，d_2 极性为正，电动机反转；$\alpha = 90°$ 时为中间状态，$U_d = 0$，电动机不转。有源逆变条件如下。

(1) 必须有一个对晶闸管为正的直流电源 E_M，并且，$|E_M| > |U_d|$。

(2) 逆变角 $30° \leq \beta < 90°$。

(3) 负载回路中要有足够大的电感。

五、实验内容及步骤

1. 逆变实验准备

(1) 检查电源相序和变压器极性是否符合要求。

(2) 按图 6.15 将电路接好，各刀开关均处于打开位置。

(3) 接通触发电路各直流电源，检查各触发电路是否正常。

(4) 待触发电路工作正常后，可找出偏移电位器对应 $\alpha = 150°$ 时的位置。这时可将主电路图 6.14 中 VT_1、VT_2、VT_3 三个晶闸管暂时接成三相半波可控整流电路（注意：d_2 端断开，VT_4、VT_6、VT_2 暂不接），如图 6.15 所示。

按启动按钮，主电路接通电源，做三相半波可控整流电路电阻负载实验。根据移相范围为 150°的原则，将 U_c 电位器旋扭调到零，然后调节 U_b 电位器旋钮使输出电压 U_d 刚好为零，此时说明 α 角为 150°。记好这个位置，并在 U_b 旋钮上做好标记。

(5) 按停止按钮，使主电路切断电源，再将主电路接成三相桥式全控整流电路。按启动按钮，接触器 KM 吸合，使晶闸管整流桥接通电源。Q_3 合向 1（此时为电阻性负载），调节移相控制电压 U_c 旋钮，观察 U_d 波形是否连续可调，检查三相全控桥式整流电路工作是否正常，当证明电路工作正常后，再调 U_c 使 $\alpha = 90°$。

第6章 有源逆变电路

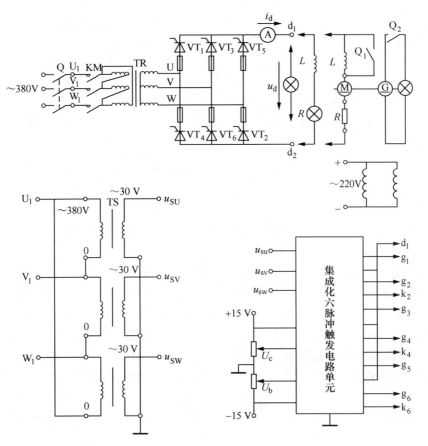

图6.13 三相桥式有源逆变主电路接线图（1）

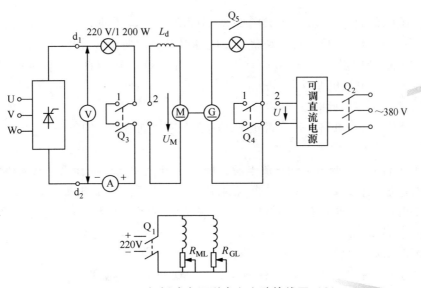

图6.14 三相桥式有源逆变主电路接线图（2）

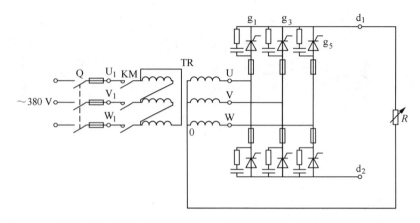

图 6.15 找 U_b 电位器对应 $\alpha = 150°$ 位置的主电路接线图

(6) 闭合 Q_1,给直流电动机、直流发电动机加上额定励磁电压。Q_4 合向 1,使直流发电动机接上灯泡负载。Q_3 合向 2,直流电动机接通可控整流电源。增大 U_c 使 α 角逐渐减小,U_d 由零逐渐上升到一定值(如 150 V),电动机减压启动并运转,记录电动机的转向。

(7) 保持 U_d 不变,并带上一定负载,读取直流平均电压 U_{Ld} = _____ V、U_{Rd} = - _____ V、直流电动机电枢两端的电压 U_M = _____ V,比较 U_d 与 U_M 的大小 _____。记录 d_1、d_2 两端的极性 d_1 _____、d_2 _____,观察 u_d、u_{Ld} 和 i_d 的波形,记录于表 6-1 中。

表 6-1 实验记录

u_d	u_{Ld}	i_d

(8) 打开 Q_3 闭合 Q_2、Q_5,Q_4 合向 2,调节可调直流电源使 U 由零稍上升,直流发电动机启动并带动直流电动机旋转,观察直流电动机是否反向旋转[即与步骤(6)转向相反]。若电动机的转向仍与步骤(6)时相同,可打开 Q_2,对调直流发电动机电枢两端的接线,再闭合 Q_2,电动机即反向运转。

(9) 把 U_c 调到零,此时 $\alpha = 150°$。

以上步骤主要检查电路工作是否正常,为有源逆变创造必要的条件。

2. 逆变运行实验

(1) 将 Q_3 合向 2,调节可调直流电源,使 U 上升,发电动机升速,电动机电动势 E_M 上升,当电流表中有读数时,用示波器观察 u_d 的波形为负。由于电流 I_d 方向未变,说明可控整流电路进入逆变工作状态。继续增大 U,使 I_d 为定值(电流数值可根据设备及负载条件自行确定)。读取 U_d = _____ V、U_M = _____ V,是否 $U_M > U_d$?U_d、U_M 极性如何?U_M 极性是否对晶闸管为正?记录 u_d、i_d 波形于表 6-2 中。

(2) 保持 I_d = 常数,增大 U_c,使 $\alpha = 150°$、$90°$ 重复上述实验。

(3) 当 $\alpha = 90°$ 增加到 $150°$ 时,观察转速的变化。

表6-2 实验记录

α	150°	120°	90°
u_d			
i_d			

3. 观察逆变失败现象

(1) 将 U_c 调到零，再调 U_b，使 $\beta=0°$，示波器上出现一相直通的正弦波。

(2) 在正常逆变工作状态时，去掉 +15 V 电源使脉冲消失，观察逆变失败现象，记录逆变失败时的波形，分析造成逆变失败的原因。

(3) 打开 Q_4、Q_2、Q_3、Q_5 及 Q_1，实验完毕。

六、实验说明及应注意的问题

(1) 整流与触发电路均与前面实验相同，可参照进行接线。

(2) 可调直流电源由三相调压器经二极管三相桥式整流获得，输出直流电压 U 由 0~220 V 可调。

(3) 逆变工作时，若 U_d、E_M 顺极性串联会造成短路，电路中会出现短路电流，损坏晶闸管元件，因此在生产中常采取一系列措施来防止这一故障发生。这里是为了能观察到这种现象，人为地制造了这种故障，而串联灯泡就是为了限制这种故障电流。这显然是与实际工作电路不符合的，但这样可以做到在电流 I_d 不超过允许值的情况下，通过调节 U_c，可以观察到由整流到逆变的全过程。即使这样也应注意电流不得超过规定值（本电路不得超过1.5 A）。

(4) 给发电动机加到全压后，若转速仍达不到要求，可在直流发电动机励磁绕组中串入电阻，进行弱磁升速，其操作应小心进行。

(5) 逆变工作中 α 由 90°增加到 150°时，逆变电压 U_β 要上升，在 I_d 不变的条件下，相当于直流发电动机负载上升，所以转速 n 要下降。在可调直流电源的功率较小时，由于电源内阻压降引起 U 下降，使转速下降更多，在严重条件下，甚至不能保证逆变顺利进行，在不得已的条件下，只有在逆变电压较低的条件下进行实验，或者改用二次电压较低的整流变压器。

七、实验报告要求

(1) 整理实验中记录的波形，回答提出的问题。

(2) 总结有源逆变条件及应注意的问题。

(3) 逆变工作时，若 $\alpha<90°$ 会出现什么问题，应采取什么措施？

(4) 讨论分析实验中出现的其他问题。

本章小结

有源逆变工作状态是整流电路的一种重要的工作状态，对于有源逆变状态，分析方法可沿用整流电路的分析方法。本章主要介绍了有源逆变电路的基本工作原理、三相有源逆变电路、有源逆变电路的应用以及逆变失败等内容。

思考题与习题

6-1 什么叫有源逆变？

6-2 变流器工作在逆变状态时，控制角至少为多少？为什么？

6-3 有源逆变的工作原理是什么？实现有源逆变的条件是什么？哪些电路可实现有源逆变？变流装置有源逆变工作时，其直流侧为什么能出现负的直流电压？

6-4 半控桥和负载侧并有续流二极管的电路能否实现有源逆变？为什么？

6-5 在有源逆变电路中，最小逆变角应设定为多少？为什么？

6-6 如图 6.16 所示，一个工作在整流电动状态，另一个工作在逆变发电状态：

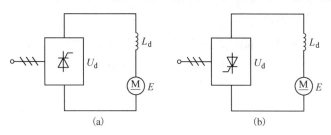

图 6.16 习题 6-6 图
（a）整流电动状态；（b）逆变发电状态

(1) 在图中标出 U_d、E_d 及 i_d 的方向。

(2) 说明 E 大小与 U_d 大小的关系。

(3) 当 α 与 β 的最小值均为 30°时，控制角 α 移相范围为多少？

6-7 试画出三相半波共阴极接法 $\beta=30°$ 时的 u_d 及晶闸管 VT_2 两端电压 u_{T2} 的波形。

6-8 设晶闸管三相半波有源逆变电路的逆变角 $\beta=30°$，试画出 VT_2 管的触发脉冲丢失一支时，输出电压 u_d 的波形图。

6-9 简述桥式反并联可逆电路有环流系统四象限运行的工作过程。此电路为何要用四只均衡电抗器？

6-10 什么是环流？环流是怎样产生的？

6-11 直流电动机可逆控制系统中，在什么情况下需要环流大些？在什么情况下希望环流小些？

6-12 可逆系统中的环流有什么好处？又有什么坏处？

6-13 什么是本桥逆变？本桥逆变的是什么能量？什么是它桥逆变？它桥逆变的是什么能量？

6-14 说明绕线异步电动机串级调速的工作原理。

第 7 章 变频电路

【学习目标】

1. 知识目标
(1) 了解变频电路的基本概念、作用及分类。
(2) 了解变频电路的应用领域。
(3) 掌握变频电路的换流方式。
(4) 掌握变频电路的基本工作原理及结构组成。
(5) 掌握电压型和电流型变频电路的特点。
(6) 熟悉 SPWM 变频电路的工作原理和优点。

2. 能力目标
(1) 学会分析三相电压型 180°导电型变频电路。
(2) 学会分析三相电流型 120°导电型变频电路。
(3) 掌握有源逆变与无源逆变的区别。

7.1 变频电路概述

逆变电路根据交流电用途不同可以分为有源逆变电路和无源逆变电路。有源逆变电路在第 6 章已作介绍。无源逆变是交流侧接到负载上，将直流电逆变成某一频率或可调频率的交流电供给负载。主要用于交流电机变频器调速、不间断电源等方面。

7.1.1 变频电路的作用

变频电路的作用就是把工频交流电或直流电变换成频率可调的交流电供给用电负载。现代化生产中需要各种频率的交流电源，其主要作用如下。

(1) 大型计算机等特殊要求的电源设备，对其频率、电压波形与幅值及电网干扰等参数，均有很高的精度要求。
(2) 不间断电源（UPS），平时电网对蓄电池充电，当电网发生故障停电时，将蓄电池的直流电逆变成 50 Hz 交流电，对设备作临时供电。
(3) 中频装置，广泛用于金属冶炼、感应加热及机械零件淬火。
(4) 变频调速，对三相异步电动机或同步电动机进行变频调速。

7.1.2 变频电路的分类

变频电路的核心部件就是无源逆变电路，即我们常说的逆变器。

1. 根据输入直流电源的特点分

(1) 电压型：电压型逆变器的输入端并接有大电容，输入直流电源为恒压源。

(2) 电流型：电流型逆变器的输入端串接有大电感，输入直流电源为恒流源。

2. 根据电路的结构特点分

(1) 半桥式逆变器。

(2) 全桥式逆变器。

(3) 推挽式逆变器。

3. 根据负载的特点分

(1) 谐振式逆变器。

(2) 非谐振式逆变器。

4. 根据变频过程分

(1) 交—交变频器，由固定的交流电直接转换成交流电的过程，也叫直接变频。

(2) 交—直—交变频器，由交流电转换成直流电，再将直流电转换成交流电的过程，也称间接变频。

7.2 变频电路的基本原理

7.2.1 变频电路的换流方式

在变频电路工作过程中，电流会从一个支路向另一个支路转移，这个过程称为换流，也叫换相。换流能否成功是变频能否实现的关键。因此研究换流方式是十分重要的。在变频电路中常用的换流方式有器件换流、负载换流、强迫换流和电网换流。

1. **器件换流**（Device Commutation）

它利用电力电子器件自身具有的自关断能力进行换流。采用自关断器件组成的变频电路，就属于这种类型的换流方式。

2. **负载换流**（Load Commutation）

它是利用输出电流超前电压，当流过晶闸管中的振荡电流自然过零时，则晶闸管将继续承受负载的反向电压，如果电流的超前时间大于晶闸管的关断时间，就能保证晶闸管完全恢复到正向阻断能力，从而实现电路可靠换流，即负载为电容性负载时，可实现负载换流。目前使用较多的并联和串联谐振式中频电源就属于此类换流。这种换流主电路不需附加换流环节，也称自然换流。

3. **强迫换流**（Forced Commutation）

当负载所需交流电频率不是很高时，可采用负载谐振式换流，但需要在负载回路中接入容量很大的补偿电容，这显然是不经济的，这时可在变频电路中附加一个换流回路。进行换流时，由于辅助晶闸管或另一主控晶闸管的导通，使换流回路产生一个脉冲，让原来导通的晶闸管承受反向脉冲电压，并持续一段反向电压时间，迫使晶闸管可靠关断，称为强迫换流。图 7.1（a）为强迫换流电路原理图，电路中 VT_2、C 与 R_1 构成换流环节。当主控晶闸管 VT_1 触发导通后，负载 R 被接通，同时直流电源经 R_1 对电容器 C 充电，直到电容电压 $u_C = -U_d$ 为止。为了使电路换流，可触发辅助晶闸管 VT_2 导通，这时电容 C 电压通过 VT_2 加到 VT_1 管两端，迫使 VT_1 承受反向电压而关断，同时电容 C 还经 R、VT_2 及直流电源放电和反向充电。反向充电波形如图 7.1（b）所示，由波形可见，VT_2 触发导通至

t_0 期间，VT_1 均承受反向电压，在这期间内 VT_1 必须已恢复到正向阻断状态。只要适当选取电容器 C 的值，使主控晶闸管 VT_1 承受反向电压的时间 t_0 大于 VT_1 的恢复关断时间 t_q，就能确保可靠换流。

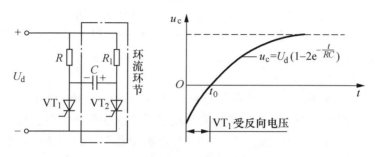

图 7.1 强迫换流电路原理图及反充电波形

4. 电网换流（Line Commutation）

由电网电压的过零变向提供换流电压，称为电网换流。可控整流电路、交流调压电路和采用相控方式的交–交变频电路的换流方式都是电网换流。在换流时，只要把负的电网电压施加在欲关断的晶闸管上即可使其关断。这种换流方式不需要器件具有门极可关断能力，也不需要为换流附加元件，但不适用于没有交流电网的无源逆变电路。

7.2.2 变频电路的工作原理

1. 单相交–直–交变频电路

以单相桥式变频电路为例说明其工作原理。如图 7.2（a）所示，图中 U_D 为通过整流电路将交流电整流而得的直流电源，晶闸管 VT_1、VT_4 称为正组，VT_2、VT_3 称为反组。当控制电路使 VT_1、VT_4 导通，VT_2、VT_3 关断时，在输出端获得正向电压；当控制电路使 VT_2、VT_3 导通，VT_1、VT_4 关断时，输出端获得反向电压，即交替导通正组、反组的晶闸管，并且改变其导通关断的频率，就可在输出端获得频率不同的方波，其输出电压波形如图 7.2（b）所示。改变正组和反组的控制角 α，则可实现对输出电压幅值的调节。

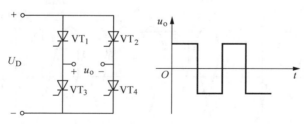

图 7.2 单相桥式变频电路及输出电压波形图

这种电路直接将直流电变换为不同频率的交流电，从晶闸管的工作特性可知，晶闸管从关断变为导通是容易实现的。然而，由于电源为直流电，要使已导通的晶闸管重新恢复到关断状态则比较困难。从某种意义上讲，整个晶闸管变频电路发展的过程即是研究如何更有效、可靠地关断晶闸管的过程。我们把变频电路中已导通的晶闸管关断后再恢复其正向阻断状态的过程称为换流，通常采用的办法是对导通状态的晶闸管施加反向电压，使其阳极电流下降到维持电流以下，从而关断晶闸管。加反向电压的时间必须大于晶闸管的关断时间。随着半导体工业的发展，一些新型的全控型开关器件如第2章所谈到的GTO、GTR、IGBT管等正逐渐取代晶闸管，由于其属于全控型器件，导通和关断都可控制，这使交－直－交变频电路得到了很大的发展。

2. 单相交－交变频电路

电路如图7.3（a）所示。电路由具有相同特征的两组晶闸管整流电路反并联构成，将其中一组称为正组整流器，另外一组称为反组整流器。如果正组整流器工作，反组整流器被封锁，负载端输出电压为上正下负；如果反组整流器工作，正组整流器被封锁，则负载端得到的输出电压为上负下正。这样，只要交替地以低于电源频率切换正、反组整流器的工作状态，即可在负载端获得交变的输出电压。

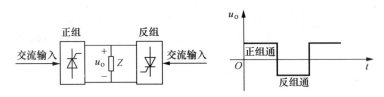

图7.3　单相桥式交－交变频电路及输出电压波形图（控制角α不变）
（a）电路；（b）输出电压波形

如果在一个周期内控制角α是固定不变的，则输出电压波形为矩形波，如图7.3（b）所示。矩形波中含有大量的谐波，对电动机的工作不利。如果控制角α不固定，在正组工作的半个周期内让控制角α按正弦规律从90°逐渐减小到0°，然后再由0°逐渐增加到90°，那么正组整流电路的输出电压的平均值就按正弦规律变化。控制角α从零增加到最大，然后从最大减小到零，变频电路输出电压波形如图7.4所示（三相交流输入），该图中A～G点为触发控制角的时刻。在反组工作的半个周期内采用同样的控制方法，就可得到接近正弦波的输出电压。

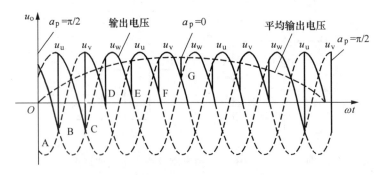

图7.4　单相交－交变频电路的输出电压波形图（控制角变化）

7.3 负载谐振式变频电路

利用负载电路的谐振来实现换流的电路称为谐振式变频电路。如果换流电容与负载并联，则称为并联谐振式变频电路。它广泛应用于金属冶炼、加热、中频淬火等场合。如果换流电容与负载串联，则称为串联谐振式变频电路。适用于高频淬火、弯管等场合，由于它们不用附加专门的换流电路，因此应用较为广泛。

7.3.1 并联谐振式变频电路

如图 7.5 所示电路即为并联谐振式变频电路的主电路。L 为负载，换流电容 C 与之并联，$L_1 \sim L_4$ 为四只电感量很小的电感，用于限制晶闸管电流上升率。由三相可控整流电路获得电压连续可调的直流电源，经过大电感滤波，加到由四个晶闸管组成的变频桥两端，通过该变频电路的相应工作，将直流电变换为所需频率的交流电供给负载。

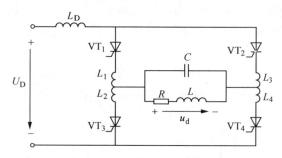

图 7.5 并联谐振式变频电路的主电路图

上述变频电路在直流环节中设置大电感滤波，使直流输出电流波形平滑，从而使变频电路输出电流波形近似于矩形。由于直流回路串联了大电感，故电源的内阻抗很大，类似于恒流源，因此这种变频电路又被称为电流型变频电路。

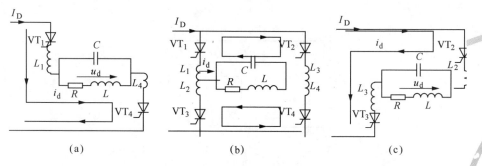

图 7.6 变频器工作时晶闸管的换流过程
(a) VT_1、VT_4 触发；(b) 换流；(c) VT_2、VT_3 导通

当变频电路中 VT_1、VT_4 和 VT_2、VT_3 两组晶闸管以一定频率交替导通和关断时，负载感应线圈就流入中频电流，线圈中即产生相应频率的交流磁通，从而在熔炼炉内的金属中产生涡流，使之被加热至熔化。晶闸管交替导通的频率接近于负载回路的谐振频率，负载

电路工作在谐振状态，从而具有较高的效率。

图 7.6 为变频器工作时晶闸管的换流过程。当晶闸管 VT_1、VT_4 触发导通时，负载 L 得到左正右负的电压，负载电流 i_d 的流向如图 7.6（a）所示。由于负载上并联了换流电容 C，L 和 C 形成的并联电路可近似工作在谐振状态，负载呈容性，使 i_d 超前负载电压 u_d 一个角度 φ，负载中电流及电压波形如图 7.7 所示。当在 t_2 时刻触发 VT_2 及 VT_3 晶闸管时，由于负载电压 u_d 的极性，此时对 VT_2 及 VT_3 为顺极性，使 i_2 及 i_3 从零逐渐增大；反之因 VT_2 及 VT_3 的导通，将电压 u_d 反加至 VT_1 及 VT_4 两端，从而使 i_1 及 i_4 相应减小，在 $t_2 \sim t_4$ 时间内 i_1 和 i_4 从额定值减小至零，i_2 由零增加至额定值，电路完成了换流。设换流期间时间为 t_r，从上述分析可见，t_r 内四个晶闸管皆处于导通状态，由于大电感 L_D 的恒流作用及时间 t_r 很短，故不会出现电源短路的现象。虽然在 t_4 时刻 VT_1 及 VT_4 中的电流已为零，但不能认为其已恢复阻断状态，此时仍需继续对它们施加反向电压，施加反向电压的时间应大于晶闸管的关断时间 t_q，换流电容 C 的作用即可以提供滞后的反向电压，以保证 VT_1 及 VT_4 的可靠关断，图 7.7 中 $t_4 \sim t_5$ 的时间即为施加反向电压的时间。根据上述分析，为保证变频电路可靠换流，必须在中频电压过零前的 t_r 时刻去触发 VT_2 及 VT_3，t_r 应满足下式要求

$$t_f = t_r + K_f t_q \qquad (7-1)$$

式中，K_f 为大于 1 的系数，一般取 $2 \sim 3$；t_f 称为触发引前时间。

负载的功率因数角 φ 由负载电流与电压的相位差决定，从图 7.7 可知：

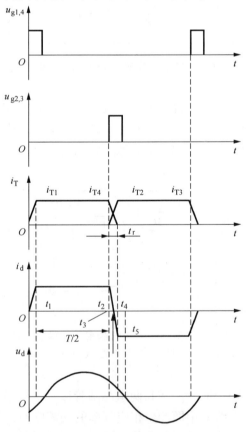

图 7.7 并联谐振式逆变电路工作波形

$$\varphi = \omega \left(\frac{t_r}{2} + t_\beta \right)$$

式中，ω 为电路的工作频率。

7.3.2 负载串联谐振式变频电路

在变频电路的直流侧并联一个大电容 C，用电容储能来缓冲电源和负载之间的无功功率传输。从直流输出端看，电源因并联大电容，其等效阻抗变得很小，大电容又使电源电压稳定，因此具有恒压源特点，变频电路输出电压接近矩形波，这种变频电路又被称为电压型变频电路。

图 7.8 给出了串联谐振式变频电路的电路结构，其直流侧采用不可控整流电路和大电容滤波，从而构成电压型变频电路。电路为了续流，设置了反并联二极管 $VD_1 \sim VD_4$，补偿电容 C 和负载电感线圈 L 构成串联谐振电路。为了实现负载换流，要求补偿以后的总负载呈容性，即负载电流 i_d 超前负载电压 u_d 的变化。

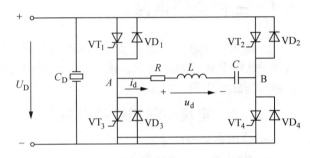

图 7.8 负载串联谐振式变频电路的电路结构

电路工作时，变频电路频率接近谐振频率，故负载对基波电压呈现低阻抗，基波电流很大，而对谐波分量呈现高阻抗，谐波电流很小，所以负载电流基本为正弦波。另外，还要求电路工作频率低于电路的谐振频率，以使负载电路呈容性，负载电流 i_d 超前负载电压 u_d，以实现换流。

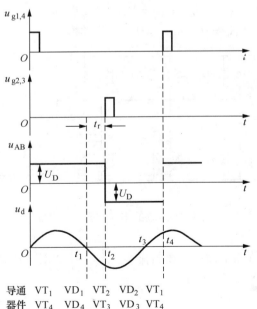

图 7.9 负载串联谐振式逆变电路工作波形

图 7.9 为电路输出电压波形。设晶闸管 VT$_1$、VT$_4$ 导通,电流从 A 流向 B,左正右负。由于电流超前电压,当 $t=t_1$ 时,电流 i_d 为零,当 $t>t_1$ 时,电流反向。由于 VT$_2$、VT$_3$ 未导通,反向电流通过二极管 VD$_1$、VD$_4$ 续流,VT$_1$、VT$_4$ 承受反向电压而关断。当 $t=t_2$ 时,触发 VT$_2$、VT$_3$ 导通,负载两端电压极性反向,即 u_{AB} 左负右正,VD$_1$、VD$_4$ 截止,电流从 VT$_2$、VT$_3$ 中流过。当 $t>t_3$ 时,电流再次反向,电流通过 VD$_2$、VD$_3$ 续流,VT$_2$、VT$_3$ 承受反向电压关断。当 $t=t_4$ 时,再触发 VT$_2$、VT$_3$。二极管导通时间 t_f 即为晶闸管承受反向电压时间,要使晶闸管可靠关断,t_f 应大于晶闸管关断时间 t_q。

7.4 三相变频电路

三相变频电路广泛用于三相交流电动变频调速系统中,它可由普通晶闸管组成,依靠附加换流环节进行强迫换流,也可由自关断电力电子器件组成,换流关断可以靠对器件的控制,因此不需附加换流环节。

7.4.1 电压型三相变频电路

1. 三相桥式变频电路

采用 IGBT(绝缘栅双极晶体管)组成的电压型三相桥式变频电路如图 7.10 所示。电路的基本工作方式是 180°导电方式,每个桥臂的主控管导通角为 180°,同一相上下两个桥臂主控管轮流导通,各相导通的时间依次相差 120°。导通顺序为 VT$_1$→VT$_2$→VT$_3$→VT$_4$→VT$_5$→VT$_6$,每隔 60°换相一次,由于每次换相总是在同一相上下两个桥臂管之间进行,因而称为纵向换相。这种 180°导电的工作方式,在任一瞬间电路总有三个桥臂同时导通工作。顺序为:第①区间 VT$_1$、VT$_2$、VT$_3$ 同时导通;第②区间 VT$_2$、VT$_3$、VT$_4$ 同时导通;第③区间 VT$_3$、VT$_4$、VT$_5$ 同时导通,依此类推。在第①区间 VT$_1$、VT$_2$、VT$_3$ 导通时,电动机端线电压 $u_{UV}=0$,$u_{VW}=U_d$,$u_{WU}=U_d$。在②区间 VT$_2$、VT$_3$、VT$_4$ 同时导通,电动机端线电压 $u_{UV}=-U_d$,$u_{VW}=U_d$,$u_{WU}=0$,依此类推。

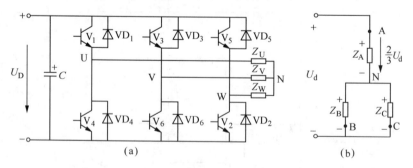

图 7.10 由 IGBT 组成的电压波形三相桥式变频电路

若是上面两个桥臂管与下面一个桥臂配合工作,则此时三相负载的相电压极性和数值刚好相反,其电压波形如图 7.11 所示。

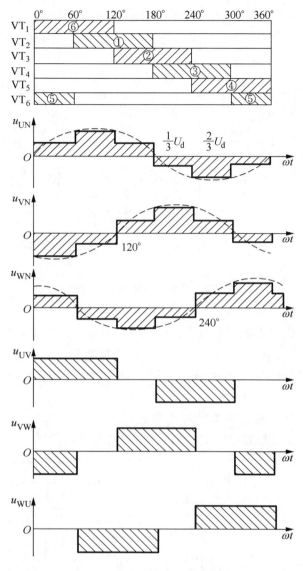

图 7.11 电压型三相逆变电路输出波形

2. 三相串联电感式变频电路

三相串联电感式逆变电路为强迫换流形式,如图 7.12 所示,它由普通晶闸管外加附加换流环节构成。各桥臂之间连接的电容是换流电容,$VD_1 \sim VD_6$ 为隔离二极管,本电路也是采用 120°导电控制方式,其电路的分析方法及三相输出电压波形与用 IGBT 组成的逆变电路完全相同。其强迫换流过程如下(以 U 相桥臂为例分析)。

(1) 导通工作:如图 7.13 (a) 所示,VT_1 导通,$i_{T1} = i_U$,C_4 被充电至 U_d,极性为上正下负。

(2) 触发 VT_4 换流:VT_4 被触发导通后,电容 C_4 经 L_4 与 VT_4 放电,忽略 VT_4 压降,C_4 电容电压瞬间全部加到 L_4 两端,由于 L_4 与 L_1 全耦合,于是各感应电动势 $E_{L4} = E_{L1} = U_d$,极性为上正下负,如图 7.13 (b) 所示,电容 C_1 上的电压来不及变化仍为零,迫使 VT_1 承受反向电压而关断。C_1 即被充电，u_{c1} 电压由零逐渐上升，C_4 放电 u_{c4} 电压由 U_d 逐渐下降，当 $u_{C1} = u_{C4} = U_d/2$ 时，VT_1 不再受反向电压，VT_1 必须在此期间恢复正向阻断状态，否则，会造成换流失败。

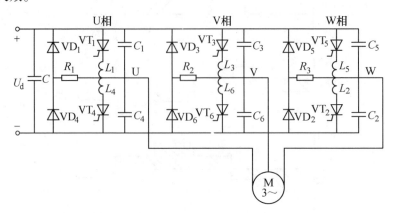

图 7.12　三相串联电感式逆变电路

（3）释放能量：C_4 对 L_4 与 VT_4 放电，i_{T4} 从 i_a 值开始不断增加。当 C_4 放电结束，$u_{C4} = 0$ 时，i_{T4} 达到最大值，并开始减小，此后 L_4 开始释放能量，u_{L4} 极性为下正上负，使二极管 VD_4 导通，构成了如图 7.13（c）所示的让 L_4 的磁场能量经 VT_4、VD_4 和 R_1 释放并被 R_1 所消耗的情况。

（4）换流结束：当 L_4 的磁场能量向 R_1 释放消耗完毕后，VD_4 关断，VT_4 流过的电流为 U 相负载的反向电流，如图 7.13（d）所示，换流过程结束。

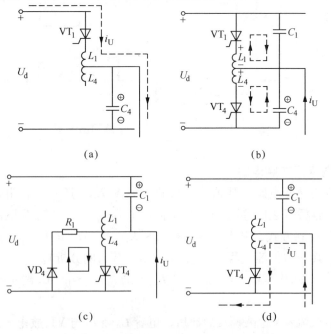

图 7.13　串联电感式逆变电路的换流过程
（a）导通；（b）触发 VT_4 换流；（c）释放能量；（d）换流结束

改变逆变桥晶闸管的触发频率或者改变管子触发顺序（$VT_6 \rightarrow VT_5 \rightarrow VT_4 \rightarrow VT_3 \rightarrow VT_2 \rightarrow VT_1$），即能得到不同频率和不同相序的三相交流电，实现电动机的变频调速与正反转。

3. 电压型变频电路的特点

（1）直流侧接有大电容，相当于电压源，直流电压基本无脉动，直流回路呈现低阻抗。

（2）由于直流电压源的钳位作用，交流侧电压波形为矩形波，与负载阻抗角无关，而交流侧电流波形和相位因负载阻抗角的不同而异，其波形接近三角波或接近正弦波。

（3）当交流侧为电感性负载时需提供无功功率，直流侧电容起缓冲无功能量的作用。为了给交流侧向直流侧反馈能量提供通道，各逆变臂都并联了续流二极管。

（4）逆变电路从直流侧向交流侧传送的功率是脉动的，因直流电压无脉动，故功率的脉动是由直流电流的脉动来体现的。

（5）当逆变电路用于交-直-交变频器且负载为电动机时，如果电动机工作在再生制动状态，就必须向交流电源反馈能量。因直流侧电压方向不能改变，所以只能靠改变直流电流的方向来实现，这就需要给交-直-交整流桥再反并联一套逆变桥，或在整流侧采用四象限脉冲变流器。

7.4.2 电流型三相变频电路

1. 工作原理

图 7.14 给出了电流型三相桥式变频电路原理图。变频桥采用 IGBT 即绝缘栅双极型晶体管作为可控开关元件。

电流型三相桥变式频电路的基本工作方式是 120° 导通方式，每个可控元件均导通 120°，与三相桥式整流电路相似，任意瞬间只有两个桥臂导通。导通顺序为 $VT_1 \sim VT_6$，依次相隔 60°，每个桥臂导通 120°。这样，每个时刻上桥臂组和下桥臂组中都各有一个臂导通。换流时，在上桥臂组或下桥臂组内依次换流，称为横向换流，所以即使出现换流失败，即出现上桥臂（或下桥臂）两个 IGBT 同时导通的时刻，也不会发生直流电源短路的现象，上、下桥臂的驱动信号之间不必存在死区。

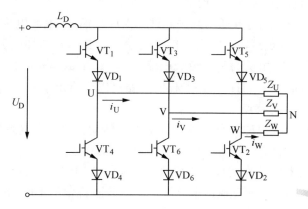

图 7.14　电流型三相桥式变频电路原理图

下面分析各相负载电流的波形。设负载为星形连接，三相负载对称，中性点为 N，图 7.15 给出了电流型三相桥式变频电路的输出电流波形，为了分析方便，将一个工作周期分为六个区域，每个区域的电角度为 π/3。

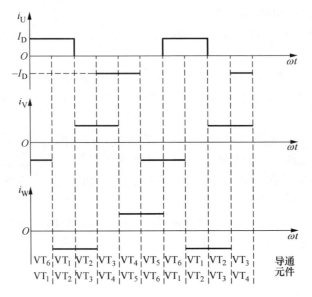

图 7.15　电流型变换电路的输出电流波形

（1）$0 < \omega t \leq \pi/3$，此时导通的开关元件为 VT_1、VT_6，电源电流通过 VT_1、Z_U、Z_V、VT_6 构成闭合回路。负载上分别有电流 i_U、i_V 流过，由于电路的直流侧串入了大电感 L_D，使负载电流波形基本无脉动，因此电流 i_U、i_V 为方波输出，其中 i_U 与如图 7.14 所示的参考方向一致为正，i_V 与图示方向相反为负，负载电流 $i_W = 0$。在 $\omega t = \pi/3$ 时，驱动控制电路使 VT_6 关断，VT_2 导通，进入下一个时区。

（2）$\pi/3 < \omega t \leq 2\pi/3$，此时导通的开关元件为 VT_1、VT_2，电源电流通过 VT_1、Z_U、Z_W、VT_2 构成闭合回路。形成负载电流 i_U、i_W 为方波输出，其中 i_U 与图 7.14 所示的参考方向一致为正，i_W 与图示方向相反为负，负载电流 $i_V = 0$。在 $\omega t = 2\pi/3$ 时，驱动控制电路使 VT_1 关断，VT_3 导通，进入下一个时区。

（3）$2\pi/3 < \omega t \leq \pi$，此时导通的开关元件为 VT_2、VT_3。电源电流通过 VT_3、Z_V、Z_W、VT_2 构成闭合回路。形成负载电流为 i_V、i_W 方波输出，其中 i_V 与如图 7.14 所示的参考方向一致为正，i_W 与图示方向相反为负，负载电流 $i_U = 0$。在 $\omega t = \pi$ 时，驱动控制电路使 VT_2 关断，VT_4 导通，进入下一个时区。用同样的思路可以分析出 $\pi \sim 2\pi$ 时负载电流的波形。

2. 电流型变频电路的特点

（1）直流侧串联有大电感，直流侧电流基本无脉动，由于大电感抑制电流作用，直流回路呈现高阻抗，短路的危险性也比电压型变频电路小得多。

（2）电路中开关器件的作用仅是改变直流电流的流通路径，因此交流侧输出的电流为矩形波，与负载性质无关。而交流侧电压波形因负载阻抗角的不同而不同，接近正弦波。

（3）直流侧电感起缓冲无功能量的作用不能反向，故不必给开关器件反并联二极管，电路相对电压型也较简单。

7.5 脉宽调制变频电路

7.5.1 脉宽调制变频电路概述

1. 脉宽调制变频电路的基本工作原理

脉宽调制变频电路简称 PWM 变频电路，常采用电压型交—直—交变频电路的形式，其基本原理是利用控制变频电路开关元件的导通和关断时间比（即调节脉冲宽度）来控制交流电压的大小和频率。下面以单相 PWM 变频电路为例来说明其工作原理。图 7.16 为单相桥式变频电路的主电路，由三相桥式整流电路获得一恒定的直流电压，由四个全控型大功率晶体管 $VT_1 \sim VT_4$ 作为开关元件，二极管 $VD_1 \sim VD_4$ 是续流二极管，为无功能量反馈到直流电源提供通路。

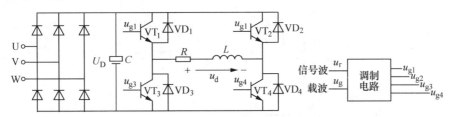

图 7.16 单相桥式 PWM 变频电路

当改变 VT_1、VT_2、VT_3、VT_4 导通时间的长短和导通的顺序时，可得出如图 7.17 所示不同的电压波形。图 7.17（a）为 180°导通型输出方波电压波形，即 VT_1、VT_4 组和 VT_2、VT_3 组各导通 $T/2$ 的时间。

若在正半周内，控制 VT_1、VT_4 和 VT_2、VT_3 轮流导通（同理在负半周内控制 VT_2、VT_3 和 VT_1、VT_4 轮流导通），则在 VT_1、VT_4 和 VT_2、VT_3 分别导通时，负载上获得正、负电压；在 VT_1、VT_3 和 VT_2、VT_4 导通时，负载上所得电压为零，如图 7.17（b）所示。

若在正半周内，控制 VT_1、VT_4 导通和关断多次，每次导通和关断时间分别相等（负半周则控制 VT_2、VT_3 导通和关断），则负载上得到如图 7.17（c）所示的电压波形。

若将以上这些波形分解成傅氏级数，可以看出，其中谐波成分均较大。如图 7.17（d）所示波形是一组脉冲列，其规律是：每个输出矩形波电压下的面积接近于所对应的正弦波电压下的面积。这种波形被称为脉宽调制波形，即 PWM 波。由于它的脉冲宽度接近于正弦规律变化，故又称为正弦脉宽调制波形，即 SPWM。

根据采样控制理论，脉冲频率越高，SPWM 波形便越接近于正弦波。变频电路的输出电压为 SPWM 波形时，其低次谐波得到很好的抑制和消除，高次谐波又很容易滤去，从而可获得畸变率极低的正弦波输出电压。

由图 7.17（d）可看出，在输出波形的正半周，VT_1、VT_4 导通时有输出电压，VT_1、VT_3 导通时输出电压为零。因此，改变半个周期内 VT_1、VT_3、VT_4 导通、关断的时间比，即脉冲的宽度，即可实现对输出电压幅值的调节（负半周，调节半个周期内 VT_2、VT_3 和 VT_2、VT_4 导通关断的时间比）。因 VT_1、VT_4 导通时输出正半周电压，VT_2、VT_3 导通时输出负半周电压，所以可以通过改变 VT_1、VT_4 和 VT_2、VT_3 交替导通的时间来实现对输出电压频率的调节。

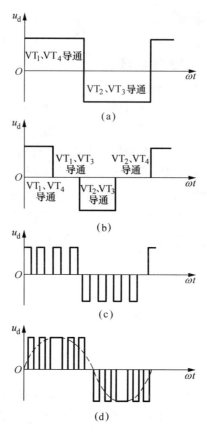

图 7.17　单相桥式变频电路的几种输出波形
（a）180°导通型输出方波电压波形；（b）轮流导通时的波形；
（c）VT_1、VT_4 通断的电压波形；（d）脉冲列

2. 脉宽调制的控制方式

PWM 控制方式就是对变频电路开关器件的通断进行控制，使主电路输出端得到一系列幅值相等而宽度不相等的脉冲，用这些脉冲来代替正弦波或者其他所需要的波形。从理论上讲，在给出了正弦波频率、幅值和半个周期内的脉冲数后，脉冲波形的宽度和间隔便可以准确计算出来。然后按照计算的结果控制电路中各开关器件的通断，就可以得到所需要的波形。但在实际应用中，人们常采用正弦波与等腰三角波调制的办法来确定各矩形脉冲的宽度和个数。

等腰三角波上下宽度与高度呈线性关系且左右对称，当它与任何一个光滑曲线相交时，就可得到一组等幅而脉冲宽度正比该曲线函数值的矩形脉冲，这种方法称为调制方法。希望输出的信号为调制信号，用 u_r 表示，把接受调制的三角波称为载波，用 u_C 表示。当调制信号是正弦波时，所得到的便是 SPWM 波形，如图 7.18 所示。当调制信号不是正弦波时，也能得到与调制信号等效的 PWM 波形。

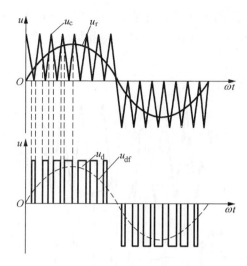

图 7.18 单极性 PWM 控制 SPWM 波形

7.5.2 单相 SPWM 变频电路

输出为单相电压时的电路称为单相 SPWM 变频电路。该电路的原理图如图 7.18 所示。该图中载波信号 u_c 在信号波的正半周时为正极性的三角波,在负半周时为负极性的三角波,调制信号 u_r 和载波 u_c 的交点时刻控制变频电路中大功率晶体管 VT_3、VT_4 的通断。各晶体管的控制规律如下。

在 u_r 的正半周期,保持 VT_1 导通,VT_4 交替通断。当 $u_r > u_c$ 时,使 VT_4 导通,负载电压 $u_d = U_D$;当 $u_r \leq u_c$ 时,使 VT_4 关断,由于电感负载中电流不能突变,负载电流将通过 VD_3 续流,负载电压 $u_d = 0$。

在 u_r 的负半周期,保持 VT_2 导通,VT_3 交替通断。当 $u_r < u_c$ 时,使 VT_3 导通,负载电压 $u_d = -U_D$;当 $u_r \geq u_c$ 时,使 VT_3 关断,负载电流将通过 VD_4 续流,负载电压 $u_d = 0$。

这样,便得到 u_d 的 PWM 波形,如图 7.18 所示,该图中 u_{df} 表示 u_d 中的基波分量。像这种在 u_r 的半个周期内三角波只在一个方向变化,所得到的 SPWM 波形也只在一个方向变化的控制方式称为单极性 SPWM 控制方式。

调节调制信号 u_r 的幅值可以使输出调制脉冲宽度作相应变化,这能改变变频电路输出电压的基波幅值,从而可实现对输出电压的平滑调节;改变调制信号 u_r 的频率则可以改变输出电压的频率,即可实现电压、频率的同时调节。所以,从调节的角度来看,SPWM 变频电路非常适用于交流变频调速系统中。

与单极性 SPWM 控制方式对应,另外一种 SPWM 控制方式称为双极性 SPWM 控制方式,其频率信号还是三角波,基准信号是正弦波时,它与单极性正弦波脉宽调制的不同之处在于它们的极性随时间不断地正、负变化,如图 7.19 所示,不需要如上述单极性调制那样加倒向控制信号。

单相桥式变频电路采用双极性控制方式时,各晶体管控制规律如下:

在 u_r 的正负半周内,对各晶体管控制规律与单极性控制方式相同,同样在调制信号 u_r

和载波信号 u_C 的交点时刻控制各开关器件的通断。当 $u_r > u_c$ 时，使晶体管 VT_1、VT_4 导通，VT_2、VT_3 关断，此时 $u_d = U_D$；当 $u_r < u_C$ 时，使晶体管 VT_2、VT_3 导通，VT_1、VT_4 关断，此时 $u_d = -U_D$。

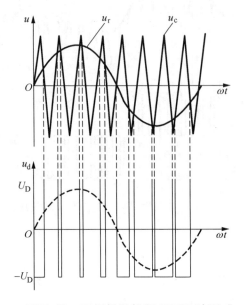

图 7.19 双极性的控制 SPWM 波形

在双极性控制方式中，三角载波在正、负两个方向变化，所得到的 SPWM 波形也在正、负两个方向变化，在 u_r 的一个周期内，SPWM 输出只有 $\pm U_D$ 两种电平，变频电路同一相上、下两臂的驱动信号是互补的。在实际应用时，为了防止上、下两个桥臂同时导通而造成短路，在给一个臂的开关器件加关断信号，必须延迟 Δt 时间，再给另一个臂的开关器件施加导通信号，即有一段四个晶体管都关断的时间。延迟时间 Δt 的长短取决于功率开关器件的关断时间。需要指出的是，这个延迟时间将会给输出的 PWM 波形带来不利影响，使输出偏离正弦波。

7.5.3 三相桥式 SPWM 变频电路

图 7.20 给出了电压型三相桥式 SPWM 变频电路，其控制方式为双极性方式。U、V、W 三相的 SPWM 控制共用一个三角波信号 u_c，三相调制信号 u_{rU}、u_{rV}、u_{rW} 分别为三相正弦波信号，三相调制信号的幅值和频率均相等，相位依次相差 120°。U、V、W 三相的 SPWM 控制规律相同。现以 U 相为例，当 $u_{rU} > u_c$ 时，使 VT_1 导通，VT_4 关断；当 $u_{rU} < u_c$ 时，使 VT_1 关断，VT_4 导通。VT_1、VT_4 的驱动信号始终互补。三相正弦波脉宽调制波形如图 7.21 所示。由图可以看出，任何时刻始终都有两相调制信号电压大于载波信号电压，即总有两个晶体管处于导通状态，所以负载上的电压是连续的正弦波。其余两相的控制规律与 U 相相同。

第7章 变频电路

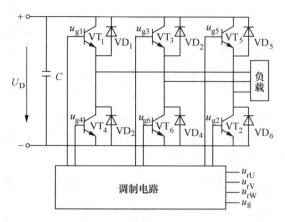

图 7.20 电压型三相桥式 SPWM 变频电路

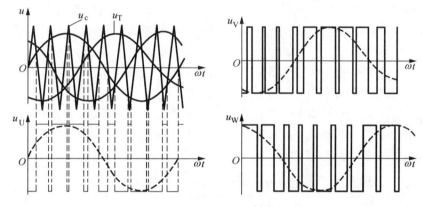

图 7.21 三相正弦波脉冲宽调制波形

7.5.4 SPWM 变频电路的优点

由以上分析可以看出,不管是从调频、调压的方便性,还是减少谐波等方面,SPWM 变频电路都有着明显的优点。

(1) 既可以分别调压、调频,也可以同时调压、调频,都由逆变器来实现,从而简化了主电路和控制电路的结构,装置的体积小、质量轻、成本低、可靠性高。

(2) 可采用二极管整流获得直流电压,交流电网的输入功率因数与逆变器输出电压的大小与频率无关,接近为 1;且可由同一台整流器输出作为直流公共母线供电。

(3) 调压和调频都在逆变器内控制和调节,响应速度快,且使电压和频率相配合,可获得良好的动态性能。

(4) 输出的电压或电流波形近似正弦波,减少了输出的谐波分量。

SPWM 控制实际上就是用一组经过调制的等幅不等宽的脉冲信号代替调制信号,用开关量代替模拟量。调制后的信号中除含有频率很高的载波频率及载波倍频附近频率的谐波分量之外,几乎不含其他谐波,特别是接近基波的低次谐波。因此载波频率越高,谐波含量越少,输出的波形就越接近正弦波。

SPWM 的载波频率除受功率器件允许开关频率的制约外,开关频率也不宜过高,因为

195

开关器件工作频率越高,开关损耗和换流损耗会随之增加。另外,开关瞬间的电压或电流的急剧变化会形成很大的 du/dt 或 di/dt,产生尖峰电压、冲击电流和电磁干扰。

7.6 变频电路的应用

在现代化生产中需要各种频率的交流电源,随着电力电子技术的发展,变频装置的成本越来越低、体积越来越小、速度越来越快,性能更加可靠。变频电路从变频过程分为交-交变频器和交-直-交变频器两大类。

7.6.1 交-交变频电路与交-直-交变频电路的特点

交-交变频电路主要用于 500 kW 或 1 000 kW 以上,转速在 600 r/min 以下的大功率、低转速的交流调速装置中,目前已在矿石碎机、水泥球磨机、卷扬机、鼓风机及轧钢机主传动装置中获得较多的应用。它既可用于异步电动机传动,也可用于同步电动机传动。

三相交-交变频电路所需的元器件数量较多,控制复杂,低压下功率因数低,输出频率受电网频率的限制。

交-直-交变频电路主要用于各种交流调速系统、金属熔炼、感应加热的中频电源装置,可将蓄电池的直流电变换为 50 Hz 交流电的不停电电源等。

三相交-直-交变频电路所需的元器件数量较少,控制简单,采用 SPWM 控制,功率因数高,输出频率不受电网频率的限制,特别是在高频下效率更高。

两者的主要特点如表 7-1 所示。

表 7-1 交-交变频电路与交-直-交变频电路的特点比较

比较项目	交-交变频电路	交-直-交变频电路
变频形式	直接变频	间接变频
换能形式	一次换能	两次换能
换流方式	电网换流	强迫换流或负载换流
元件数量	较多	较少
功率因数	低压时功率因数低	采用 SPWM 控制,功率因数高
调频范围	最高为电网频率的 1/2	调频范围宽,不受电网限制
适用场合	低速大功率拖动	各种电力拖动,不间断电源

7.6.2 变频电路在交流调速系统中的应用

从能量转换的角度上看,转差功率是否增大,是消耗掉还是得到回收,显然是交流调速系统效率高低的一个指标。从这一点出发,可以把异步电动机的调速系统分成以下三大类。

(1)转差功率消耗型调速系统——全部转差功率都转换成热能的形式而消耗掉。降压调速、电磁离合器调速和绕线式串电阻调速都属于这一类。这类调速系统的效率最低,且它以增加转差功率的消耗来换取转速的降低(恒转矩负载时),越向下调速效率越低。可这类系统结构最简单,所以还有一定的应用场合。

(2)转差功率回馈型调速系统——转差功率的一部分消耗掉,而大部分则通过变流回馈电网或者转化为机械能予以利用,转速越低时回收的功率就越多,串级调速属于此类。这类调速系统的效率显然比降压调速要高,但增设的交流装置总要多消耗一部分功率,因此还不及电磁转差离合器调速。

(3)转差功率不变形调速系统——转差功率中转子铜损部分的消耗是不可避免的,在这类系统中无论转速高低,转差功率的消耗基本不变,因此效率最高。变极调速和变频调速属于此类。其中变极对数只能用于有级调速,适用场合有限。

由交流电动机的转速公式得

$$n = 60f(1-s)/P$$

可以看出,若均匀地改变定子频率,则可以平滑地改变电动机的转速。因此,在各种异步电动机调速系统中,变频调速的性能最好,使得交流电动机的调速性能可与直流电动机相媲美,同时效率高,所以变频调速应用最广,可以构成高动态性能的交流调速系统,并取代直流调速,且最有发展前途,是交流调速的主要发展方向。

目前,交-直-交变频器已被广泛应用在交流电动机变频调速中,它是先将恒压恒频(Constant Voltage Constant Frequency,CVCF)的交流电通过整流器变成直流电,再经过逆变器将直流电变换成可调交流电的间接型变频电路。

在交流电动机的变频调速控制中,为了保持额定磁通不变,在调节定子频率的同时必须同时改变定子的电压。因此,必须配备变压变频(Variable Voltage Frequency,VVF)装置,即变频器。

1. 交-直-交变频器的基本结构

调速用变频器通常由主电路、控制电路和保护电路组成。其基本结构和各部分的功能如图7.22所示。

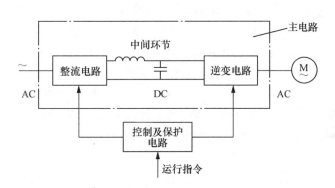

图7.22 变频器的基本结构

主电路由整流部分、中间环节、控制电路及逆变电路组成。

整流部分:对外部的工频交流电源进行整流,给逆变电路和控制电路提供所需的直流电源。

中间环节:对整流电路的输出进行平滑滤波,以保证逆变电路和控制电路能够获得质量较高的直流电源。

逆变电路:将中间环节输出的直流电源转换为频率和电压都任意可调的交流电源。

控制电路:包括主控制电路、信号检测电路、基极驱动电路、外部接口电路及保护电路,通过各种运行指令将检测电路得到的各种信号送至运算电路,使运算电路能够根据驱动要求为变频器主电路提供必要的驱动信号，并对变频器以及异步电动机提供必要的保护。

2. 交-直-交变频器的控制方式

交-直-交变频器的主电路基本上都是一样的（所用的开关器件有所不同），而控制方式却不一样，需要根据电动机的特性对供电电压、电流、频率进行适当的控制。

变频器具有调速功能，但采用不同的控制方式所得到的调速性能、特性及用途是不同的。基本控制方式可分为 U/F 控制、转差频率控制、矢量控制和直接转矩控制。

（1）U/F 控制。U/F 控制是一种比较简单的控制方式。它的基本特点是对变频器的输出电压和频率同时进行控制，通过提高 U/F 值来补偿频率下调时引起的最大转矩下降而得到所需的转矩特性。采用 U/F 控制方式的变频器控制电路成本较低，多用于对精度要求不太高的通用变频器。

（2）转差频率控制。转差频率控制方式是对 U/F 控制方式的一种改进。采用这种控制方式的变频器，电动机的实际速度由安装在电动机上的速度传感器和变频器控制电路得到，而变频器的输出频率则由电动机的实际转速与所需转差频率的和自动设定，从而达到在进行调速控制的同时，控制电动机输出转矩的目的。

转差频率控制是利用了速度传感器的速度闭环控制，并可以在一定程度上对输出转矩进行控制，所以在负载发生较大变化时，仍能达到较高的速度精度和较好的转矩特性。但是，由于采用这种控制方式时，需要在电动机上安装速度传感器，并需要根据电动机的特性调节转差，通常用于厂家指定的专用电动机，通用性较差。

（3）矢量控制。矢量控制是一种高性能的异步电动机控制方式，它是从直流电动机的调速方法得到启发，利用现代计算机技术解决了大量的计算问题，是异步电动机的一种理想的调速方法。

矢量控制的基本思想是将异步电动机的定子电流在理论上分成两部分（产生磁场的电流分量（磁场电流）和与磁场相垂直、产生转矩的电流分量（转矩电流）），并分别加以控制。

由于在进行矢量控制时，需要准确地掌握异步电动机的有关参数，这种控制方式过去主要用于厂家指定的变频器专用电动机的控制。随着变频调速理论和技术的发展，以及现代控制理论在变频器中的成功应用，目前在新型矢量控制变频器中已经增加了自整定功能。带有这种功能的变频器，在驱动异步电动机进行正常运转之前，可以自动地对电动机的参数进行识别，并根据辨识结果调整控制算法中的有关参数，从而使得对普通异步电动机进行矢量控制也成为可能。

使用矢量控制的要求如下。

①矢量控制的设定。目前大部分的新型通用变频器都有了矢量控制功能，只需在矢量控制功能选择项中选择"用"或"不用"就可以了。在选择矢量控制后，还需要输入电动机的容量、极数、额定电压、额定频率等。

由于矢量控制是以电动机的基本运行数据为依据，因此电动机的运行数据就显得很重要，如果使用的电动机符合变频器的要求，且变频器容量和电动机容量相吻合，变频器就会自动搜寻电动机的参数，否则就需要重新选定。

②矢量控制的要求。若选择矢量控制方式，要求：一台变频器只能带一台电动机；电动机的极数要按说明书的要求，一般以 4 极电动机为最佳；电动机容量与变频器容量相当，最多差一个等级；变频器与电动机间的连接不能过长，一般应在 30 m 以内，如果超

过 30 m，需要在连接好电缆后进行离线自动调整，以重新测定电动机的相关参数。

③使用矢量控制的注意事项。在使用矢量控制时，可以选择是否需要速度反馈；频率显示以给定频率为好。

（4）直接转矩控制。直接转矩控制是利用空间矢量坐标的概念，在定子坐标系下分析交流电动机的数学模型，控制电动机的磁链和转矩，通过检测定子电阻来达到观测定子磁链的目的，因此省却了矢量控制等复杂的变换计算，系统直观、简洁，计算速度和精度都比矢量控制方式有所提高。即使在开环状态下，也能输出 100% 的额定转矩，对于多电机拖动具有负荷平衡功能。

在实际中的应用根据要求的不同而有所不同，可以根据最优控制的理论对某一个控制要求进行个别参数的最优化。例如，在高压变频器的控制应用中，就成功地采用了时间分段控制和相位平移控制两种策略，以实现一定条件下的电压最优波形。还有一些非智能控制方式在变频器的控制中得以实现，如自适应控制、差频控制、环流控制和频率控制等。

7.6.3 SPWM 交流电动机变频调速

SPWM 变频调速装置的结构见图 7.23，它由二极管整流电路、能耗制动电路、逆变电路和控制电路组成。逆变电路采用 IGBT 器件，为三相桥式 SPWM 逆变电路。

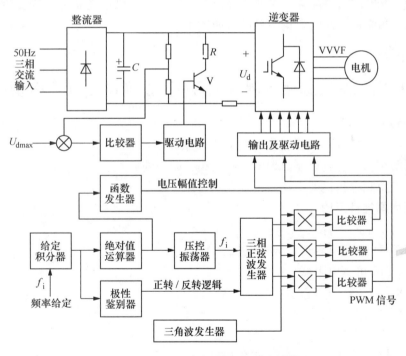

图 7.23 SPWM 变频调速装置的结构图

该装置采用能耗制动。R 为外接能耗制动电阻，当电机正常工作时，电力晶体管 V 截止，没有电流流过 R；当快速停机或逆变器输出频率急剧降低时，电机将处于再生发电状态，向滤波电容 C 充电，直流电压 U_d 升高。当升高到最大允许电压 U_{dmax} 时，功率晶体管 V 导通，接入电阻 R，电机能耗制动，以防止电压过高危害逆变器的开关器件。

控制电路包括给定积分器、绝对值运算器、函数发生器、压控振荡器和三相正弦波发生器等。各部分的功能如下：

（1）给定积分器，是指限定输出频率的升降速度。输出信号的极性决定电机正、反转，输出信号的大小控制电机转速的大小；给定积分器的输出正弦指令信号与三角波比较后形成三相 PWM 控制信号，再经过输出电路和驱动电路，控制逆变器 IGBT 的通断，使逆变器输出所需频率、相序和大小的交流电压，从而控制交流电机的转速和转向；输出经极性鉴别器确定正、反转逻辑后，去控制三相标准正弦波的相序，从而决定输出正弦指令信号的相序。

（2）绝对值运算器是指产生输出频率和电压的控制所需要的信号。

（3）函数发生器是指实现低频电压补偿，保证整个调频范围内实现输出电压和频率的协调控制。

（4）压控振荡器是指形成频率为 f_i 的脉冲信号。

（5）三相正弦波发生器是由压控振荡器的输出信号控制，产生频率相同的三相标准正弦波信号，该信号同函数发生器的输出相乘后形成逆变器输出指令信号。

风机、水泵、压缩机等泵类机械在国民经济各部门中占有重要地位，广泛用于冶金、化工、纺织、石油、煤炭、电力、轻工、建材和农业各生产部门，应用面广。炼钢厂、水泥厂、矿山、发电厂这些高耗能企业的发电机、风机和水泵正在着力采用交流变频调速装置来调节风量和流量，并已取得明显的节能效果。

【技能训练】

实验9　单相正弦波脉宽调制（SPWM）逆变电路（H 桥型）

1. 实训目的

（1）了解电压型单相全桥逆变电路的工作原理。

（2）了解正弦波脉宽调制（SPWM）调频、调压的原理。

（3）研究单相全桥逆变电路触发控制的要求。

2. 实训所需挂件及附件

（1）电力电子实训台。

（2）XKDJ41 单相电容运行异步电机。

（3）XKDJ10 可调电阻器。

（4）双踪示波器（自备）。

（5）万用表（自备）。

3. 实训线路及原理

电压型单相全桥逆变电路原理如图 7.24 所示。

采用智能 IPM 模块作为开关器件的单相桥式电压型逆变电路，设负载 Z 为感性负载。工作时，通过对 $VT_1 \sim VT_4$ 管的合理通断切换，使逆变电路输出电压为交变电压，其中 VT_1、VT_2 的通断状态互补，VT_3、VT_4 的通断状态互补。本实训采用双极性 SPWM 的调制，在正弦波 u_r 正、负半周期内，u_r 与三角波 u_c 的交点时刻控制各开关器件的通断。即当 $u_r > u_c$ 时，给 VT_1、VT_4 以导通信号，给 VT_2、VT_3 以关断信号，此时如果负载电流 $i_o > 0$，则 VT_1、VT_4 导通；如 $i_o < 0$，则 VD_1、VD_4 导通，但不管哪种情况，都是输出电压 $U_o = U_d$。

当 $u_r < u_c$ 时，给 VT_2、VT_3 以导通信号，给 VT_1、VT_4 以关断信号，这时如果 $i_o < 0$，则 VT_3、VT_4 导通；如 $i_o > 0$，则 VD_2 和 VD_3 导通，但不管哪种情况，都是 $u_0 = U_d$。

4. 实训内容
（1）观测载波 M 与调制波的波形。
（2）观测 SPWM 调制控制信号的波形。
（3）观测逆变电路输出电压的波形。

5. 实训方法
（1）开启电源，在面板的正弦波信号处用示波器观察正弦波信号。
（2）在面板的三角载波观测孔观测三角波信号。
（3）SPWM 调制信号观察，主电路不接电源，使直流母线不带电，测试各功率器件的控制信号 1、2、3、4。
（4）挂箱主电路 139 V 交流电需从电源控制屏交流输出部分接入，观测逆变电路输出电压波形，并与理论的波形相比较。

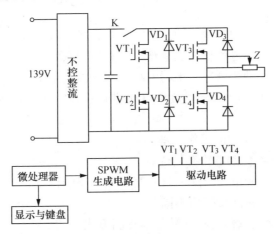

图 7.24　电压型单相全桥逆变电路原理

6. 注意事项
（1）双踪示波器有两个探头，可同时测量两路信号，但这两探头的地线都与示波器的外壳相连，所以两个探头的地线不能同时接在同一电路的不同电位的两个点上，否则这两点会通过示波器外壳发生电气短路。为此，为了保证测量的顺利进行，可将其中一根探头的地线取下或外包绝缘，只使用其中一路地线，这样从根本上解决了这个问题。当需要同时观察两个信号时，必须在被测电路上找到这两个信号的公共点，将探头的地线接于此处，探头分别接至被测信号，只有这样才能在示波器上同时观察到两个信号而不发生意外。
（2）观察上、下桥臂控制信号时必须断开直流母线电压。

7. 思考题
（1）测量逆变电路输出电压时为什么不能用数字万用表？
（2）电动机的电流波形是怎样的？为什么？
（3）此逆变电路输出能否直接接电容性负载？

本 章 小 结

　　本章首先介绍了变频电路的基本概念、作用、分类、换流方式。换流方式包括控制极关断方式和晶闸管阳极关断方式，而晶闸管阳极关断方式又有电网换流、负载换流和强迫换流三种。接着分析了电压型逆变电路和电流型逆变电路的主电路的工作原理，分析了两种电路的特点。介绍了目前应用最多的 PWM 逆变电路，重点讲述了 PWM 逆变电路的控制方法。与 PWM 控制结合的逆变技术在国防、生产和生活中应用非常广泛，在电力电子电路中占有非常重要的地位。最后说明了交－交变频电路与交－直－交变频电路的特点及应用。

思考题与习题

7-1　简述变频的作用。

7-2　晶闸管变频电路中，常用的晶闸管换流方式有哪几种？

7-3　什么是电压型和电流型逆变电路？各有何特点？

7-4　三相桥式电压型变频电路采用180°导电方式，有哪些特点？

7-5　并联谐振型逆变电路利用负载电压进行换流，为了保证换流成功应满足什么条件？

7-6　试说明 SPWM 控制的工作原理。

7-7　试说明 SPWM 变频电路有何优点。

7-8　比较交－交变频电路与交－直－交变频电路的特点。

7-9　有源逆变与无源逆变有何不同？

7-10　交－直－交变频器有哪几种基本控制方式？

第8章 直流斩波电路

【学习目标】

1. 知识目标
(1) 掌握直流斩波变频电路的基本原理。
(2) 了解直流斩波变频电路的分类。
(3) 掌握升压、降压、升降压斩波电路的工作原理及电路组成。
(4) 了解直流斩波电路的应用领域。
2. 能力目标
(1) 掌握升压斩波电路与降压斩波电路的区别。
(2) 学会分析简单的直流斩波应用电路。

8.1 斩波电路的基本原理

8.1.1 直流斩波电路的工作原理

直流斩波电路（DC Chopper）也称直流-直流变换电路（DC-DC Converter），相应的装置称为斩波器。直流斩波电路是将一个固定的直流电压转换成大小可变的直流电压的电路。它具有效率高、体积小、质量轻、成本低等优点。斩波器的电能变换功能是由电力电子器件的通/断控制实现的。用于斩波器的电力电子器件可以是普通型晶闸管、可关断晶闸管或者其他自关断器件。但是普通型晶闸管本身无自关断能力，须设置换流回路，用强迫换流的方法使它关断，因而增加了损耗。全控型电力电子器件的出现，为斩波频率的提高创造了条件，提高斩波频率可以减少低频谐波分量，降低对滤波元器件的要求，减小变换装置体积和重量。采用自关断器件，省却了换流回路，利于提高斩波电路的频率。

最基本的直流斩波电路如图8.1（a）所示，图中 R 为纯电阻负载，S 为可控开关，是斩波电路中的关键电力器件。

当开关 S 在 t_{on} 时间接通时，电流 i_o 经负载电阻 R 流过，R 两端就有电压 U_o；开关 S 在 t_{off} 时间断开时，R 中电流 i_o 为零，电压 U_o 也就变为零。直流斩波电路的工作周期，负载电压、电流的波形如图8.1（b）所示。

若定义斩波电路的占空比为

$$D = \frac{t_{on}}{T}$$

由波形图上可获得输出电压平均值为

$$U_o = \frac{1}{T}\int_0^{t_{on}} U_i dt = \frac{t_{on}}{T}U_i = DU_i \tag{8-1}$$

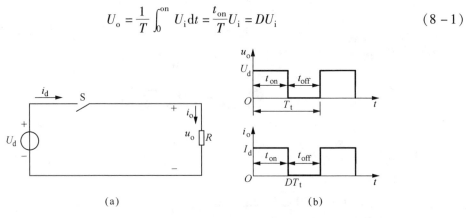

图 8.1　基本的直流变换电路及其负载波形
(a) 直流斩波电路；(b) 负载电压、电流的波形

在斩波电路中，输入电压是固定不变的，由上式可以看出，改变开关 S 的导通时间 t_{on}，即调节占空比，就可控制输出电压的平均值 U_o 的大小。

8.1.2　直流斩波器的分类

由式（8-1）可知，当占空比 D 从 0 变到 1 时，输出电压平均值从 0 变到 U_o，其等效电阻 R_i 也随着 D 而变化。

占空比 D 的改变可以通过改变 t_{on} 或 T 来实现。

按照稳压控制方式将直流斩波电路分为脉冲宽度调制、脉冲频率调制和调频调宽混合控制直流变换电路；按变换器的功能可分为降压变换电路（Buck）、升压变换电路（Boost）、升降压变换电路（Buck-Boost）等。

（1）脉宽调制方式：维持 T 不变，改变 t_{on}。在这种调制方式中，输出电压波形的周期是不变的，因此输出谐波的频率也是不变的，这使得滤波器的设计变得较为容易。

（2）脉冲频率调制方式：维持 t_{on} 不变，改变 T。在这种调制方式中，由于输出电压波形的周期是变化的，因此输出谐波的频率也是变化的，这使得滤波器的设计比较困难，输出波形谐波干扰严重，一般很少采用。

（3）调频调宽混合控制：t_{on} 和 T 都可调，使占空比改变。这种控制方式的特点是：可以大幅度的变化输出，但也存在着由于频率变化所引起的设计滤波器较难的问题。

8.2　降压斩波电路（Buck 电路）

降压斩波电路是一种输出电压的平均值低于输入电压的变换电路。这种电路主要用于直流可调电源和直流电动机的调速。降压斩波电路的基本形式如图 8.2（a）所示。图中开关 S 是各种全控型电力电子器件，VD 为续流二极管，L、C 分别为滤波电感和电容，组成低通滤波器，R 为负载。

在图 8.2（a）所示的电路中，触发脉冲在 $t=0$ 时，使开关 S 导通，在 t_{on} 导通期间电感 L 中有电流流过，且二极管 VD 反向偏置，导致电感两端呈现正电压 $u_L = u_d - u_o$，在该电压作用下,电感中的电流 i_L 线性增长,其等效电路如图 8.2(b)所示。当触发脉冲在 $t=DT_s$ 时刻使开关 S 断开而处于 t_{off} 期间时,由于电感已储存了能量,VD 导通,i_L 经 VD 续流,此时 $u_L = -u_o$,电感 L 中的电流 i_L 线性衰减,其等效电路如图 8.2(c)所示,各电量的波形图如图 8.2(d)所示。

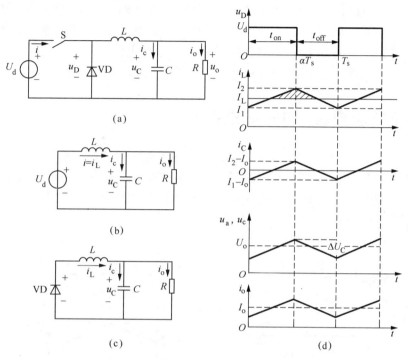

图 8.2 降压电路及其波形
(a)降压斩波电路的基本形式;(b) $t=0$ 时刻的等效电路;(c) $U_L = -U_o$ 时的等效电路;(d)各电量的波形图

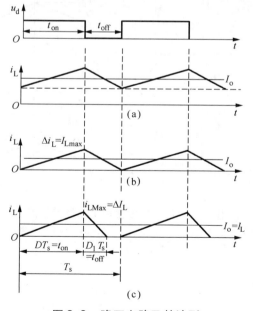

图 8.3 降压电路及其波形
(a)电感电流连续;(b)电感电流临界连续状态;(c)电感电流断续

若输出端上的电容 C 很大,则输出电压可近似为常数 $u_o(t) = U_o$。由于稳态时电容器的平均电流为零,因而电感中的平均电流等于输出平均电流。根据电感中的电流连续与否,可以划分为电感电流连续和电感电流断续的两种工作模式。

电感电流连续是指如图 8.2(a) 所示的电路中,电感电流在整个开关周期 T 中都存在,如图 8.3(a) 所示;电感电流断流是指在开关 S 断开的 t_{off} 期间的后期,输出电感的电流已降为零,如图 8.3(c) 所示,处于这两种工作模式的临界点称为电感电流临界连续状态。这时在开关管阻断期结束时,电感电流刚好降为零,如图 8.3(b) 所示。电感中的电流 i_L 是否连续取决于开关频率、滤波电感和电容 C 的数值。

8.3 升压斩波电路（Boost 电路）

升压斩波电路是一种输出电压的平均值高于输入电压的变换电路。

升压型斩波变换电路的基本形式如图 8.4（a）所示。图中 S 为全控型电力器件组成的开关,VD 是快恢复二极管。在电感量和电容量足够大的情况下,当电感 L 中的电流 i_L 连续时,电路的工作波形如图 8.4（d）所示。

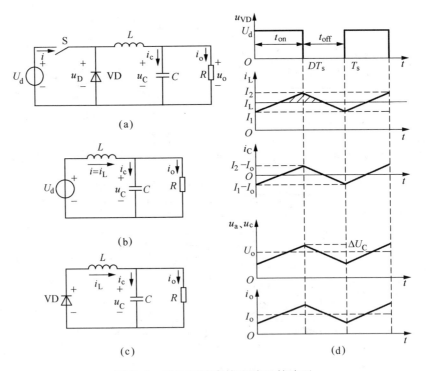

图 8.4 升压斩波变换电路及其波形
(a) 电路的基本形式；(b) S 导通时的等效电路；(c) S 关断时的等效电路；
(d) 电路的工作波形

当开关 S 在触发信号作用下导通时,电路处于 t_{on} 工作期间。二极管承受反偏电压而截止。一方面，能量从直流电源输入并储存到电感 L 中，电感电流 i_L 从 I_1 线性增至 I_2；另一方面，负载 R 由电容 C 提供能量，等效电路如图 8.4（b）所示。很明显，L 中的感应电动势与 U_d 相等。

当 S 被控制信号关断时，电路处于 t_{off} 工作期间，二极管 VD 导通，由于电感 L 中的电流不能突变，产生感应电动势阻止电流减小，此时电感中储存的能量经二极管 VD 给电容充电，同时也向负载 R_L 提供能量。在无损耗的前提下，电感电流 i_L 从 I_2 线性下降到 I_1，等效电路如图 8.4（c）所示。

由此可见，电感电流连续时升压变换电路的工作分为两个阶段：导通时为电感 L 储能阶段，此时电源不向负载提供能量，负载靠储于电容 C 的能量维持工作；S 关断时，电源和电感共同向负载供电，同时还给电容 C 充电。升压变换电路电源的输入电流就是升压电感正电流，电流平均值。开关 S 和二极管 VD 轮流工作，S 导通时，电感电流 i_L 流过 VD。电感电流 i_L 是 S 导通时的电流和 VD 导通时的电流的合成。在周期 T 的任何时刻 i_L 都不为零，即电感电流连续。稳态工作时，电容 C 充电量等于放电量，通过电容的平均电流为零，故通过二极管 VD 的电流平均值就是负载电流 I_o。

由此可知，升压变换电路之所以能使输出电压高于电源电压，关键有两个原因：一是 L 储能之后具有使电压泵生的作用，二是电容 C 可将输出电压保持住。在以上分析中，认为 T 处于通态期间因电容 C 的作用使得输出电压不变，但实际上 C 值不可能为无穷大，在此期间向负载放电，输出电压必然会下降。故实际输出电压为三角波，假设二极管电流 i_{VD} 中所有纹波分量流过电容器，其平均电流流过负载电阻。稳态工作时，电容 C 充电量等于放电量，通过电容的平均电流为零，图 8.4（d）中 i_c 波形的阴影部分面积反映了一个周期内电容 C 中电荷的泄放量。

8.4 升降压斩波电路

升降压斩波电路（Buck-Boost 电路）的输出电压平均值可以大于或小于输入直流电压值，这种电源具有一个相对于输入电压公共端为负极性的输出电压。升降压电路可以灵活改变电压的高低，还能改变电压的极性，因此常用于电池供电设备中产生负电源的设备和各种开关稳压器等。

8.4.1 升降压型斩波电路的结构及工作原理

前面介绍的降压型斩波电路和升压型斩波电路可分别得到比电源电压低和比电源电压高的输出电压，但是对于同一电路而言，不能既具有升压功能又有降压功能。为了在同一电路中既能实现升压也能实现降压，产生了升降压型斩波电路。升降压型斩波电路如图 8.5 所示，电路主要组成元器件仍然是开关、二极管、电感和电容。假设电路电感 L 值很大，可使电感电流 i_L 基本恒定，电容 C 值很大，电容电压 u_C 即负载电压 u_o 也基本恒定。

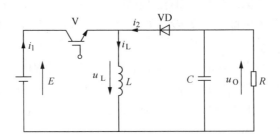

图 8.5 升降压型斩波电路

稳态时电路的工作过程为：一个控制周期内，开关 V 开通时，等效电路如图 8.6（a）所示，由于电容 C 已充电，且极性为下正上负，所以二极管 VD 承受反向电压截止。电路输入和输出隔离，电源部分，电源向电感提供能量，电感储存能量，电感电压 $u_L = E$；负载部分，电容电压基本维持恒定，由电容向负载提供能量。负载电压与电容电压相等极性也是下正上负，和电源极性相反。一个周期内，开关 V 断开时，等效电路如图 8.6（b）所示，电源同电路断开，不向负载提供能量。电感储存的能量释放出来，一方面向负载电阻提供能量，另一方面向电容 C 充电，电感感应电动势极性为下正上负，所以电容电压极性也为下正上负，且电压大小有关系 $u_L = u_c = u_o$。由于升降压型斩波电路输出电压极性与电源极性相反，所以也称为反极性斩波电路。由于电路中电感足够大，稳态时电感电流基本恒定，一周期内电感电压积分为零，即

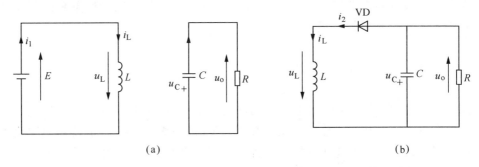

图 8.6 升降压型斩波电路 VT 开通和 VT 断开时的等效电路
(a) V 开通时等效电路；(b) V 关断时等效电路

$$\int_0^T u_L dt = \int_0^{ton} u_L dt + \int_{ton}^T u_L dt = 0$$

则有

$$Et_{on} + (-U_o) t_{off} = 0$$

$$U_o = \frac{t_{on}}{t_{off}} E = \frac{t_{on}}{T - t_{on}} E = \frac{D}{1-D} E \tag{8-2}$$

式（8-2）表明，改变占空比可以改变电路输出电压的大小，且输出电压可以低于也可高于电源电压。当 $0.5 < D < 1$ 时，电路为升压型斩波电路；当 $0 \leq D < 0.5$ 时，电路为降压型斩波电路。所以，此电路称为升降压型斩波电路。

如图 8.7 所示为升降压型斩波电路电源电流 i_L 和负载电流 i_2 的波形，设 i_1 和 i_2 的平均值分别为 I_1 和 I_2，则有

$$\frac{I_1}{I_2} = \frac{t_{on}}{t_{off}} \tag{8-3}$$

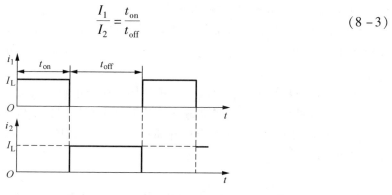

图 8.7 升降压型斩波电路的工作波形

忽略电路中的损耗，则电路输入功率与输出功率相等，同样有

$$EI_1 = U_o I_2 \tag{8-4}$$

即降压型斩波电路可看做一个直流升降压变压器。

升降压型斩波电路可以灵活地改变输出电压的高低，同时还能改变电压极性，因此常用于电池供电设备中产生负电源的电路，也可以用于各种开关稳压器中。

8.4.2 Cuk 斩波电路的结构及工作原理

上节的升降压型斩波电路虽然简单，但负载与电容并联，实际电容不可能为无限大。在电容充放电过程中，电容电压存在波动，从而引起负载电流波动；而输入端的输入电流也总是继续，所以升降压型斩波电路输入和输出端电流波动大，对电源和负载的电磁干扰也大，为此提出了性能改进的 Cuk 斩波电路。Cuk 斩波电路的特点就在于输入和输出端都串联电感，减小了输入和输出电流的脉动。

图 8.8 所示为 Cuk 斩波电路，从图中可以看出，Cuk 斩波电路是将升压型斩波电路与降压型斩波电路串接而成的。其中，电感 L_1 和 L_2 为储能电感，电容 C 为传递能量的耦合电容。

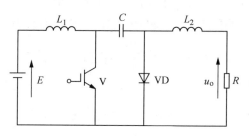

图 8.8 Cuk 斩波电路

如果 L_1、L_2 和 C 足够大，保证输入电流和输出电流基本平直。稳态情况下，电路工作过程为：开关电路在一个工作周期中，V 开通时，由于电容 C 上的充电电压使二极管 VD 反偏，二极管处于截止状态，Cuk 斩波电路等效电路如图 8.9（a）所示；此时，电

源提供的能量全部被电感 L_1 吸收并储存，而负载所消耗的能量由电容 C 提供，C 同时也向电感 L_2 提供能量，L_2 储能，负载电压极性为下正上负，与电源极性相反。一个周期中，当 V 关断时，电感 L_1 中储存的能量释放出来，其感应电动势改变方向，使二极管 VD 承受正向电压导通，Cuk 斩波电路的等效电路如图 8.9（b）所示。此时，电源 E 和电感 L_1 时向电容 C 充电，电容上电压极性为左正右负；负载消耗的能量由电感 L_2 提供。

从上面的分析可知，在电路一个工作周期中，电容 C 在开关关断期间吸收能量，在开关导通期间释放出来，将能量从输入端传向输出端，起到了传递能量的作用。忽略电路损耗，电容 C 足够大，维持电容上电压基本不变，而电感 L_1 和 L_2 电压在一个周期内的积分都等于零。

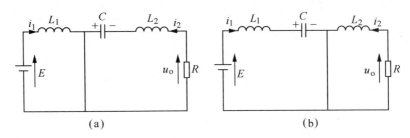

图 8.9　Cuk 斩波电路 V 开通和 V 关断时的等效电路
(a) V 开通时等效电路；(b) V 关断时等效电路

所以，对 L_1 有

$$\int_0^{t_{on}} u_{L1} \mathrm{d}t + \int_{t_{on}}^{T} u_{L1} \mathrm{d}t = 0 \tag{8-5}$$

从图 8.9 (a) 可以看出，在开关导通的 t_{on} 期间，有

$$u_{L1} = E \tag{8-6}$$

从图 8.9 (b) 可以看出，在开关关断的 t_{off} 期间，有

$$u_{L1} = E - U_C \tag{8-7}$$

将式 (8-6) 和式 (8-7) 代入式 (8-5)，可得

$$E t_{on} + (E - U_C) t_{off} = 0 \tag{8-8}$$

从式 (8-8) 可以得到电容电压 U_C 与电源电压 E 的关系为

$$U_C = \frac{ET}{t_{off}} = \frac{E}{1-D} \tag{8-9}$$

对于电感 L_2，同样有

$$\int_0^{t_{on}} u_{L2} \mathrm{d}t + \int_{t_{on}}^{T} u_{L2} \mathrm{d}t = 0 \tag{8-10}$$

从图 8.9 (a)、(b) 可以得到，在开关导通和关断期间，分别有

$$u_{L2} = U_C - U_o \tag{8-11}$$

$$u_{L2} = -U_o \tag{8-12}$$

将式 (8-11) 和式 (8-12) 代入式 (8-10)，可得

$$(U_C - U_o) t_{on} + (-U_o) t_{off} = 0 \tag{8-13}$$

从式（8-13）可以得到电容电压 U_C 与输出电压 U_o 的关系为

$$U_C = \frac{T}{t_{on}} U_o = \frac{1}{D} U_o \quad (8-14)$$

根据式（8-9）和式（8-14），可以得到 Cuk 斩波电路输出电压与输入电压的关系为

$$U_o = \frac{D}{1-D} E \quad (8-15)$$

由式（8-15）可以看出，Cuk 斩波电路的电压输入输出关系与升降压斩波电路相同，而输出电压极性也与电源极性反向，也是反极性电路。不考虑电路损耗时，Cuk 斩波电路也有输出功率等于输入功率，即

$$EI_1 = U_o I_2 \quad (8-16)$$

Cuk 斩波电路与升降压斩波电路比较，最明显的优点就是输入电流和输出电流均连续，且脉动小，减小电路的电磁干扰，也有利于对输入和输出进行滤波。但 Cuk 斩波电路较为复杂，因此使用并不广泛。

8.5 直流斩波应用电路

图 8.10 所示是可关断晶闸管 GTO 作为斩波器件的直流电动机调速系统的主电路。它能实现电动、能耗制动和回馈制动等功能，可用于城市无轨电车。

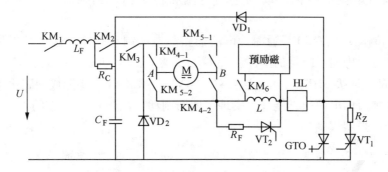

图 8.10 GTO 斩波调速系统主电路

图中主控器件为一只 GTO 晶闸管，M 为串励直流电动机，VT_1 是能耗制动用的快速晶闸管，VD_1 是续流二极管，VD_2 是制动回路二极管，R_Z 是能耗制动电阻，HL 是霍尔电流检测器，C_F 是滤波电容，L_F 是滤波电感，L 是励磁绕组，KM_2 是牵引、制动转换接触器，KM_4、KM_5 为向前、向后及牵引制动转换接触器。

下面分牵引、牵引制动转换和电气制动三种情况说明其工作过程。

1. 牵引过程

接触器触头 KM_1、KM_2、KM_3、KM_{4-1}、KM_{4-2} 闭合。当 GTO 导通时，电源 U 通过 $U^+ \to KM_1 \to KM_2 \to KM_3 \to KM_{4-1} \to M \to KM_{4-2} \to L \to HL \to GTO \to U^-$ 回路向电动机 M 供电，极性为左正右负，电动机两端电压 $u_{AB} = U$。当 GTO 关断时，电流续流回路为 $M \to KM_{4-2} \to L \to HL \to VD_1 \to KM_3 \to KM_{4-1} \to M$，二极管 VD_1 导通，所以电动机两端电压 $u_{AB} = 0$。控

GTO 的导通和关断的时间比，就可控制电动机两端的平均电压，其平均电压为 $U_{AB} = DU$（D 为 GTO 工作的占空比），从而改变电动机的速度，达到斩波调速的目的。触发快速晶闸管 VT_2 导通可以使直流电动机运行于弱磁升速的工作状态。在牵引工作时采用恒流控制方式可以获得恒加速启动过程。

2. 牵引 - 制动转换

GTO 关断时，电枢电流通过 M→KM_{4-2}→L→HL→VD_1→KM_3→KM_{4-1}→M 回路续流，由于回路中存在电阻，电感 L 中储存的能量快速释放，电枢电流很快衰减到零，当 HL 检测到电枢电流为零时，接触器进行切换，这时 KM_3、KM_4 断开，KM_5 闭合，为形成制动回路做好准备，同时 KM_6 闭合，投入预励磁，加快反电动势电压的产生，一旦反电动势电压建立后，KM_6 会自动断开。

3. 电气制动

电气制动可分为能耗制动和回馈制动两类，主要根据负载性质而定。对于反抗性负载，采用能耗制动来实现快速停车。对于位能性负载，采用回馈制动来达到限速的目的。

（1）能耗制动：当 GTO 导通时，电流通路为 M→KM_{5-2}→L→HL→VD_1→KM_3→KM_{5-1}→M，在电枢电动势的作用下，这阶段的电流按线性规律上升。在 GTO 关断的同时触发 VT_1 导通，这时电流不通过 GTO，而是通过 VT_1 和 R_Z 形成制动回路，将电力拖动系统的动能转换成电能后消耗在电阻 R_Z 上，实现了能耗制动。控制 GTO 工作的占空比 D，就可以调节能耗制动的平均电流和转矩，达到控制整个制动过程效果的目的。

（2）回馈制动：当 GTO 导通时，电流通路与能耗制动一样，这一过程是电流按线性规律上升，在电感中储存能量的阶段。而 GTO 关断时，立即断开 KM_3、KM_4，闭合 KM_5，电流由 M→KM_{5-2}→L→HL→VD_1→U^+→U^-→VD_2→KM_{5-1}→M 形成回路，电感电动势与电枢电动势叠加后向电源回馈能量，实现了回馈制动。控制 GTO 工作的占空比 D，就可以调节回馈制动的强烈程度。

【技能训练】

实验 10　直流斩波电路研究

1. 实训目的

（1）掌握单开关 DC - DC 变换器的工作原理、特点与电路拓扑结构。
（2）熟悉单开关 DC - DC 变换器连续与不连续工作模式的工作波形。
（3）掌握 DC - DC 变换器的调试方法。

2. 实训原理线路及原理

电路工作原理如图 8.11 所示，电路工作原理如前所述。IGBT 驱动电路原理如图 8.12 所示。

第8章 直流斩波电路

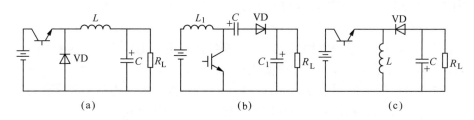

图 8.11　直流斩波电路原理
(a) 降压斩波电路；(b) 升压斩波电路；(c) 升降压斩波电路

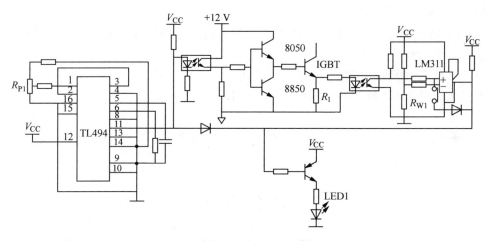

图 8.12　IGBT 驱动电路原理

R_{P1}—占空比调节；LED1—过流报警指示；R_1—电流采样电阻；R_{w1}—过流值调节电位器

3. 实训内容

(1) 连接线路，构成一个 DC-DC 变换器。

(2) 调节占空比，测出电感电流 I_L 处于连续与不连续临界状态时的占空比 D，并与理论值相比较。

(3) 测出连续与不连续工作状态时的 u_{GE}、u_{CE}、i_C、u_L、i_L、u_D、i_D 等波形。

(4) 测出直流电压增益 $M = U_d/U$ 与占空比 D 的函数关系。

(5) 测试输入、输出滤波环节分别对输入电流 I 与输出电流 I_d 的影响。

4. 实训设备

(1) XKDL23 实验箱。

(2) 万用表。

(3) 示波器。

(4) XKDL09 可调电阻箱。

5. 实训方法

(1) 检查 PWM 信号发生器与驱动电路工作状况，观察信号发生输出与驱动电路的输出波形是否正常，如有异常现象，则先设法排除故障。

(2) 按图 8.11(a) 所示电路接成降压变换线路（图中 R_L 采用 XKDL09 中 900Ω 电

213

阻，以下同）。电感电流 I_L 处于连续与不连续临界状态时用示波器观测各处波形并与理论值比较，验证各公式。

（3）按图 8.11（b）所示电路接成升压变换线路。电感电流 I_L 处于连续与不连续临界状态时用示波器观测各处波形并与理论值比较，验证各公式。

（4）按图 8.11（c）所示电路接成升-降压变换线路。电感电流 I_L 处于连续与不连续临界状态时用示波器观测各处波形并与理论值比较，验证各公式。

6. 实训报告

（1）列出各种电路 I_L 连续与不连续临界状态时的占空比 D，并与理论值相比较。

（2）画出各种电路连续与断续时的 u_{GE}、u_{CE}、i_c、u_L、i_L、u_D、i_D 等波形，并与理论上的正确波形相比较。

（3）按所测的 D、U_d 值计算出 M 值，列出表格，并画出各种电路曲线。并在图上注明连续工作与断续工作区间。

（4）试对三种变换器的优、缺点作一评述。

（5）试说明输入、输出滤波器在该变换中起何作用？

7. 思考题

试分析连续工作状态时，输出电压 U_d 由哪个参数决定？当处于断续工作状态时，U_d 又由哪些参数决定？

本 章 小 结

将直流电源的恒定直流电压，通过电力电子器件的开关作用，变换为可调直流电压的装置称为直流斩波器。它具有效率高、体积小、质量轻、成本低等优点，现在广泛应用于直流牵引变速拖动中，如由直流电网供电的电气化铁路、地铁车辆、城市无轨电车和蓄电池供电的电动自行车、电动汽车等；直流斩波器还广泛应用于可调直流开关电源和电池供电的设备中，如通信电源、笔记本电脑、计算机主板、远程控制器件和手机等。本章主要介绍直流斩波器的基本工作原理以及常用的斩波电路及应用电路。

思考题与习题

8-1 什么叫直流斩波器？举例说明直流斩波器的应用。

8-2 直流斩波器有哪几种控制方式？最常用的控制方式是什么？

8-3 常用的直流斩波器有哪几种？其特点分别是什么？

8-4 试比较降压斩波电路和升压斩波电路的异同点。

8-5 在升压变换电路中，已知 $U_d = 50$ V，L 值和 C 值较大，$R = 20$ Ω。若采用脉宽调制方式，当 $T_s = 40$ μs，$t_{on} = 20$ μs 时，计算输出电压平均值 U_o 和输出电流平均值 I_o。

第 9 章

电力公害及其抑制

【学习目标】
(1) 了解电力公害的产生机理和危害。
(2) 熟悉抑制电力公害的抑制方法对策。

9.1 电力公害及其分类

9.1.1 什么是电力公害

电力电子装置如整流器、逆变器和斩波器等对于电网来说属于非线性负载,它产生的有害高次谐波电流"注入"电网,造成电网的严重污染。在高频开关器件大量应用的电力电子装置中,由于高电压和大电流脉冲的前后沿很陡峭,会产生频段很宽的电磁干扰信号,这些电磁信号是严重的电磁干扰源,对电力系统的正常运行和其他设备构成相当大的危害。另外,整流器等电力电子装置往往使网侧电流滞后于网侧电压,造成电力电子装置功率因数降低,使电网无功功率增加,给电网带来额外的负担,并影响供电质量。电力公害就是指使用电力电子装置时存在的谐波电流大、电磁干扰严重和网侧功率因数低等问题。

9.1.2 电力公害分类

电力电子装置对电网产生的公害分为谐波污染、电磁干扰和功率因数降低三类。

1. 谐波公害

谐波对电网造成的公害主要有以下几种。

(1) 使电网供电电压波形畸变,供电质量降低。像对基波电流一样,供电系统对谐波也呈现一定阻抗,因此注入供电系统的谐波电流会在电网上产生一定的压降。这些谐波电压增加到供电电压上,将使电压波形畸变,并使三相交流电的对称性受到影响。畸变的供电电压会影响精密电子设备、自动控制设备、继电保护装置,以及电力系统的工作,也会影响电力电子装置本身的正常运行。

(2) 产生网侧过电压和过电流。在电力系统中常有功率因数补偿电容和电感。在这种情况下,供电系统与补偿电感电容构成谐振回路,谐振频率为

$$f_0 = f_1 \sqrt{\frac{S_d}{Q_c}} \qquad (9-1)$$

式中,f_1 为基波频率;S_d 为系统短路容量;Q_c 为功率因数补偿电容器的容量。

由式 (9-1) 可知,在一定条件下供电系统会产生谐振,从而引起过电压或过电流现象。这种现象危及电容器和其他供用电设备的安全运行。

(3) 使供用电系统的能量损耗增加，供用电设备的寿命缩短。当供电电压为正弦波而负载电流为非正弦波时，谐波电流都是无功电流。如果系统供给的视在功率为 S，则有

$$S^2 = P^2 + Q^2 \quad (9-2)$$

式中，P 为有功功率；Q 为无功功率。

式（9-2）中 Q 是谐波电流产生的无功功率，它不能用并联电容的方法进行补偿。为此，在有谐波电流存在的情况下，系统的功率因数会进一步下降。若该谐波电流流入电动机或变压器，则会造成这些设备的损耗增加和温度上升，严重时会损坏这些设备。

另外，由于趋肤效应和介质损耗与频率成正比，所以在电容器、电缆及其他供用电设备中，谐波电流会产生额外的电阻损耗和介质损耗，缩短其使用寿命。

2. 电磁干扰公害

高频开关变换器工作时，内部的高电压或大电流波形以极短的时间上升或下降，这些具有陡变沿的脉冲信号会产生很强的电磁干扰信号。这些电磁干扰信号一方面会污染电网，通过电网干扰其他用电设备；另一方面通过传输线的传导或经过空间进行辐射而对电子设备的正常工作造成威胁。

3. 功率因数降低公害

按照定义，功率因数是变流装置电网侧有功功率与视在功率之比。电网接变流装置之后，功率因数必然降低，导致网侧输入电流有效值增大，使得熔断器、断路器及传输线的规格及电源滤波器的容量增大。在三相四线制整流电源中不但使网侧功率因数降低，而且由于它的三次谐波电流在零线中相位相同，这些谐波电流合成后使零线电流增大，有时可能超过各相相电流。因为按安全标准规定，零线不能装设保护装置，所以可能使零线因过热而损坏。

综上所述，严重的谐波电流和较低的功率因数危害很大。解决电力电子装置的谐波污染和低功率因数问题的基本思路为：①装设补偿装置，用以补偿谐波电流和无功功率；②对电力电子装置本身进行改进，使其尽量不产生谐波电流而且不消耗无功功率，或根据需要对其功率因数进行校正或适当控制，进而研制无公害电力电子装置。

9.2 谐波产生及其抑制

9.2.1 谐波产生机理

在电力电子变换电路中存在着周期性非正弦电流，它使得供电系统中不仅有基波电流，而且还有大量谐波电流。以带电感性负载的单相桥式和三相桥式整流电路为例，当触发角为 α 时，变压器次级电压 u_2 和电流 i_2 波形如图 9.1 所示。

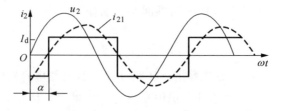

图 9.1 整流变压器次级电压和电流波形

从图中可看出，输入端流向整流器的电流为方波，变压器次级电流有效值 I_2 等于整流电流 I_d，对次级电流波形 i_2 进行傅里叶分解，得

$$i_2 = \frac{4}{\pi} I_d \left(\sin\omega t + \frac{1}{3}\sin 3\omega t + \frac{1}{5}\sin 5\omega t + \cdots \right) \quad (9-3)$$

基波电流有效值 I_{21} 为

$$I_{21} = \frac{4}{\pi} \frac{I_d}{\sqrt{2}} = \frac{2\sqrt{2}}{\pi} I_d \quad (9-4)$$

所以

$$\frac{I_{21}}{I_2} = \frac{\frac{2\sqrt{2}}{\pi} I_d}{I_d} = \frac{2\sqrt{2}}{\pi} = 0.9 = \xi \quad (9-5)$$

式中，I_{21}/I_2 为电流基波有效值同变压器次级电流有效值之比，它表示了电流波形含高次谐波的程度，称为畸变因数，用 ξ 表示。

用定量说明电流波形的畸变程度，定义总谐波畸变（THD）为

$$THD\% = 100 \times \frac{I_h}{I_1} \quad (9-6)$$

式中，I_h 为网侧电流所有畸变分量的有效值；I_1 为网侧电流基波分量的有效值。

在图 9.2（a）所示的三相桥式整流电路中，a 相交流侧电流 i_a 波形如图 9.2（b）、（c）所示。为分析方便，忽略电路中的漏感 L_B，且认为电感 L 足够大，并假定交流电源电压 u_a 是纯正弦的，交流电流 i_a 是幅值为 $\pm I_d$ 的矩形波，其基波分量为 i_{a1}。从图中可以看到从输入端流向整流器的电源电流 i_a 显著地偏离了正弦形状。图 9.2（b）所示为触发角 $\alpha = 0°$ 时的电流和电压波形，这时基波分量 i_{a1} 与电源电压 u_a 同相，两者之间设有相位差，即滞后角 $\varphi = 0°$。与图 9.2（b）不同，图 9.2（c）为任意触发角 α 时的波形。这时 i_{a1} 波形滞后于 i_a 波形的角度为 $\varphi = \alpha$。

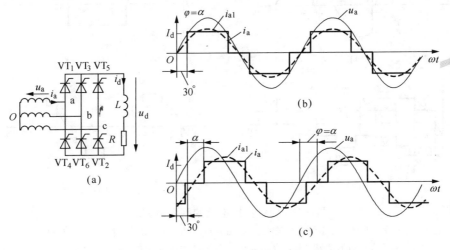

图 9.2　三相桥式整流电路及其整流变压器次级电压和电流波形图
(a) 整流电路；(b) $\alpha = 0°$ 时波形；(c) 任意触发角 α 时的波形

由以上分析可知，同一电路，触发角 α 不同时变压器二次侧电流与电压相位不同，因而网侧功率因数不同，但是产生的谐波成分相同。谐波成分仍可用傅里叶级数进行分析。

根据傅里叶级数的定义，由图 9.2（b）与图 9.2（c）可得电流的基波分量有效值为

$$I_{a1} = \frac{2\sqrt{3}}{\sqrt{2}\pi} I_d \tag{9-7}$$

由于谐波分量的有效值与谐波次数成反比，所以任意一次谐波分量的有效值即为

$$I_{ak} = \frac{I_{a1}}{k} \quad k = 6n \pm 1 \quad (n = 1, 2, 3) \tag{9-8}$$

根据图 9.2（b）i_a 波形，交流电流 i_a 的有效值 I_a 可按式（9-8）计算，即

$$I_a = \sqrt{\frac{2}{3}} I_d \tag{9-9}$$

所以在 $i_a \approx I_d$ 且漏感 $L_B = 0$ 时，由式（9-7）与式（9-9）可得畸变因数为

$$\xi = \frac{I_{a1}}{I_a} = \frac{3}{\pi} \approx 0.955 \tag{9-10}$$

由于单相桥式整流电路畸变因数为 0.9，而三相桥式整流电路为 0.955。由此可知，相数增加时畸变因数增加。

用同样方法，可求出三相或多相其他接线方式的畸变因数。在多相整流电路中，电流波形呈二阶梯波（六脉波）或三阶梯波（十二脉波），形状接近正弦波，畸变因数可近似地认为等于 1。图 9.3 列举四种变换电路的网侧电流波形（图中虚线为基波分量波形）。由此可以进一步看出任何整流电路其网侧电流波形都是非正弦波，而且随着整流相数增加，谐波分量减少，网侧电流波形越接近于正弦波。由此可见，增加整流相数是提高功率因数、减少谐波成分的一种有效途径。

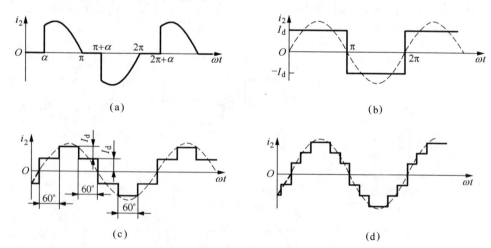

图 9.3　四种变换电路的网侧电流波形

（a）单相桥式全控整流（纯阻性负载，$\alpha \neq 0$）；（b）单相桥式全控整流（$\omega L \gg R$）；
（c）六脉波整流（$\omega L \gg R$）；（d）十二脉波整流（$\omega L \gg R$）

9.2.2 谐波抑制对策

抑制和消除谐波主要有两种方法，一是在电力电子装置的交流侧并联 LC 无源滤波器为谐波电流提供频域谐波补偿，或者用电力有源滤波器进行时域谐波补偿；二是改进电力电子装置，减少注入电网的谐波。

1. LC 无源滤波器

LC 无源滤波器是一种常用的谐波补偿装置。它的基本工作原理是利用 LC 电路的串联谐振特点抑制向电网注入的谐波电流。在谐振频率上电路的阻抗将为最小值 R；在非谐振频率时，阻抗比 R 大得多。根据这一特点，将串联谐振电路的谐振点调整到某一特征谐波频率，则可滤去电网侧某一高次谐波电流，使其不进入电网。采用若干个不同调谐频率的谐振电路便可分别滤去相应的谐波。由于这种滤波器只用无源的 LC 元件组成，所以称为无源滤波器。

图 9.4 所示为中等功率变流装置的一种较为经济的 LC 无源滤波系统。对三相桥式全控电路中的 5 次、7 次、11 次甚至 13 次谐波分别设 LC 无源滤波器，使变流装置产生的高次谐波电流大部分流入 LC 串联谐振回路，从而使流入电网的谐波电流抑制在允许值之内。这种滤波器的缺点在于要配置线路电抗器 L_r，增加了系统的电压调整率。

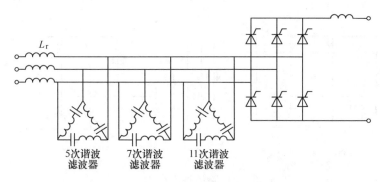

图 9.4 LC 无源滤波器

2. 静止无功补偿器

在网侧设置无功补偿装置（Static Var Compansator，SVC）用于补偿谐波造成的无功功率，以提高功率因数；合理地设置无功补偿装置中电感 L 和电容 C，使其能在某次频率产生谐振，从而滤除该频率的谐波。

用晶闸管组成的 SVC 主要有（如图 9.5 所示）以下几种类型。

（1）晶闸管控制电抗器（Thyristor Controlled Reactor，TCR）。

（2）晶闸管投切电容器（Thyristor Switched Capacitor，TSC）。

（3）TCR + TSC。

（4）晶闸管控制电抗器与固定电容器（Fixed Capacitor，FC）或机械投切电容器（Mechanically Switched Capacitor，MSC）混合使用的装置。

SVC 装置为补偿 0～100% 容量变化的无功功率，几乎需要 100% 容量的电容器和超过 100% 容量的晶闸管控制电抗器，为此铜和铁的消耗很大。近年来的发展趋势是采用全控型器件构成的变流器,通常称为静止无功发生器(Static Var Generator,SVG)。

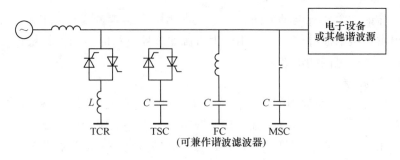

图9.5 SCV 类型

SVG 的基本原理就是将自换向桥式电路通过电抗器或者直接并联在电网上,适当地调节桥式电路交流侧输出电压的相位和幅值,或者直接控制其交流侧电流,就可以使该电路吸收或者发出满足要求的无功电流,实现动态无功补偿的目的。图9.6给出了 SVG 电路的基本结构。SVG 的直流侧只需要较小容量的电容或电感作为储能元件,所需储能元件的容量远比 SVG 所能提供的无功容量要小。而对于 SVC 而言,其所需储能元件的容量至少要等于其所能提供的无功功率容量。因此,SVG 中储能元件的体积和成本比同容量的 SVC 中大大减小。

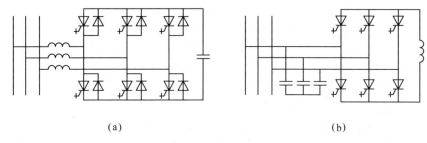

图9.6 SVG 电路的基本结构
(a)电压型桥式电路;(b)电流型桥式电路

3. 有源电力滤波器补偿

如前面所述的 LC 滤波器虽然能减少谐波分量,抑制某些谐波,但不能对快速变化的高次谐波和无功功率进行动态抑制和补偿。为解决这一问题,可采用有源电力滤波器(Active Power Filter,APF)。

图9.7给出了并联型有源电力滤波器的电路图。图中非线性负载由交流电源 u_2 供电。负载电流 i_L 中除正弦基波电流 i_{L1} 外,还含有谐波电流 i_h,即 $i_L = i_L + i_h = i_{L1P} + i_{L1Q} + i_h$,这里 i_{L1P}、i_{L1Q} 分别为负载的基波有功、无功电流。为了使电力系统中的发电机 G、变压器 Tr 及线路 X_L 中不流过谐波电流,在负载处设置负载谐波电流补偿器 APF。APF 的主电路采用自关断开关器件的三相桥式变换器。对变换器中六个开关器件进行实时、适当的通、断控制,使变换器向电网输出补偿电流 i_c,补偿电流 i_c 与负载的谐波电流 i_h 大小相等,即负载的谐波电流由 i_c 提供,$i_c = i_h$,于是电网电流 $i_s = i_L - i_c = i_L + i_h - i_c = i_{L1}$,电力系统中发电机 G、变压器 Tr 及线路 X_L 均只流过负载基波电流 i_{L1}。负载基波电流 i_{L1} 包括基波有功

电流 i_{L1P} 和无功电流 i_{L1Q}。如果要求图 9.7 中的补偿器除补偿负载谐波电流 i_h 外，还要求补偿负载电流中的无功电流 i_{L1Q}，则只要令补偿器输出的电流 $i_c = i_h + i_{L1Q}$ 即可，此时电网电流 i_s 为

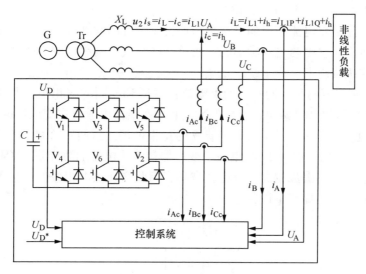

图 9.7　并联有源滤波器

$$i_s = i_L - i_c = i_{L1P} + i_{L1Q} + i_h - (i_h + i_{L1Q}) = i_{L1P} \tag{9-11}$$

即电力系统中发电机 G、变压器 Tr 及线路 X_L 只流过基波有功电流 i_{L1P}，不仅补偿了负载谐波电流使电流波形正弦化，而且补偿了负载无功电流使电网功率因数为 1。

4. 增加整流相数

为了简化分析，对晶闸管三相整流装置做如下假设：

（1）电网的短路容量足够大，直流侧电感足够大以致整流电流完全平直。

（2）交流侧的换相电抗为零，并忽略变压器铁芯饱和及非线性影响，变压器的初、次级绕组都是星形接线，并假设绕组的匝数比是 1∶1。

做如上假设之后，则交流电网电压为一正弦波，而交流侧的电流却是方波，如图 9.8 所示。对于三相桥式整流电路来说，在任何触发角 α 的情况下，每个晶闸管的导通角始终是 120°。对于这样的波形，可以根据傅里叶级数分解。

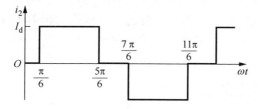

图 9.8　交流侧的电流波形

因 $f(\omega t) = -f(\omega t + \pi)$，故不会有偶次项谐波。其傅里叶级数为

$$i_2 = \frac{2\sqrt{3}}{\pi} I_0 \left[\sin\omega t - \frac{1}{5}\sin 5\omega t - \frac{1}{7}\sin 7\omega t + \frac{1}{11}\sin 11\omega t + \frac{1}{13}\sin 13\omega t - \right.$$

$$\left. \frac{1}{17}\sin 17\omega t - \frac{1}{19}\sin 19\omega t + \frac{1}{23}\sin 23\omega t + \frac{1}{25}\sin 25\omega t - \cdots \right] \qquad (9-12)$$

可以看出,方波电流中含有大量的 5、7、11、13、…高次谐波电流。它们的幅值分别为基波幅值的 1/5、1/7、1/11、1/13、…

改进上述交流装置电流波形的方法是增加交流装置的脉动数,如等效的十二相整流电路,如图 9.9 所示。它由两组六脉动的三相桥并联组成。两组桥的交流侧分别接到三绕组变压器的两组次级绕组上,一个绕组是星形接法,另一个是三角形接法,二者线电压相位均相差 30°。当两组桥同步控制时,两组整流桥便得到相同的移相角。利用三相桥线电流的公式 (9-11) 可得来自两组整流桥的 5 次和 7 次谐波电流将在变压器的初级相移 180°,因而能互相抵消。同样,17 次和 19 次谐波也互相抵消。这时存在的最低谐波是 11 次和 13 次谐波,接下来是 23 次和 25 次谐波。变压器初级线电流的波形是三阶梯形,这种波形更接近于正弦波。谐波次数越高,幅值就越小,因此增加供电相数便能显著减少谐波的影响。这种做法的缺点是提高了设备造价。

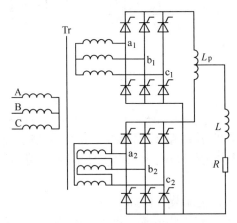

图 9.9　两组三相并联的十二相整流电路

9.3　电磁干扰及其抑制

电磁干扰(Electromagnetic Interference,EMI)是指任何能中断、阻碍、降低或限制电子设备有效性能的电磁能量。电磁干扰分为传导干扰和辐射干扰。按频带分,可分为宽带干扰与窄带干扰。传导干扰又可分为共模干扰和差模干扰。辐射干扰也可分为共模干扰和差模干扰。

9.3.1　电磁干扰的产生

1. 电磁干扰的产生

电力电子装置工作时,电力电子器件的电压和电流波形都是以极短的时间上升和下降。这些具有陡变沿的脉冲信号会产生很强的电磁干扰,可以说高频变换器本身就是一个很强的宽带电磁波发射源,也即很强的电磁干扰源。装置的功率越大,这种电磁发射能力越强。

图9.10（a）为高频开关的前后沿过冲波形示意图，展开波形是一个频率可达几兆赫兹甚至几十兆赫兹的高频衰减振荡。这个高频衰减振荡的频谱图如图9.10（b）所示。由图可见，由高频开关器件构成的电力电子装置是一个宽带电磁发射源，在开关频率及其谐波上的电磁发射更为严重。

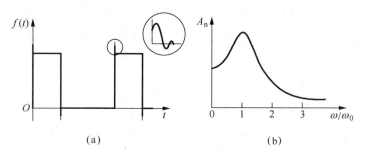

图9.10 高频开关的前后沿过冲波形及其频谱
（a）过冲波形示意图；（b）高频衰减振荡的频谱图

2. 电磁干扰形成的因素

电磁干扰信号可能是连续的信号，也可能是随机的脉冲信号，还可能是脉冲周期信号。形成电磁干扰一定具备以下三个基本要素，如图9.11所示。

图9.11 电磁干扰三要素

（1）电磁干扰源，是指产生 EMI 的组件、器件连接到敏感设备上，并使该设备产生响应的媒介。传导干扰和辐射干扰就是按照耦合路径来进行划分的。传导干扰是通过导线进行传播的，耦合干扰是通过"场"进行传播的。

（2）耦合路径，是指把能量从干扰源耦合（或传输）到敏感设备上，并使该设备产生响应的媒介。传导干扰和辐射干扰就是按照耦合入境来进行划分的。传导干扰是通过导线进行传播的，耦合干扰是通过"场"进行传播的。

（3）敏感设备，是指对电磁干扰发生回应的设备。

9.3.2 电磁干扰抑制

共模干扰是出现于导线与地之间的干扰。如图9.12所示，u_s是信号源（或电源），M是测量仪器（或负载），Z_m是仪器的输入阻抗。我们把导线 BC 与地（E）和导线 AD 与地间存在的 EMI 信号称为共模干扰信号，即图中的 u_1 和 u_2。

差模干扰是出现于信号回路内的与正常信号电压相串联的一种干扰。它通常是由磁耦合引起的，如图9.12所示，当有变化的外磁场与两条信号线间包围的

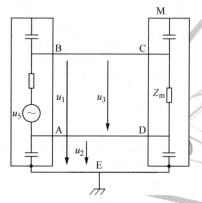

图9.12 共模干扰与差模干扰

面积相连时，则在信号回路内出现感应电压 u_3，它与有用信号 u_s 相串联，共同作用于 M 的输入端。

针对共模、差模及辐射干扰，可采用如下相应的措施进行抑制。

1. 共模干扰的抑制

共模干扰的起因是寄生电容的充、放电所致。开关整流器中这种寄生电容主要表现为变压器初、次级绕组间所形成的寄生电容 C。图 9.13 为初级开关关断以后的电容电流示意图。

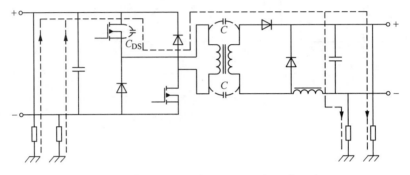

图 9.13　初级开关关断以后的电容电流示意图

减小共模干扰的措施之一为减小变压器初、次级绕组的寄生电容。其方法是：扇形绕在圆环上；分开线轴绕组；增加内绕组隔离；法拉第屏蔽。

图 9.14 表示具有法拉第屏蔽的变压器。屏蔽是用铜箔完成的，它的宽度较初级或次级绕组要宽，其终端重叠但不能短路，屏蔽引出线尽量短，使谐振减至最小。如果发生谐振可在屏蔽引出线加上一个或多个铁氧体磁珠，可有效地控制谐振；屏蔽引出线应接到屏蔽层中心。这种方法对减小传导干扰非常有效，但也会带来变压器尺寸、漏感和成本的增加。

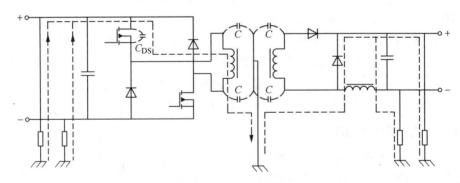

图 9.14　具有法拉第屏蔽的变压器

减小共模干扰的措施之二为采用变压器旁路电容及框架地电容。采用变压器旁路电容的方法如图 9.15 所示。若从初级负端到输出加一个电容 C，就为变压器寄生电容电流提供了旁路，减小了输出端子上的共模干扰。与电容 C 串联的电阻 R 是为了衰减输出谐振，若阻值太大会使 C 旁路无效，太小则会引起谐振。

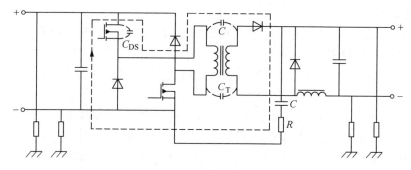

图 9.15 变压器旁路电容

图 9.16 为传统的框架地电容，它提供了与图 9.14 相同的支路，所不同处在于回路长度不同。若回路长度较小，其电感也小，则旁路更有效。设置这些电容尽可能地接近输入端和输出端。对于辐射干扰来说，这种回路长度的减小也是很重要的。

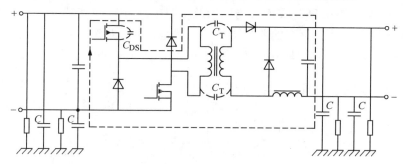

图 9.16 框架地电容

2. 差模干扰的抑制

差模干扰具有与共模干扰相同的起因，即二极管和功率管的开通、关断，寄生电容的充、在输入和输出滤波电容器两端的等效串联电阻（ESR）和等效串联电感（ESL）上会产生差模干扰。因此，选用较低的 ESR 和 ESL 的滤波电容可得到较低的差模干扰。一般地，电解电容应与聚丙烯电容器（无感电容）相并联。当然差模干扰及开关纹波的抑制主要取决于滤波参数是否合适。印制线路板（PCB）的设计也是至关重要的，引线过长以及不适当的电路走线路径、形状，将会增加与滤波电容相串联的寄生电感。输入或输出阻抗不平衡会使共模干扰变为差模干扰。类似于差分放大器，电阻不平衡会引起放大器共模抑制比（CMRR）的降低。

3. 辐射干扰的抑制

高频谐波电流流过一个回路就会形成磁场，理论上该磁场强度正比于回路面积和谐波电流的大小。谐波电流大小决定于波形、上升时间、下降时间，以及基频振幅。因此，往往可用减小回路面积、减小或电流峰值来减小辐射干扰。前面所介绍的抑制传导干扰的一些措施均能有效地减小谐波电流回路面积，所以这些方法在减小辐射干扰中也是有效的。缓冲电路可用来有效地减小 di/dt。良好的整流器屏蔽外壳是防止辐射干扰的有效方法之一。

4. EMI 电源滤波器

EMI 电源滤波器是抑制传导干扰最为有效的手段，它毫无衰减地把直流、50 Hz、400 Hz 的电源功率传输到设备上去，却大大衰减经电源传入的 EMI 信号，保护设备免受其害。同时，它又能抑制设备本身产生的 EMI 信号，防止它进入电网，污染电磁环境，危害其他设备。

图 9.17 所示为单相电源滤波器的基本网络结构，它是由集中参数元件构成的无源低通网络，虚线框表示 EMI 滤波器的金属屏蔽外壳。滤波网络主要由两只电感 L_1、L_2 和三只电容 C_x、C_{y1}、C_{y2} 组成。L_1、L_2 是绕在同一铁芯上的两只独立线圈，称为共模电感线圈或共模扼流圈。两个线圈的圈数相同，绕向相反；EMI 滤波器接入电路后，两只线圈内电流产生的磁通在铁芯内相互抵消，不会使磁环达到磁饱和状态，从而使两只线圈 L_1、L_2 的电感值保持不变。如果把该滤波器一端接入电源，负载端接上被干扰设备，那么 L_1 和 C_{y1}、L_2 和 C_{y2} 就分别构成共模低通滤波器，用来抑制电源线上存在的共模干扰。由于电感器的绕制工艺不可能保证 L_1、L_2 完全相等，于是 L_1、L_2 的差值（$L_1 - L_2$）形成差模漏电感，其值一般约为 L_1 或 L_2 的 0.5%～2%（与结构及绕制工艺有关），它与 C_X 构成 LC 差模低通滤波器，用来抑制电源线上存在的差模干扰。一般地，L_1、L_2 绕在同一个铁氧体环上，电感量约为几毫亨，C_X 的电容量取 0.047～0.22 μF，C_{y1}、C_{y2} 的电容量约为几纳法。

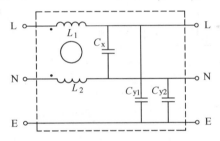

图 9.17 电源滤波器的基本网络结构

9.4 提高功率因数的对策

交流装置的功率因数是其功能指标中重要的一项。分析影响装置功率因数的原因，并采取相应措施使之提高，是电力电子技术的重要内容之一。

9.4.1 变流装置的功率因数

晶闸管变流装置的功率因数定义为交流侧有功功率与视在功率之比。以带电感性负载的单相桥式全控整流电路为例，假设负载为大电感而且输出电流平直，忽略变压器漏抗对电路的影响。当变流器在整流状态工作时，电路交流侧的电压 u_1 及电流 i_1 的有关波形如图 9.18 所示。此时整流装置的视在功率为

$$S = U_1 I_1$$

式中，U_1 及 I_1 分别为变压器初级电压和电流的有效值。

从电路工作过程分析可知，U_1 为正弦波而变压器初级电流 i_1 则是正负对称的矩形波，故电网输入的有功功率只应是基波功率，其值为

$$P = U_1 I_{11} \cos\varphi_1$$

式中，I_{11} 为变压器初级电流基波分量 i_{11} 的有效值，$\cos\varphi_1$ 仍称为位移因数，定义为电压 u_1 与基波电流 i_{11} 相位角的余弦值。

根据上述晶闸管变流装置功率因数的定义，其功率因数为

$$\cos\varphi = \frac{P}{S} = \frac{U_1 I_{11} \cos\varphi}{U_1 I_1} = \frac{I_{11}}{I_1} \cos\varphi = \xi \cos\varphi \tag{9-13}$$

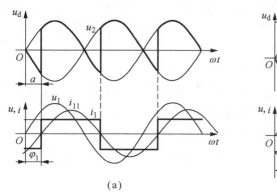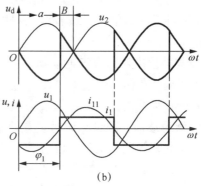

图 9.18　电感性负载单相桥式全控整流电路波形
（a）整流；（b）逆变

故晶闸管变流装置的功率因数等于位移因数和畸变系数的乘积。对于单行桥式电路，由式（9-5）知其畸变系数 $I_{11}/I_1 = 0.9$。忽略换相重叠角后，由图 9.18 不难看出，位移因数将等于晶闸管的触发角 α，此时

$$\cos\varphi_1 = \cos\alpha$$

变流装置的功率因数即为

$$\cos\varphi = \frac{I_{11}}{I_1} \cos\alpha$$

单相桥式整流电路大电感负载时的功率因数 $\cos\varphi = 0.9\cos\alpha$。依照同样的分析，三相桥式可控整流电路的功率因数 $\cos\varphi = 0.955\cos\alpha$。

其他晶闸管可控整流电路的功率因数均可按上述方法求得。计算畸变系数时，I_1 的求取应按下式进行，即

$$I_1 = \sqrt{I_{11}^2 + \sum_{n=2}^{\infty} I_{1n}^2} \tag{9-14}$$

式中，I_{11} 为基波电流有效值；I_{1n} 为 n 次谐波电流有效值。

从上面的分析可见，晶闸管变流装置的功率因数主要取决于触发角 α 的余弦值，从而决定了变流装置的功率因数将随着触发角 α 的不同而变化。当 α 增大时，装置的功率因数将降低，特别是处于深控状态（大触发角 α）运行时，装置的功率因数将变得很低。此外，影响装置功率因数提高的另一个原因是波形畸变，波形畸变的结果，将产生高次谐波，而高次谐波电流的平均功率为零，即高次谐波电流场为无功电流。

当变流装置运行于逆变状态时，交流侧电压 u_1 与因逆变而回馈电网的基波电流之间的夹角大于 $\pi/2$，有关波形如图 9.18 所示。此时装置的有功功率为负值，随着逆变角 β 的

增大,有功功率绝对值将减小,功率因数自然下降。

9.4.2 提高功率因数的原理与方法

为提高晶闸管变流装置的功率因数,一般采用下述几种方法。

1. 减小装置运行时的触发角(逆变状态下则为逆变角)

上述有关影响变流装置功率因数的分析,说明过大的触发角 α(逆变角 β)必然使装置功率因数降低。故对于经常运行在深控状态下的调压或调速系统,可采用整流变压器次级抽头以便降低次级电压,或者变压器星—三角变换等方法,使变流装置尽可能地运行在小触发角状态。

2. 设置补偿电路,进行无功功率补偿

如果变流装置输出的直流电压和电流较为恒定,则在变压器的初级端设置可调的补偿电容,进行有级补偿,这是一种较为经济和简单的办法。

3. 设置滤波器,减少滤波对装置功率因数的影响

根据变流装置运行状况,设置若干不同频率的高次谐波滤波器,尽量使电网不受或少受谐波影响,从而改善装置的功率因数。

4. 采用两组(或多组)交流装置串联运行

对于某些容量较大且输出电压调整较宽的变流装置,可采用两组或多组桥式电路串联运行的方式,增加整流相数从而提高功率因数。

5. 采用高功率因数整流器

传统电力电子装置系统中的主要谐波源是整流器,为此近年来对整流器不断采取措施,使其尽量不产生谐波,且其输入电流和电压同相位,这种整流器通常称为高功率因数整流器。

目前,几千瓦到几百千瓦的高功率因数整流器主要采用全控型开关器件构成的 PWM 整流器。PWM 整流器可分为电压型和电流型两大类。对于电流型 PWM 整流器,可以直接对各开关器件进行正弦 PWM 控制,使得输入电流接近正弦波且与电源电压同相位,从而获得接近 1 的功率因数。对于电压型 PWM 整流器,需要通过电抗器与电源相连,其控制方法有直接电流控制和间接电流控制两种。直接电流控制就是设法得到和输入电压同相位,由负载电流大小决定其幅值的电流指令信号,并根据此信号对 PWM 整流器进行电流跟踪控制。间接电流控制就是控制整流器的输入端电压,使其成为接近正弦波的 PWM 波形,并和电源电压保持合适的相位,从而使流过电抗器的输入电流波形为与电源电压同相位的正弦波。

6. 采用有源功率因数校正电路

对于中小容量整流器,为了提高功率因数,通常采用二极管加 PWM 斩波的方式来加以解决。这种电路通常称为有源功率因数校正(Active Power Factor Correction,APFC 或 PFC)电路。下面主要介绍 PFC 电路的原理和控制方法。

图 9.19 是传统的整流滤波电路,整流二极管只有在输入电压 u_s 的瞬时值高于直流电压 u_d 时,交流电源才会有电流 i_s 流过,该电流为峰值很高的脉冲电流。由于输入电流 i_s 波形畸变导致功率因数下降,并产生高次谐波分量,污染电网。图 9.20 是单相有源功率因数校正电路及控制系统原理图。由图可见,在二极管整流桥和滤波电容之间增加了由电感

L、二极管 VD 和开关管 V 构成的升压斩波电路（Boost 变换器）加入升压斩波电路后，不管交流电压 u_s 处于任何相位，只要开关管 V 开通，电感 L 中就会有电流 i_L 流过，并且在电感 L 中储存能量。V 关闭后，交流电源和 L 中的储存能量一起通过二极管 VD 向滤波电容 C 充电并提供负载电流。这样通过开关管 V 的控制，交流电压处于任何相位都可以有电流流过，对开关管 V 的恰当控制可以使交流电流 i_s 为正弦波，并且和电源电压同相位，功率因数近似为 1。

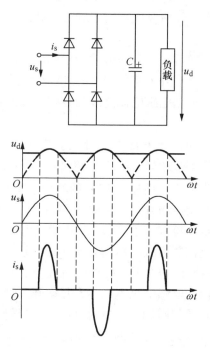

图 9.19 传统的整流电路及波形

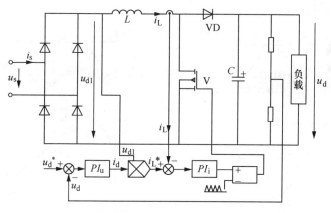

图 9.20 单相有源功率因数校正电路及控制系统原理图

图 9.20 中，交流电压 $u_s = U_S \sin\omega t$，u_{d1} 是 u_s 经全波整流后所得，$u_{d1} = U_S |\sin\omega t|$，$i_L$ 是交流电流 i_s 经全波整流后所得。若能控制 i_L 使其与 u_{d1} 的瞬时值成正比，则交流电流 i_s

就是正弦波，且和交流电压 u_s 同相位。按这个思路设计的控制系统如图 9.20 所示。该控制系统是一个双闭环系统，内环是控制电感电流 i_L 的电流环，外环是控制直流输出电压 u_d 的电压环。检测 u_d 并和给定电压 u_d^* 进行比较，其误差通过电压环 PI 调节器 PI_u 放大得到反映负载电流大小的直流输出信号 i_d。负载变化时，i_d 始终反映负载电流的大小，同时 i_d 也等于电感电流 i_L 的峰值。通过乘法器将 i_d 和 $|\sin\omega t|$ 相乘，就可得到所希望的电感电流 i_L^*。这里 $|\sin\omega t|$ 使用了 u_{d1} 信号。将检测到的电感电流 i_L 与 i_L^* 进行比较，其误差通过电流环 PI 调节器 PI_i 放大后，再用三角波或锯齿波进行调制得到 PWM 信号去控制开关管 V，达到 i_L 跟踪 i_L^* 的目的。

根据升压斩波器的工作原理可知，升压电感 L 中的电流有连续工作模式和断续工作模式。因此，可以得到电流环中驱动开关管的 PWM 信号有两种产生的方式，一种是电感电流临界连续的控制方式；另一种是电感电流连续的控制方式。这两种控制方式下的电压电流波形如图 9.21 所示。

由图 9.21（a）的波形可知，开关管 V 截止时，电感电流 i_L 刚好降到零，开关导通时，i_L 从零开始上升，i_L 的峰值刚好等于给定电流 i_L^*。即开关管导通时电感电流从零上升，开关管截止时电感电流降到零，电感电流 i_L 的峰值包络线就是 i_L^*。因此这种电流临界连续的控制方式又叫峰值电流控制方式。从图 9.21（b）的波形可知，它是采用电流滞环控制使电感电流 i_L 逼近给定电流 i_L^*，因为 i_L^* 反映的是电流的平均值，因此这种电流连续的控制方式又叫平均值电流控制方式。电感电流 i_L 经过 C 滤波后，得到与输入电压同频率的基波电流 i_s。在相同的输出功率下，峰值电流控制的开关管电流容量要大一倍。平均电流控制时，在正弦半波内，电感电流不到零，每次开关管 V 开通之前，电感 L 和二极管 VD 中都有电流，因此 V 开通的瞬间，L 中的电流、二极管 VD 中的反向恢复电流，对开关管和二极管影响较大，所以元件选择时要特别注意。而峰值电流控制没有这一缺点，对开关管要求较低，通过检测电感 L 中的电流下降时的变化率，当电流过零时就允许 V 开通，检测电流的峰值用一个串联在 V 和地之间的限流电阻就能实现，既廉价又可靠，适合在小功率范围内大量应用。

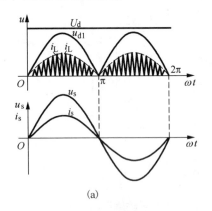 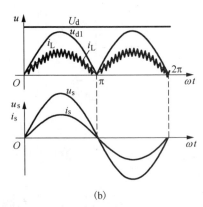

图 9.21　单相有源功率因数校正电路波形
(a) V 截止时的波形；(b) 平均值电流控制方式

本章小结

随着电力电子装置的广泛应用,电力公害问题引起人们越来越多关注的同时,也由于电力电子技术的飞速进步,在电力公害的抑制方面也取得了一些突破性进展。本章主要介绍由电力电子装置产生电力公害的机理、危害及抑制对策。

思考题与习题

9-1 传统的相控整流电路是一个谐波源,请举例说明。

9-2 试说明谐波对电网的危害有哪几个方面,并说明抑制谐波的常规对策是什么。

9-3 电力电子装置产生电磁干扰源的根本原因是什么?

9-4 电磁干扰信号的耦合方式共有几种?请分别说明。

9-5 什么叫共模干扰和差模干扰?请举电力电子变换电路例子具体说明。

9-6 EMI 电源滤波器的结构与作用是什么?

9-7 阐明功率因数的定义。并说明功率因数降低的因素和提高网侧功率因数的具体方法。

9-8 试简要说明相控整流电路功率因数低的原因。

9-9 整流装置的谐波对电网产生了哪些不利影响?为了抑制"电力公害"和提高整流装置的功率因数可采取哪些措施?

9-10 整流电路中常接有一个容量较大的电解电容,试问此电容有何作用?

9-11 APFC 的基本思路是什么?

9-12 APFC 有哪两种基本的控制方式,并画出其电压-电流波形。

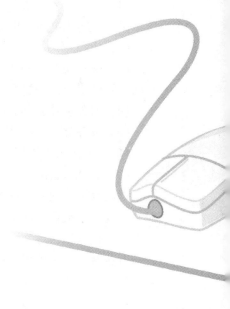

第 10 章 电力电子技术的应用

【学习目标】
(1) 了解直流电源系统的组成、控制方式、保护及电气隔离技术。
(2) 熟悉电力电子技术在不间断电源中的应用。
(3) 熟悉电子镇流器的组成结构及工作原理。
(4) 熟悉光伏并网逆变器的特点、工作原理及使用。
(5) 了解 PSPICE 在电力电子技术仿真中的应用。
(6) 了解 Matlab 在电力电子技术仿真中的应用。

电力电子技术是以功率处理和变换为主要对象的现代工业电子技术,在国防军事、工农业生产、交通运输、医疗设施和家用电器等部门无不渗透着电力电子技术的新成就,它的应用非常广泛。本章就电力电子技术在这些方面的新应用作一简单介绍。

10.1 直流电源

本节将主要介绍电力电子变换器在直流电源方面的应用。

10.1.1 直流电源系统

直流电源在电气和电子领域应用非常广泛。对直流电源的要求如下。
(1) 输出稳定。在给定的容差范围内,当输入电压或负载发生变化,以及遭受到扰动的情况下,输出电压、电流或频率必须保持恒定。
(2) 电气隔离。电气上要求负载与输入隔离。
(3) 多路输出。在电子设备,尤其在仪器应用方面,针对不同的定额、不同的极性和不同的隔离要求,需要有多路输出。
(4) 转换效率。转换效率高。
(5) 功率密度。对于较小的体积和质量,要求有较高的功率密度。
(6) 精度、调节范围和控制。要求精度高、调节范围宽和控制快速。
(7) 输入/输出质量。输入/输出功率有较小的谐波畸变。

直流电源系统的方框图如图 10.1 所示,输入为 50 Hz 的交流电压,直流电源采用不可控 AC--DC 整流器外加 DC – DC 变换器,并非直接使用可控的 AC – DC 变换器。AC – DC 必须工作在低频状态 (50 Hz)。这种模式有两个不足:其一,滤波器要使用高容量的电感器和电容器,其体积和质量较大。其二,电源对输入电压、负载条件,以及干扰的变化响应迟缓。但是从另一方面来讲,工作于高频 (1MHz) 状态下的 DC – DC 变换器可以克服上述不足。

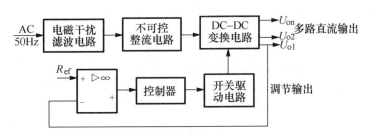

图 10.1　直流电源系统方框图

DC-DC 变换器可以是 PWM DC-DC 变换器和谐振 DC-DC 变换器中的任何一种拓扑结构。DC-DC 变换器可以有隔离也可以没有隔离。输出电压由反馈控制环调节。控制变量可以是输出电压（电压模控制）或输出电流（电流模控制），输出端口可能有一路或多路，端口对应不同的电压或电流定额，通常只有相应的输出可调。多路输出，只调节相应的输出端的输出，称为交叉调节。EMI 滤波器的功能是防止电磁干扰反馈进入交流源。

DC-DC 变换器可以是任何一种降压斩波电路的拓扑结构。PWM 斩波器包括降压斩波器、升压斩波器、升/降压斩波器和库克斩波器等。谐振变换器包括串联谐振 DC-DC 变换器，并联谐振 DC-DC 变换器，ZVS、ZCS 谐振变换器等。

大多数 DC-DC 变换器要么由电压源，要么由电流源来驱动（大电感与电压源串联）。电流源变换器其功率重量比低。当前，中功率到大功率（>250 W）的直流电源普遍采用比较低的开关频率（10～40 kHz）。而低功率的直流电源，则普遍采用比较高的开关频率（100 kHz～1 MHz），如便携设备。当频率超过 1 MHz 时，在设备尺寸和功率重量比方面，因开关损耗、变压器的铁芯损耗以及磁滞损耗的增加，并不能带来显著的优点。而且，开关频率的提高还会引起较大的电磁干扰（EMI）。

10.1.2　开关模直流电源的控制

开关模直流电源的控制可以分为：由硬件实现的模拟控制器和软件实现的数字控制器控制两种。基于如下理由，通常优先选择数字控制器。理由之一，对器件寿命和电气噪声不敏感；理由之二，电源对输入源变化、负载变化、暂态和扰动的响应，对数字控制方法如 PID 的适应性好。本节将讨论电压模控制和电流模控制两种方法。

1. 电压模控制

输出电压 U_o 与参考电压 U_R 比较，其误差电压被放大后，再用于控制，如在 PWM 变换器中开关的脉冲宽度信号。控制器是一个脉宽控制器，实际上为一比较器，将放大了的误差电压（控制电压 U_c）和指定开关频率的参考锯齿波信号比较，比较器的输出为期望的脉宽信号，如图 10.2 所示。

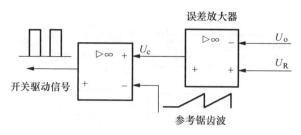

图 10.2　电压模控制结构图

2. 电流模控制

在电流模控制中，参考的锯齿波信号由一个正比于电源输出电流的电压代替，这等同于在控制系统中附加了一个内部控制环，如图 10.3 所示。电流模控制变频控制（窗口控制和固定关断时间控制）和固定开关频率控制有两种基本形式，图 10.4 给出了三种控制波形示意图。

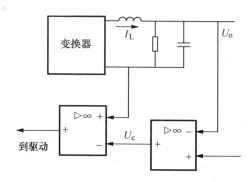

图 10.3　PWM 直流电源的电流模控制

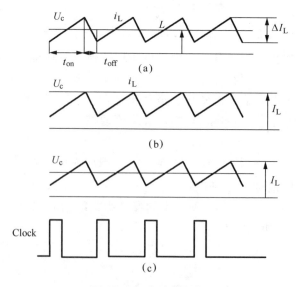

图 10.4　电流模控制
（a）窗口控制；（b）固定关断时间控制；（c）固定开关频率控制

在窗口控制中,控制电压决定输出电流的平均值。当检测到的输出电流降至预先设定的窗口值的一半,即平均值 $I_o - \Delta I_o/2$ 以下时,PWM 变换器中的开关闭合。当检测到的输出电流超过 $I_o + \Delta I_o/2$ 时,开关打开。显然,这种策略只能用于连续导电模式。

在恒定关断时间控制中,控制电压决定提高和输出电流 I_o 的峰值。PWM 变换器中的开关是在固定的时间关断,PWM 的输出电流线性下降。关断时间结束后,开关闭合,输出电流线性上升,在 I_o 到达峰值期间开关一直保持导通。

在固定开关频率控制中,PWM 变换器的开关的闭合与期望开关频率的时钟脉冲列同步。输出电流 I_o 线性增加,在 I_o 到达峰值期间开关一直保持闭合,闭合时间由控制电压 U_C 决定。开关打开,I_o 线性下降,下个时钟周期重复上述过程。

10.1.3 直流电源的保护

在直流电源中,保护和控制同等重要,目前集成电路大多数都提供保护功能,这些保护功能也可以用软件实现。

1. 软启动

在直流电源中,软启动由缓慢增加的脉宽信号提供。

2. 电流限制

输出电流可以通过测量加在与负载串联的小电阻上的电压来测量,测得的电流(实际为电压)与参考值比较,所得误差被放大后用于减小脉冲宽度以便限制电流,而不是降低输出电压,如图 10.5(a)所示。输出短路情况下,恒定的电流会引起电源器件的应变。这个问题可以通过在输出电压下降时,限制电流来避免,如图 10.5(b)所示,称为反折叠电流限制。电压的减小部分,在与参考值比较前,从加在测量电阻上的电压扣除。

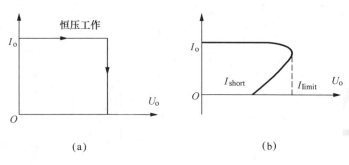

图 10.5 电流限制
(a)恒电流限制;(b)反折叠电流限制

3. 过电压和欠电压保护

当低于欠电压和高于过电压的设定值时,电源的控制断开。晶闸管和专用的积分电路可以直接用于这个目的。

4. 输入浪涌电流的保护

电源加电时,不可控的整流输出的电容是未充电的,因此它可从交流电源中抽取很大的输入浪涌电流。在不可控整流电路之前或之后,可通过串接电感器来限制输入浪涌电流。作为选择,还可以在不可控整流电路(通常并接一晶闸管分流)之后,串接一电阻进行限制浪涌电流,如图 10.6 所示。其工作原理是,开始电容 C 的电压为零,三极管 V 工作在饱和导通状态,随即晶闸管的门极和阴极之间的电压处于正向阻断状态。通过不可控整流电路的输入浪涌电流由串联电阻 R_s 限制,当滤波电容 C 的电压被充电到足够大时,三极管退出饱和状态。加在晶闸管门极和阴极之间的电压增加,最终导通分担通过串联电阻 R_s 的电流,之后保持。

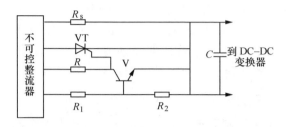

图 10.6　开关模电源的浪涌保护

10.1.4　电气隔离

在开关模电源中,直流变换器的高频信号部分的电气隔离,通常由尺寸较小的高频隔离变压器提供。在反馈控制系统中,控制参数如 PWM 变换器的开关脉宽信号,是在隔离变压器的原边,在这些电源中的反馈环也需要电气隔离。图 10.7 显示了一个具有电气隔离的直流电源。反馈环中的 PWM 控制器可以放在反馈隔离变压器之前或之后。在隔离变压器之后放置控制器,可以通过前向通路中的开关模变换器,使干扰减小。

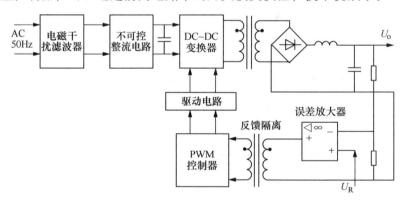

图 10.7　PWM 直流电源中的电气隔离

前向通路中的隔离变压器通过大量的功率流,而在反馈通路中,只通过较低的功率信号。反馈隔离变压器可以由一个光电耦合器代替。因市场上流行的光电耦合器其特性相对于温度和时间不太稳定,因此变压器隔离是首选。

10.1.5　多路输出电源的交叉调节

多路输出电源,在仪器设备和计算机等方面应用非常广泛,通常输出的其中一路由反馈控制调节。在多路输出电源中的交叉调节指的是,在反馈环内部负载和电网电压变化对不可调输出端电压影响的调节。反之亦然。

考虑如图 10.1 所示的多路输出电源，电压的转换比为 T_{VV1}，T_{VV2}，…，负载电阻为 R_{L1}，R_{L2}，…则交叉调节参数定义如下。

负载交叉调节

$$X_{2,L} = \frac{dT_{uu2}}{dR_{L1}}\bigg|_{\Delta V_s=0, \Delta R_{L1}=\Delta R_{L3}=\cdots=0}$$

线路交叉调节

$$X_{2,S} = \frac{dT_{uu2}}{dU_2}\bigg|_{\Delta R_{L1}=\Delta R_{L3}=L=0}$$

在稳压电源中，较差的交叉调节将会严重影响控制的范围。两种类型的交叉调节的调节参数必须设计得尽可能小。

多路输出电源的输出电路，最经常采用的是多绕组变压器，如图 10.8 所示。副边绕组的漏感是交叉调节的主要源，可以采用漏感最小化或其他拓扑方法来减少交叉调节。

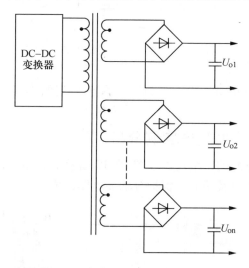

图 10.8　变压器耦合多路输出电源

10.2　不间断电源

10.2.1　概述

不间断电源（Uninterruptible Power System，UPS），是一种含有储能装置，以逆变器为主要组成部分的恒压恒频的不间断电源。主要用于给单台计算机、计算机网络系统或其他电力电子设备提供不间断的电力供应。当市电输入正常时，UPS 将市电稳压后供应给负载使用，此时的 UPS 就是一台交流市电稳压器，同时它还向机内电池充电；当市电中断（事故停电）时，UPS 立即将机内电池的电能，通过逆变转换的方法向负载继续供应 220 V 交流电，使负载维持正常工作并保护负载软、硬件不受损坏。UPS 设备通常对电压过大和电压太低都提供保护。

UPS 有很多分类，如按照 UPS 本身形式来分，分为后备式和在线式；也可以按照逆变技术来分，可分为双变换式、交互式和铁磁谐振式。

后备式不间断电源（Offline UPS，或称 Back-Up UPS）是一种结构简单、运行可靠性高的后备电源系统。它一般由逆变器、充电器、交流稳压器（AVR）、电源滤波器（EMI）、切换开关等构成，如图 10.9 所示。当市电正常时，市电经过输入电源滤波器（EMI）、交流稳压器（AVR）后分为两路。一路通过切换开关，由输出端电源滤波器（EMI）输出；另一路经充电器对后备电池充电。当市电异常时，启动逆变器，转换开关转向逆变器。

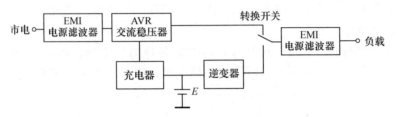

图 10.9　后备式不间断电源框图

在线式不间断电源（on line UPS）目前有两种典型的形式，采用工频变压器在线式和高频链超小型在线式。

10.2.2　单相在线式 UPS 实例分析

单相在线式不间断电源的一个实例如图 10.10 所示。它主要由主电路、控制电路、驱动电路、电池组、充电器以及滤波、保护等辅助电路组成。

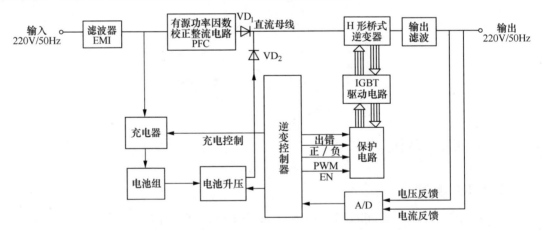

图 10.10　在线式不间断电源框图

电路工作原理：当市电正常情况下，输入市电经滤波器输入到有源功率因数校正整流电路 PFC，使输入功率因数接近 1。由 PFC 电路输出稳定的直流电压与电池升压电路输出电压经二极管 VD_1、VD_2 在直流母线上并联。电池升压电路的输出电压略低于 PFC 整流器输出电压，所以在市电正常情况下，由 PFC 整流后的市电向逆变器提供能量。当市电出现异常情况时，PFC 输出将低于电池升压输出，这时由电池升压后向逆变器提供能量，这时充电器停止工作。

控制器由单片机及其他辅助电路组成，主要负责脉宽调制波的产生、输出正弦波与市电同步、UPS 管理以及报警和保护。逆变器是 UPS 中重要的组成部分之一。现在都选用 IGBT 管作为主功率变换器的开关管，逆变器的调制频率为 20 kHz。由逆变控制器、H 形桥式逆变器、驱动和保护电路组成。

逆变控制器由基准正弦波发生器、误差放大器与 PWM 调制器构成。逆变器的输出电压、反馈信号和基准正弦波信号送到误差放大器，其输出误差信号再与 20 kHz 三角波通过电压比较器进行比较，调制出 PWM 信号，如图 10.11 所示。硬件保护电路的主要功能是死区抑制时间的产生、逆变器关闭的执行、4 个桥臂驱动信号的产生等。PWM 信号和正/负信号来自单片机，经过死区抑制时间 1 μs 后分 4 路送至桥臂的驱动器。死区抑制时间的长短取决于 IGBT 开通和关闭速度及驱动自身的延时。

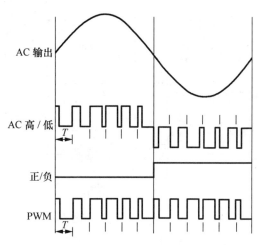

图 10.11　逆变控制器输出的 PWM 波形

驱动电路如图 10.12 所示，它由隔离的辅助电源和驱动器 EXB840 构成，完成对 4 个 IGBT 管的控制。驱动器同时带有过饱和保护的功能。驱动电路与 GE 之间的导线连接必须用双绞线，而且要尽量短，以克服驱动过程的干扰。

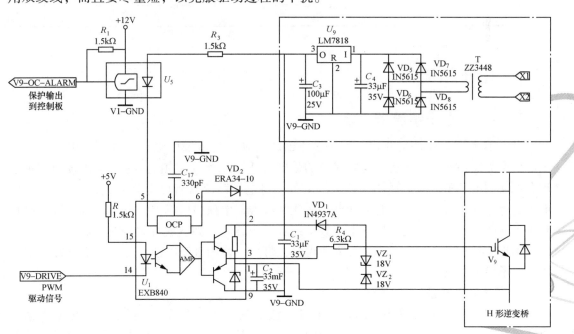

图 10.12　驱动电路

图 10.13 为 H 形全桥逆变器,它由 V_9、V_{10}、V_{11} 和 V_{12} 构成。驱动信号来自 EXB840 的输出。驱动信号真值表见表 10 – 1。

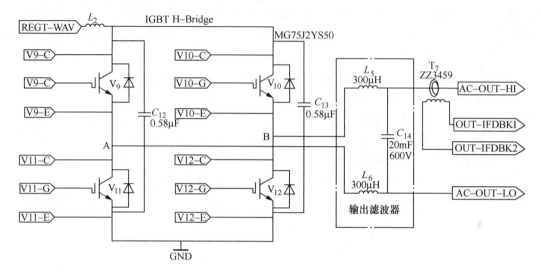

图 10.13　H 形全桥逆变器

表 10 – 1　驱动信号真值表

正/负	PWM	V_9	V_{10}	V_{11}	V_{12}
0	0	0	0	1	1
0	1	1	0	0	1
1	0	0	0	1	1
1	1	0	1	1	0

10.3　电子镇流器

10.3.1　电子镇流器

电子镇流器(Electricalballast)是镇流器的一种,是指采用电子技术驱动电光源,使之产生所需照明的电子设备。与之对应的是电感式镇流器(或镇流器)。现代日光灯越来越多地使用电子镇流器,轻便小巧,甚至可以将电子镇流器与灯管等集成在一起,同时,电子镇流器通常可以兼具启辉器功能,故此又可省却单独的启辉器。电子镇流器还可以具有更多功能,比如可以通过提高电流频率或者电流波形(如变成方波)改善或消除日光灯的闪烁现象;也可通过电源逆变过程使得日光灯可以使用直流电源。与传统电感镇流器相比,电子镇流器具有如下优势。

1. 节能效果显著

(1)灯管(泡)在采用了高频或低频方波电流点灯工作后,其系统发光效率得到大幅度提高。在同等条件下,要得到相同的照度,相对于传统电感镇流器,使用电子镇流器其输入功率普遍可减少 10% 以上。

(2) 电子镇流器自身的损耗小。市面上较好点的 400 W 电子镇流器效率可达 93% 以上。

(3) 功率因数高，可达 0.99。

(4) 输出灯功率稳定，市面上较好的电子镇流器，电源电压输入变化 ±15% 时，输出灯功率变动小于 3%，不致造成灯泡短时过载和缩短灯管（泡）的寿命，也避免了不必要的浪费。

2. 节约资源

生产电感镇流器需要消耗大量的矽钢片和漆包线，而电子镇流器则可以大大减少资源损耗。以 400 W 金卤灯（CWA 镇流器）为例，需要铜 2.0 kg，矽钢片 4.0 kg，而使用电子镇流器，只需要铜约 0.4 kg，不需要矽钢片。

3. 点灯参数优越

电子镇流器比电感镇流器有更优越的点灯参数，可以取得更好的点灯效果。输出灯功率恒定，电路设计可以做到输入电源电压在 120～265 V 的宽范围中变化，其输出的灯功率变化 <3%，对于供电质量不高，电源电压波动大的场合，电子镇流器将更显其优势。灯的启动过程中，灯电压逐渐上升，灯电流逐渐减小，其灯功率随灯电压增加而增大，当灯功率达到额定功率值时，其灯功率基本不再随灯电压变化而变化，即灯功率保持不变，由于灯输出功率恒定，进而可有：

(1) 点灯功率恒定，使得灯泡色参数一致性比较好。

(2) 气体放电光源有负阻工作特性的同时，尤其在其寿命的后期，灯泡（管）电压会逐步升高，这时电感镇流器的输出特性基本上为恒流输出，灯电流变化很少，使灯功率提高（这会加速灯的老化），进而又使灯泡（管）电压提高，如此下去，将使灯泡（管）的使用寿命大大缩短。

4. 具有自动保护功能

高压气体放电灯的点灯电路一般采用高压启动，一些灯泡启动特性差，或是点过一段时间后启动困难，特别是在热启动的时候，传统的点灯电路就极易产生辉光拉弧放电，这样长时间无法进入弧光放电过程，会损伤电弧管里面的电极，使灯泡寿命缩短。一些采用间隔脉冲触发的新型电子镇流器可以有效地解决因启动困难而缩短灯泡寿命的困难。同时还有明显的保护效果，当灯泡出现输出短路、输出开路、过热等异常情况时，具有自动保护功能，可以很大程度上提高电子镇流器工作的可靠性。

5. 实现了自动控制功能

实现了各种自动控制，如对灯光的智能化控制，根据灯泡的特性，钠灯泡可调范围为 40%～100%，而金卤灯泡可达 50%～100%，满足了照明的多时段、多场合的需要，这对于许多场合是非常必要的，提升了照明品质的同时还可以大量节约电力。

通常采用如下方法来实现对灯光的控制。

(1) 采用红外传感器。通过检测人体信号进行控制。如在超市、仓库、加油站、停车场等。

(2) 应用光敏元件。根据自然光或其他光源信号，自动调节灯功率，实现自动调光，可应用于办公室、工矿照明、农业照明等多种场合。

(3) 时钟控制。典型应用于路灯照明，设定不同程序，使路灯在每天 24 h 不同时段内，有不同的光照度输出。道路、街道、隧道等采用这种控制可以大量节能。

（4）手动调光。高压钠灯、金卤灯都可以在宽范围内通过调节输入到灯泡的功率大小来实现连续无抖动的调节。

10.3.2 电子镇流器的组成

一般的电子镇流器都由滤波器、整流器、功率校正电路、高频谐振换流器、灯管稳定电路、保护电路和调光电路等基本单元电路组成，如图10.14所示。

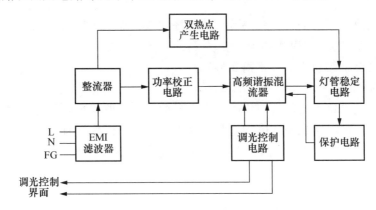

图 10.14 电子镇流器组成框图

（1）滤波器：当电源输入于镇流器后，首先即安置了 EMI 滤波器，此滤波器的主要目的在于防止镇流器本身高频切换后所产生的谐波干扰，注入电源进而影响其他电器产品。

（2）整流器：整流器将电源输入的交流信号，转换成直流电源，以供应后级功因校正电路及高频谐振换流器使用。

（3）功因校正电路：功因校正电路的主要目的是将镇流器之功因调高至趋近于1。而使整个镇流器结构所等效的负载，更接近电阻性，以避免无效功率的损失，达到省能的效果。

（4）高频谐振换流器：高频谐振换流器将整流后的直流电压经由功率切换元件配合电感与电容所组成的谐振电路转换成系统所设计的谐振电流、电压波形。由于低压水银弧光放电灯（简称日光灯）的负载特性为负动态电阻特性，故设计时不可不慎。

（5）灯管稳定电路：欲将灯管的输出达到稳定性能主要取决于此方块的设计。而日光灯的启动是否顺利更不得不依赖于此。其中包含灯管点亮前的起动电压与灯管点亮后的稳定限流、稳定电压等参数，其重要性可想而知。

（6）双热点产生电路：为了提高日光灯管的寿命与增进日光灯管的效率，有此附属设备的设计，以防止灯丝加热时，热电子集中一点发射造成电子粉的过早剥落。

（7）保护电路：产品的好坏，除了正常运作所具有的优越性能外，更需考虑不当使用及环境变化时所需的善后处理。

（8）调光控制电路：调光控制方式基本上可分为调频式、调幅式、调相位式三种。调光 IC 为调光镇流器的核心组件。此 IC 具有功因校正、过温、过电压和过电流保护功能，同时确保灯管在调光之下能维持正常的寿命及发光效率。然而国内尚无此类 IC 生产，使得必须完全仰赖进口。

10.3.3 一种新型逆变式电子镇流器

1. 电路工作原理分析

（1）电路结构。新型逆变式电子镇流器主电路如图 10.15 所示，图中 C_S 为隔直电容，虚线所包围的部分为实现高功率因数而附加的电路，电感 L 为一个能量传输者传递着电流，同时也起着提高直流电压和电流波形校正的作用。两个电容 C_X、C_Y 为两个小型能量槽储存一部分能量，这两个能量槽在高频方式下完成充放电功能。两个二极管 VD_X、VD_Y 引导电感电流进入电解电容 C 或负载回路。由于附加能量处理单元的作用，使整流二极管导通角增大到 $180°$。电感 L 中的电流是一个高频振荡波形，其平均值电流跟随输入电压的波形，从而达到功率因数校正的目的。R_1、C_1、双向触发二极管 VD_4 为触发启动电路。

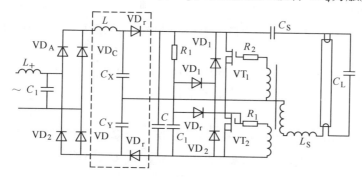

图 10.15 新型逆变式电子镇流器主电路图

（2）工作过程。为了分析方便，输入电压和整流桥被等效成 $U_{rec}(t)$ 和 VD_r 表示，其中 $U_{rec}(t) = U_{im}\sin\omega t$，$U_{im}$ 为输入电压峰值，ω 为输入交流电压频率。灯负载回路等效成一个电流源电路，其电流表达式为 $i_o(t) = I_{om}\sin\omega_o t$（$I_{om}$ 为负载电流幅值，ω_o 为功率管开关频率）。由于逆变电路开关频率远比输入交流电压频率高，在分析过程的每一开关周期中可认为输入电压是近似不变的。又由于该逆变电路在输入电压峰值附近和输入电压瞬时值较低时的工作状态略有不同，分析时按两种情况讨论。对应的等效电路图及工作波形图分别如图 10.16 和图 10.17 所示。

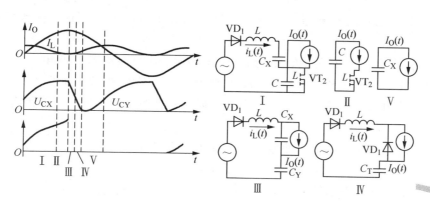

图 10.16 输入电压瞬时值较低时的工作波形及各阶段等效电路

第一种工作情况：这种工作情况对应于输入电压瞬时值较低时的工作状态。整个工作过程分五个阶段，此种情况下，U_{CX}最大值低于电解电容 C 两端直流电压 U_{dc}，而且电感电流 i_L 是断续的。

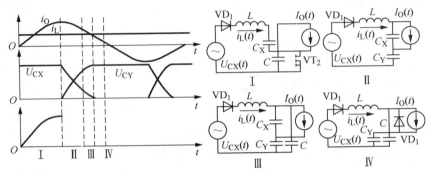

图 10.17　输入电压瞬时值在峰值附近时的工作波形及各阶段等效电路

①第Ⅰ阶段。功率管 VT_2 导通并同时通过 i_L 及 i_O 电流，C_X 被 i_L 充电，而 C_Y 电压被钳位于零，在这一阶段结束时，电感电流谐振到零，C_X 上电压达到最大值，VD_r 和 VD_Y 关闭。

②第Ⅱ阶段。负载电流流过功率管 VT_2，i_L 保持为零。在这一阶段结束时，关断 VT_2。

③第Ⅲ阶段。VT_2 关断后，C_X 通过负载回路放电，U_{CX} 下降。

④第Ⅳ阶段。随着 U_{CX} 的下降，当整流电压高于 U_{CX} 时，VD_r 导通，入端电流通过电感开始对 C_X 和 C_Y 充电。由于 C_X 中放电电流大于充电电流，因此 U_{CX} 继续下降直到零为止，此时 VD_1 导通。

⑤第Ⅴ阶段。VD_1 导通后，VD_1 中流过的电流为负载电流与电感电流之差，随着负载电流的减小和电感电流的上升，在这一阶段结束时，VD_1 续流结束。功率管 VT_1 开始导通进入后半周期。由于后半周期工作与前半周期相似，不再详述。

第二种工作情况：此种工作情况对应于输入电压在峰值附近时的工作状态。整个工作过程分四个阶段，在这种情况下，U_{CX} 的最大值能达到电解电容 C 两端直流电压 U_{dc}，电感电流是连续的。

①第Ⅰ阶段。VT_2 导通，在此之前 C_X 上电压已经升高并钳位于 U_{dc}。因为 C 比 C_X 大得多，所以电感电流都经 C 通过，因此 VT_2 仅仅通过负载电流。在这一阶段结束时，关断 VT_2。

②第Ⅱ阶段。VT_2 关断后，C_X 中能量向负载放电，电感电流向 C_Y 充电。由于此阶段为输入电压的峰值附近，所以电感电流也处在峰值附近，对 C_Y 的充电速率加大。在此阶段中 U_{CX} 与 U_{CY} 之和接近于但小于 U_{dc}。而在本阶段结束时，U_{CX} 与 U_{CY} 之和达到 U_{dc}，使 VD_Y 导通。

③第Ⅲ阶段。VD_Y 导通后，使电感电流通过 C 形成通路。而 C_X 又通过负载回路放电，在这一阶段结束时，U_{CX} 已降为零，U_{CY} 升到 U_{dc}，使 VD_1 导通。

④第Ⅳ阶段。VD_1 开始续流，续流电流为负载电流与电感电流的差值，当 VD_1 续流结束时，功率管 VT_1 导通，进入后半周期。

2. 电路工作特点

（1）功率管工作在零电压开关状态。功率管在反并联二极管续流时开通，可以实现零电压开通。功率管 VT_2 关断时，其电流 i_{VT2} 瞬间下降为零，原来流过 VT_2 的电流转向对 C_X 放电。VT_2 的漏源电压为 U_{dc} 减去 U_{CX}，使 VT_2 漏源电压以某一斜率上升，这个斜率的大小取决于 C_X 放电速率的大小，这就保证了 VT_2 关断时漏极电流与漏源电压交叠几乎很小，达到了零电压关断的效果。

（2）高功率因数。在每一开关周期内，电容 C_X 或 C_Y 先是储存能量，然后再把存储的能量传送到负载。整流二极管导通角可达到半周期。由于能量处理单元所储存的能量主要对电解电容 C 和负载放电，因此，功率开关管的电流等级与普通电子整流器相同。

（3）与普通泵式电子整流器相比，C 两端直流电压偏低，有利于降低对功率管耐压的要求。

（4）灯电流波峰系数较小。

3. 电路主要参数计算

假设负载电流与电感电流在正半周的两个交点对应的角度分别为 α 和 $\pi - \alpha$。根据电容上电压电流的关系可得

$$C_X = [I_{om}\cos\alpha - 2\text{pi}(90 - \alpha)/U_{im}]/(\omega_0 U_{dc})$$

电容 C_X 不宜选得太大，否则有可能在 VT_1 导通时，还未放电完毕，就造成 C_X 对功率管的放电。但也不宜选得太小，否则功率因数校正效果较差。根据试验，选在 $30° \sim 40°$ 为宜。由于电路的对称性，$C_Y = C_X$。根据工作原理，考虑到图 10.17 中电感电流及电容电压的波形，要保证在半个开关周期内电感电容谐振并使电容电压充电到最大值，这时电感值为 $L = (\omega_0 2 C_X) - 1$。

10.4 光伏并网逆变器

10.4.1 光伏并网逆变器概述

通常，把将交流电能变换成直流电能的过程称为整流，把完成整流功能的电路称为整流电路，把实现整流过程的装置称为整流设备或整流器。与之相对应，把将直流电能变换成交流电能的过程称为逆变，把完成逆变功能的电路称为逆变电路，把实现逆变过程的装置称为逆变设备或逆变器。逆变器又称电源调整器，根据逆变器在光伏发电系统中的用途可分为独立型电源用和并网用二种。对于用于并网系统的逆变器，根据有无变压器又可分为变压器型逆变器和无变压器型逆变器。

1. 独立光伏系统逆变器

独立光伏系统逆变器包括边远地区的村庄供电系统，太阳能户用电源系统，通信信号电源，阴极保护，太阳能路灯等带有蓄电池的独立发电系统。独立光伏系统逆变器应用示意图如图 10.18 所示。

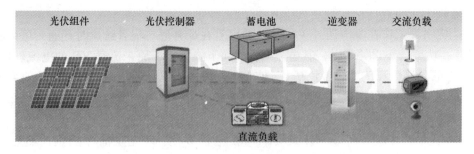

图 10.18 独立光伏系统逆变器应用示意图

2. 并网光伏系统逆变器

并网发电系统是与电网相连并向电网输送电力的光伏发电系统。通过光伏组件将接收来的太阳辐射能量经过高频直流转换后变成高压直流电,经过逆变器逆变后转换后向电网输出与电网电压同频、同相的正弦交流电流。并网光伏系统逆变器应用示意图如图 10.19 所示。

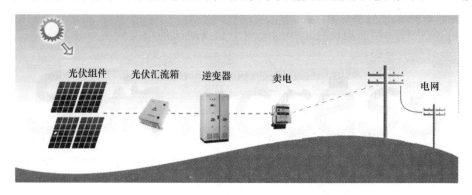

图 10.19 并网光伏系统逆变器应用示意图

10.4.2 光伏并网逆变器特点

光伏并网系统逆变器具有以下特点。

(1) 要求具有较高的效率。由于目前太阳电池的价格偏高,为了最大限度地利用太阳电池,提高系统效率,必须设法提高逆变器的效率。

(2) 要求具有较高的可靠性。目前光伏发电系统主要用于边远地区,许多电站无人值守和维护,这就要求逆变器具有合理的电路结构,严格的元器件筛选,并要求逆变器具备各种保护功能,如输入直流极性接反保护,交流输出短路保护,过热、过载保护等。

(3) 要求直流输入电压有较宽的适应范围,由于太阳电池的端电压随负载和日照强度而变化,蓄电池虽然对太阳电池的电压具有重要作用,但由于蓄电池的电压随蓄电池剩余容量和内阻的变化而波动,特别是当蓄电池老化时其端电压的变化范围很大,如 12V 蓄电池,其端电压可在 10~16 V 变化,这就要求逆变器必须在较大的直流输入电压范围内保证正常工作,并保证交流输出电压的稳定。

(4) 在中、大容量的光伏发电系统中,逆变电源的输出应为失真度较小的正弦波。这是由于在中、大容量系统中,若采用方波供电,则输出将含有较多的谐波分量,高次谐波将产生附加损耗，许多光伏发电系统的负载为通信或仪表设备，这些设备对电网品质有较高的要求，当中、大容量的光伏发电系统并网运行时，为避免与公共电网的电力污染，也要求逆变器输出正弦波电流。

10.4.3 光伏并网逆变器的工作原理

逆变器将直流电转化为交流电，若直流电压较低，则通过交流变压器升压，即得到标准交流电压和频率。对大容量的逆变器，由于直流母线电压较高，交流输出一般不需要变压器升压即能达到220 V，在中、小容量的逆变器中，由于直流电压较低，如12 V、24 V，就必须设计升压电路。

中、小容量逆变器一般有推挽逆变电路、全桥逆变电路和高频升压逆变电路三种，推挽电路，将升压变压器的中性插头接于正电源，两只功率管交替工作，输出得到交流电力，由于功率晶体管共地连接，驱动及控制电路简单，另外由于变压器具有一定的漏感，可限制短路电流，因而提高了电路的可靠性。其缺点是变压器利用率低，带动感性负载的能力较差。

全桥逆变电路克服了推挽电路的缺点，功率晶体管调节输出脉冲宽度，输出交流电压的有效值即随之改变。由于该电路具有续流回路，即使对感性负载，输出电压波形也不会畸变。该电路的缺点是上、下桥臂的功率晶体管不共地，因此必须采用专门驱动电路或采用隔离电源。另外，为防止上、下桥臂发生共同导通，必须设计先关断后导通电路，即必须设置死区时间，其电路结构较复杂。

10.4.4 光伏并网逆变器逆变电路的控制电路

上述几种逆变器的主电路均需要有控制电路来实现，一般有方波和正弱波两种控制方式，方波输出的逆变电源电路简单，成本低，但效率低，谐波成分大。正弦波输出是逆变器的发展趋势，随着微电子技术的发展，有PWM功能的微处理器也已问世，因此正弦波输出的逆变技术已经成熟。

1. 方波输出的逆变器

方波输出的逆变器目前多采用脉宽调制集成电路，如SG3525、TL494等。实践证明，采用SG3525集成电路，并采用功率场效应管作为开关功率元件，能实现性能价格比较高的逆变器，由于SG3525具有直接驱动功率场效应管的能力并具有内部基准源和运算放大器和欠压保护功能，因此其外围电路很简单。

2. 正弦波输出的逆变器

正弦波输出的逆变器控制集成电路，正弦波输出的逆变器，其控制电路可采用微处理器控制，如Intel公司生产的80C196MC、摩托罗拉公司生产的MP16以及M1 – CROCHIP公司生产的PIC16C73等，这些单片机均具有多路PWM发生器，并可设定上、下桥臂之间的死区时间，采用Intel公司80C196MC实现正弦波输出的电路，80C196MC完成正弦波信号的发生，并检测交流输出电压，实现稳压。

10.4.5 逆变器主电路功率器件的选择

逆变器的主功率元件的选择至关重要，目前使用较多的功率元件有达林顿功率晶体管（BJT），功率场效应管（MOS – FET），绝缘栅晶体管（IGBT）和可关断晶闸管（GTO）

等，在小容量低压系统中使用较多的器件为 MOSFET，因为 MOSFET 具有较低的通态压降和较高的开关频率，在高压大容量系统中一般均采用 IGBT 模块，这是因为 MOSFET 随着电压的升高其通态电阻也随之增大，而 IGBT 在中容量系统中占有较大的优势，而在特大容量（100 kV·A 以上）系统中，一般均采用 GTO 作为功率元件。

SolarMax 的光伏逆变器规格全，既有小功率的组串逆变器，又有大功率的集中式逆变器，随着中国光伏发电市场的迅速发展，SolarMax 逆变器必然会被越来越多的中国客户使用。目前我国在小功率逆变器上与国际处于同一水平，在大功率并网逆变器上，合肥阳光电源大功率逆变器 2005 年已经批量向国内、国际供货。该公司 250 kW、500 kW 等大功率产品都取得了国际、国内认证，部分技术指标已经超过国外产品水平，并在国内西部荒漠、世博会、奥运场馆等重点项目上运行，效果良好。

10.5　PSPICE 在电力电子技术仿真中的应用

PSPICE 则是由美国 Microsim 公司在 SPICE 2G 版本的基础上升级并用于 PC 机上的 SPICE 版本，其中采用自由格式语言的 5.0 版本自 20 世纪 80 年代以来在我国得到广泛应用，并且从 6.0 版本开始引入图形界面。

以一个简单的带有电阻性负载的晶闸管半波整流电路为例，来说明 PSPICE 在电力电子技术仿真中的应用。

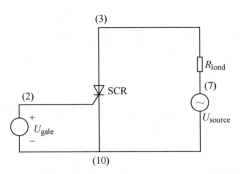

图 10.20　晶闸管半波整流电路

晶闸管电路的模拟程序如下。

1. CE SCR C149M10 SIMPLE OPERATION TEST
2. SUBCKT SCRM 3 2 1
3. RGATE 2 5 20
4. VGS 5 1 0
5. SSCR 3 4 6 1 SSCR
6. CSWITCH 3 4 450pF
7. VAS 4 1 0
8. MODEL SSCR VSWITCH (RON=.0125
9. +ROFF=103000 VON=1 VOFF=0)
10. FSENSE 1 6 POLY (2) VGS VAS 050 11

11. RSENSE 6 1 1
12. CR 6 1 10UF
13. ENDS
14. XSCRM 3 2 0 SCRM
15. VCATE 2 0 PULSE () 5 25.2US.2US 2US 100US)
16. VSOURSE 7 0 SIN (0 250 10000 0 0)
17. RLOAD 3 7.4825

PSPICE 仿真输出波形如图 10.21 所示。

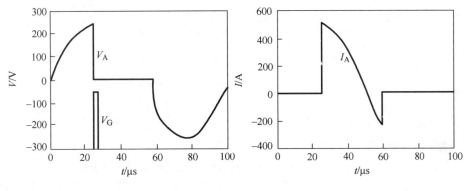

图 10.21 PSPICE 仿真波形图

18. OPTION NOMOD NOPAGE RELTOL
19. WIDTH OUT=132
20. TRAN.2US 100US 0.2US
21. PROBE
22. END

上面这个例子是直接用编程方式实现仿真的,高版本的 PSPICE 软件引入了图形编程技术,并且在它的器件模型库中增加了许多新器件的模型,PSPICE8.0 中还添加了 IGBT 模型卡,这使得电力电子电路的仿真变得更容易、更直观,电路的连接、参数的设置都只须在鼠标的拖放、属性的设置下完成。

10.6 Matlab 在电力电子技术仿真中的应用

10.6.1 Matlab 语言简介

(1) Matlab 是一种功能强、效率高、便于进行科学和工程计算的交互式软件包,采用直译式语言进行编程。

(2) 在 Matlab 的动态仿真工具 SIMULINK 环境下的电力系统工具箱(Power System Blockset)中有一个电力电子元件模块库(Power Electronics)。利用它建立电力电子装置的简化模型(如基频模型)并连接成系统,即可直接进行控制器的设计和仿真。

Matlab 5.3 版本后在电力系统工具箱中有一个电力电子元件模块库(Power Electronics），如图 10.22 所示。

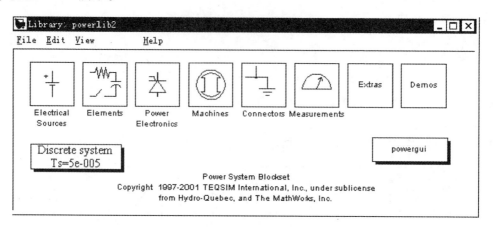

图 10.22　电力系统工具箱（Power System Blockset）模块库

电力电子技术仿真的所有元件模型都包含在 Matlab 的电力系统模块环境中。在 Matlab 提示符下键入 powerlib 命令。这个命令将打开 SIMULINK 窗口。同时展示了电力系统模块工具箱中的不同子模块工具箱。在 psb 中几乎提供了组成电力系统的所有元件，元件模型丰富，包括：同步机、异步机、变压器、直流机、线性和非线性、有名的和标幺值系统的，不同仿真精度的设备模型库，单相、三相的分布和集中参数的传输线，单相、三相断路器及各种电力系统的负荷模型，电力半导体器件库以及控制测量环节，信号显示和模块连接等一般可以在 SIMULINK 工具箱中找到。电力电子元器件模块库（Power Electronics）中各开关元器件模型如图 10.23 所示。

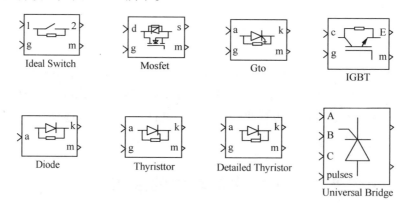

图 10.23　电力电子元器件模块库（Power Electronics）中各开关元器件模型

10.6.2　Matlab 仿真举例——三相全桥整流仿真

1. 整流器件

晶闸管及电力晶体管等是主要的电力电子器件，也就是说，没有这些器件就没有电力电子技术，电力电子技术的核心是电力变换，也就是变流技术。通过对晶闸管等器件的控制，从而实现电力变换。

第10章 电力电子技术的应用

晶闸管整流是电力电子技术中最基础的变流技术,通过它可以实现电流从交流到直流的变换。在 Matlab 仿真中可以由 SimPowersystem 模块中提供的电力电子模块 Power Electronic 中的 Thyristor 来提供仿真模块实现。

2. 模型建立

三相桥式整流电路是电力电子变流技术中非常重要的一个功能,它不仅可以将交流电压转换成直流电压,以用作直流电动机的直流电源,还可调节电动机电枢电压以进行电动机的调速。在电力电子变流电路中,三相桥式整流电路应用十分广泛,鉴于它在工业应用中的广泛性,这里以一个带感性负荷的三相桥式整流电路为例,介绍如何运用 Matlab/Simulink 对它进行仿真。三相桥式整流电路的原理图如图 10.24 所示。

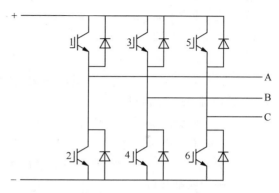

图 10.24 三相桥式整流电路原理图

根据原理可以利用 SIMULINK 内的模块建立如图 10.24 所示的仿真模型。设置三个交流电压源 U_A、U_B、U_C 相角依次相差 120°,得到整流桥的三相电源。用 6 个 Thyristor 构成整流桥,实现交流电压到直流电压的转换。6 个 PULSE convertor 产生整流桥的触发脉冲。6 个 PULSE convertor 从上到下分别给 1~6 号晶闸管触发脉冲。

3. 参数设置

(1)触发脉冲的设置。给图 10.25 中的每个脉冲发生器(PULSE generator)设置合理

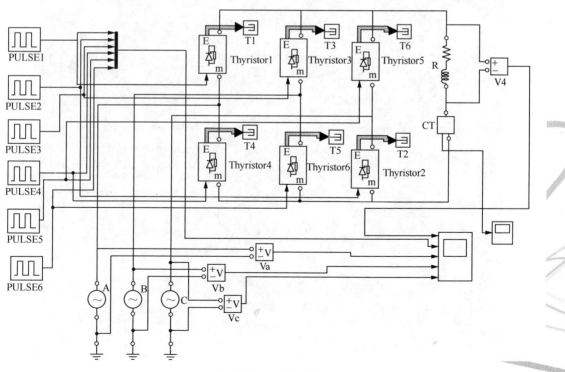

图 10.25 仿真模型

的参数，从而获得三相整流桥所要求的触发脉冲。以使得触发角为30°为例，参数设置为周期（s）0.02，脉冲占空比25%，幅值0.1。每个脉冲发生器这几项的参数设置均相同，不同之处在于开始时间 Start Time 的设置，这一参数用于设定触发角。为获得30°的触发角，可以设定脉冲发生器1的 Start Time 为 $0.02/12+0.02/12$。第 i 个脉冲发生器（$i=2,\cdots,6$）为 $0.02/12+0.02/12+0.02(i-1)/6$。使得每个触发脉冲相差60°，实现整流触发。

(2) 设置晶闸管的参数。

电路工作正常时，6个晶闸管的参数设置为电阻0.1；电感10e-6；直流电压源电压：0；初始电流0；缓冲电阻103；缓冲电容0.1e-6。

(3) 三相交流电源及负载设置。

三相交流电源参数及负载参数设置如下：

负载（阻感负载）参数设置为电阻0.2；电感20e-3；电容 inf（使电源为感性）。

4. 仿真结果分析

(1) 正常情况下的仿真。首先对建立的正常情况下的仿真模型进行仿真，其仿真参数设置为开始时间：0.04 s（晶闸管第一次触发时间）；停止时间：0.2 s。

仿真算法：可变步长的数值微分公式算法。

运行仿真程序可以得到正常的仿真波形，如图10.26所示。

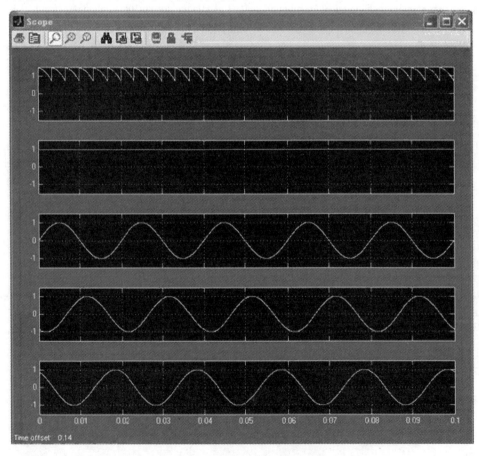

图10.26 正常的电压仿真波形

(2) 故障波形仿真。晶闸管出现故障的概率较大，共有四种故障，如图 10.27 所示。

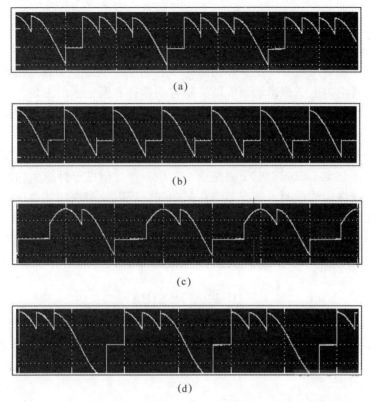

图 10.27　晶闸管故障仿真波形
(a) 只有一个晶闸管故障波形；(b) 同一相两个晶闸管故障波形；
(c) 同一桥中两个晶闸管故障波形；(d) 不同桥且不同相两个晶闸管故障波形

(3) 仿真结果分析。观察以上波形，对应图 10.27 (a) 正常工作时，每个周期（$T = 0.02\ s$）连续输出 6 个波头，每个波头均为 60°。图 10.27 (a) 每个周期连续少两个波头，两个波头为 120°。由于正常工作时每个桥臂导通 120°，因此可判定图 10.27 (a) 对应为有一个桥臂不导通，即有一个晶闸管发生故障。图 20.27 (b) 每个半周期有一个波头，再连续少两个，一个周期共少了 4 个波头，三相桥式电路应输出 6 个波头，不难看出此时只有两相导电，另一相的两个桥臂不通，即接在同一相的两个晶闸管故障。图 10.27 (c) 每个周期有两个连续波头，接着少了 4 个连续波头，由于正常情况时输出电压波形 6 个波头的顺序可判定接在同一半桥的两个桥臂不导通。图 10.27 (d) 每个周期连续输出 3 个波头，接着连续少了 3 个波头，容易得出该图对应不同相的交叉的两个晶闸管故障。可见由波形得到故障形式与设定故障形式得到仿真波形的结果是一致的。

同时，还可以利用触发脉冲参数的改变仿真不同负载与不同触发角情况下的波形，通过对电压波形的分析，我们可以了解三相全控桥的故障状态，从而及时地发现与解决故障。

通过对电力电子技术中最有代表作用的三相全控桥的仿真实现，可以看出利用 Matlab 中的 powerlib 工具箱可以对电力电子技术仿真有极大的现实价值，为电力电子设备的开发提供有力的帮助。

本章小结

电力电子技术的应用非常广泛，在国防军事、工业、电力、交通、医疗、商业及家用电器等领域渗透着电力电子技术的新成就。随着新器件和新技术的出现，将会使许多产品更新换代，开拓更多更新的应用领域。在本章中，以开关电源、UPS 为应用实例，较全面地介绍了以全控型电力电子器件为核心的电源变换典型电路。

另一方面，介绍了计算机仿真技术在电力电子电路分析中的应用。由于电力电子器件较为昂贵，实验调试也不像弱电电子电路那么简单方便，借助于计算机仿真主要用于设计方案的验证、系统性能的预测、新产品潜在问题的发现以及解决问题方法的评价等。对于电力电子装置在研制中缩短周期、降低成本、提高可靠性等有着重要的意义。本章仅对国内较为普及而且著名的 PSPICE、Matlab 两种仿真软件做了初步介绍，为今后的深入学习打下基础。

思考题与习题

10-1 在高频开关电路中为减少开关损耗，提高开关频率，通常要采用零电压开通、零电流关断的软开关技术，在本章第一节的大功率电力开关电源中，是如何实现软开关技术的？

10-2 单相在线式不间断电源通常由哪些电路构成，试简要分析各个电路的作用及工作原理。

10-3 UPS 中对 IGBT 的保护主要有哪些？当短路发生并被检测到时，有几种方法可防止 IGBT 被损坏？

10-4 用 Matlab 语言中的动态仿真工具（SIMULINK）的电力系统工具箱（Power System Blockset）建立一个三相 PWM 逆变器主电路，要求逆变器直流侧电压取 110 V，逆变器电力器件选择 IGBT 模块，接电阻电感性负载，并记录 PWM 驱动模块的调制分别为 0.4 和 0.8 时输出电压的波形。

注：逆变器直流侧电压可取 110~220 V；PWM 驱动模块中调制信号采用 50 Hz 的正弦波，其调制度可从 0 调至 1，分别对应输出电压幅值为 0 至最大，载波频率可选择正弦波频率的 12~24 倍；IGBT 模块采用默认模块参数。

参 考 文 献

[1] 王兆安，黄俊．电力电子变流技术（第 4 版）［M］．北京：机械工业出版社，2000．
[2] 黄家善．电力电子技术［M］．北京：机械工业出版社，2003．
[3] 陈坚．电力电子技术及应用［M］．北京：中国电力出版社，2006．
[4] 张立．现代电力电子技术基础［M］．北京：高等教育出版社，1999．
[5] 丁道宏．电力电子技术（修订版）［M］．北京：航空工业出版社，1999．
[6] 刘峰，孙艳萍．电力电子技术［M］．大连：大连理工大学出版社，2006．
[7] 龙志文．电力电子技术［M］．北京：机械工业出版社，2005．
[8] 苏玉刚，陈渝光．电力电子技术［M］．北京：机械工业出版社，2003．
[9] 李序葆，赵永健．电力电子器件及其应用［M］．北京：机械工业出版社，1996．
[10] 张涛．电力电子技术（第 4 版）［M］．北京：电子工业出版社，2007．
[11] 陈渝光．电气自动控制原理与系统［M］．北京：机械工业出版社，2000．
[12] 莫正康．电力电子应用技术（第 3 版）［M］．北京：机械工业出版社，2000．
[13] 金海明，郑安平．电力电子技术（第 3 版）［M］．北京：北京邮电大学出版社，2009．
[14] 张占松，蔡宣三．开关电源的原理与设计［M］．北京：电子工业出版社，1998．
[15] 龚素文．电力电子技术（第 4 版）［M］．北京：北京理工大学出版社，2011．
[16] 赵莉华，舒欣梅．电力电子技术［M］．北京：机械工业出版社，2011．
[17] 赵可斌，陈国雄．电力电子变流技术［M］．上海：上海交通大学出版社，1993．
[18] 徐以荣，冷增祥．电力电子学基础［M］．南京：东南大学出版社，1993．
[19] Jai P. Agrawal．电力电子系统——理论与设计［M］．北京：清华大学出版社，2001．
[20] 石玉，栗书贤，王文郁．电力电子技术题例与电路设计指导［M］．北京：机械工业出版社，2000．
[21] 王鸿麟．现代通信电源（修订本）［M］．北京：人民邮电出版社，1998．
[22] 黄操军，陈润思，王桂英．变流技术基础及应用［M］．北京：中国水利电力出版社，2002．
[23] 张为佐，白继彬．电力电子技术发展的新动向［J］．电力电子技术，1996，（4）．
[24] 尹海，李思海，张光东．IGBT 驱动电路性能分析［J］．电力电子技术，1998，（3）．
[25] 华伟．IGBT 驱动及短路保护电路 M57959L 研究［J］．电力电子技术，1998，（1）．